DIGITAL MEDIA TREND
& ADTECH

디지털 미디어 트렌드와 애드테크

이경렬 · 박현길

㈜지구문화
JIGU CULTURE Co.Ltd

머리말

고사양 스마트 기기의 보급 확대와 4G LTE 및 5G 초고속 인터넷의 등장으로 유튜브, 페이스 북, 인스타그램, 카카오톡과 같은 디지털 미디어 플랫폼들이 우리의 일상생활 속에 깊숙이 파고들면서 이러한 플랫폼들을 기반으로 하는 디지털 광고/마케팅이 활성화되고 있다. 특히 2016년 이후 온라인광고가 방송 등 대중매체를 제치고 전체 광고시장 점유율 1위를 차지하면서 이러한 디지털 플랫폼들을 기반으로 하는 디지털 광고/마케팅의 집행은 선택이 아닌 필수가 되어가고 있다.

최근에는 4차 산업에서 주목받고 있는 빅 데이터big data, 인공지능AI, 머신러닝machine learning, 클라우드cloud, 증강현실AR, 가상현실VR, 드론drone, 사물 인터넷IoT, 블록체인blockchain 등의 ICT기술이 광고에 접목된 애드테크Ad Tech라는 분야가 각광을 받고 있다. 애드테크의 등장으로 이제 광고는 단순히 전략과 크리에이티브의 조합만이 아닌 광고주의 문제를 해결해 주는 솔루션solution으로 발전하고 있다.

예를 들어 프로그래매틱 바잉programmatic buying으로 불리는 광고 자동 구매 시스템은 불과 1초 내에 소비자 빅 데이터 분석을 통해 프로그램이 자동으로 사용자를 분석, 타기팅하고, 온라인 경매를 통해 가장 싼 가격에 원하는 고객의 위치에 원하는 광고를 노출한다. 또한 광고 집행 후 트래픽 효과traffic effect 및 구체적인 성과performance도 분석해준다.

이러한 애드테크Ad tech의 성장은 소비자 빅 데이터의 수집과 분석에 기반한 KPI와 같은 성과 중심의 캠페인을 가능하게 함으로써 광고/마케팅 패러다임을 바꾸고 있으며, 이제 광고는 단순한 노출과 브랜드 인지도 제고 중심의 전통적인 역할에서 벗어나서 통합적 마케팅 커뮤니케이션IMC을 구현하는 채널로 본격적으로 확장되고 있다.

이 책에는 ICT기술의 접목으로 새롭게 확장되고 있는 디지털 광고/마케팅 생태계에 대해서 살펴보고, 디지털 광고/마케팅 과정에 빅 데이터 및 인공지능과 같은 애드테크가 광고캠페인에 어떻게 활용되는지를 다루고 있다.

이 책 1부에서는 애드테크란 무엇이며, 디지털 광고 생태계의 참여자들, 디지털 광고 환경, 사용자 데이터 수집 및 프로파일링, 프로그래매틱 바잉, 어트리뷰션에 대해 다루고, 2부에서는 디지털 미디어의 다양한 유형과 동향에 대해 소개함으로써 최근의 흐름을 이해할 수 있게 정리하였다.

아울러, 오랫동안 한양대학교에서 광고매체론, 매체기획론, 광고심리 등을 가르친 경험이 이 책을 집필하는 데 큰 밑거름이 되었다. 특히 2017년부터 새롭게 몸담게 된 한양대학교 ICT융합학부에서 새로이 경험한 빅 데이터 및 인공지능에 대한 지식들이 본 저서를 내는 데 많은 도움이 되었다.

이 책의 개정판을 내는 데 물심양면으로 도와준 ㈜지구문화 주민기 이사님에게 감사드리며, 이 책이 나오기까지 정신적으로 큰 힘이 되어 준 가족과 하나님께 모든 감사를 돌린다.

경자년 입추에

저자 대표 이경렬

차례

제1부 | 애드테크의 이해와 범위

Contents

제2부 | 디지털 미디어의 이해 및 동향

제 1 부

애드테크의 이해와 범위

제1장

광고와 기술의 만남

Check Point

애드테크와 빅데이터란 무엇인가? 그리고 인공지능과 머신 러닝 등 디지털 기술을 활용한 광고마케팅과 이를 통한 투자대비 수익률을 제고할 수 있는 다양한 형태의 내용과 방법을 기술하였다.

1. 애드테크 AdTech 란?

ICT[1]기술의 발달로 효과적인 광고 집행을 위해 테크놀로지가 도입되면서 광고 집행 플랫폼이 더욱 스마트하게 진화하고 있다. 애드테크AdTech란 광고와 기술의 합성어인데, 광고에 기술을 접목시킨 것으로 디지털 기술을 이용해 광고하는 것을 의미한다. 4차 산업에서 주목을 받고 있는 빅 데이터, 인공지능AI, 머신 러닝, 클라우드, 증강현실AR, 가상현실VR, 드론, 사물 인터넷IoT, 블록체인 등을 말 그대로 광고를 위한 커뮤니케이션에 사용하는 게 '애드테크'이다.

광고는 과학science과 예술art, 그리고 기술skill의 만남으로 창조된다. 광고가 기본적으로 크게 전략과 크리에이티브로 구성되어 있다면, 과학적인 방법을 이용하여 전략what to say을 수립하고, 이를 바탕으로 크리에이티브how to say를 개발하는 과정을 거친다. 즉 제품, 경쟁자, 소비자의 니즈needs를 분석하여 전략을 개발하고, 이를 바탕으로 크리에이티브 콘셉트를 추출한다.

---

1 ICTInformation & Communication Technology는 정보 기술Information Technology, IT과 통신 기술Communication Technology, CT의 합성어로 정보통신기술을 의미한다. ICT는 정보기기의 하드웨어 및 이들 기기의 운영 및 정보 관리에 필요한 소프트웨어 기술과 이들 기술을 이용하여 정보를 수집, 생산, 가공, 보존, 전달, 활용하는 모든 방법을 의미한다. ICT의 범위는 하드웨어hardware, 소프트웨어software, IT서비스, 통신서비스의 4개의 영역을 포함한다.

예를 들어 신사복에 대한 소비자의 니즈가 '값싸고 품질 좋은 신사복'이라면, 크리에이티브는 '거품을 뺐습니다.'라는 카피로 표현할 수 있다. 또한, 인쇄광고의 경우 포토숍photoshop, 일러스트레이터illustrator와 같은 데스크톱 퍼블리싱 프로그램, 영상광고의 경우에는 실사 촬영 및, CGComputer Graphic, 그리고 디지털 광고의 경우에는 자바JAVA와 같은 프로그래밍 언어를 사용하여 제작된다.

그러나 애드테크가 광고에 접목되어 광고가 단순히 전략과 크리에이티브의 조합만이 아닌 광고주의 문제를 해결해 주는 솔루션solution으로 발전하고 있다. 예를 들어 전통적인 광고 캠페인의 기획·제작·집행·효과 분석이 주로 광고실무자의 경험과 소비자 분석에 의존하였다면, 애드테크 기반의 광고 캠페인은 이 모든 과정을 빅 데이터 분석에서 시작하여 빅 데이터 분석으로 끝난다.

특히 웹 사이트에서의 고객들의 행위가 모두 빅 데이터로 남기 때문에, 이러한 빅 데이터 분석을 통하여 소비자 인사이트consumer insight를 추출하여 KPI[2]를 향상시킬 수 있는 새로운 마케팅 전략을 펼칠 수 있다. 또한, 광고 캠페인의 경우에도 불과 1초 내에 빅 데이터 분석을 통해 프로그램이 자동으로 사용자를 분석, 타기팅하고, 온라인 경매를 통해 가장 싼 가격에 원하는 고객의 위치에 원하는 광고를 노출할 수도 있다이를 프로그래매틱 바잉, programmatic buying이라고 한다.

이제는 대중매체를 이용하지 않고도 비교적 적은 비용으로 광고 메시지를 확산시키고, 기대하는 효과를 얻을 수 있는 시대가 되었다. 이러한 애드테크 산업의 발전으로 지난해 미국에서 탄생한 애드테크 기업만 해도 950개에 달하며. 그동안 시장에 없던 기술·검색·분석기법·실시간 데이터 처리 등 광고 기획 및 집행이나 효과평가에 획기적인 변화를 이끌고 있다.

---

2 Key Performanced Index의 약어로 캠페인을 통하여 얻고자 기대하는 핵심성과지표들을 말한다. 여기에는 노출, 클릭에서부터 앱 설치, 회원 가입, 구매 등의 전환들conversions이 포함된다.

2. 애드테크의 주요 영역들

애드테크AdTech의 주요 기술로는 빅 데이터, 클라우드, 인공지능, 증강현실AR, 가상현실VR, 드론, 사물 인터넷IoT, 그리고 안면인식·음성인식·동작인식 등의 다양한 실감기술tangible technology 등이 있다.

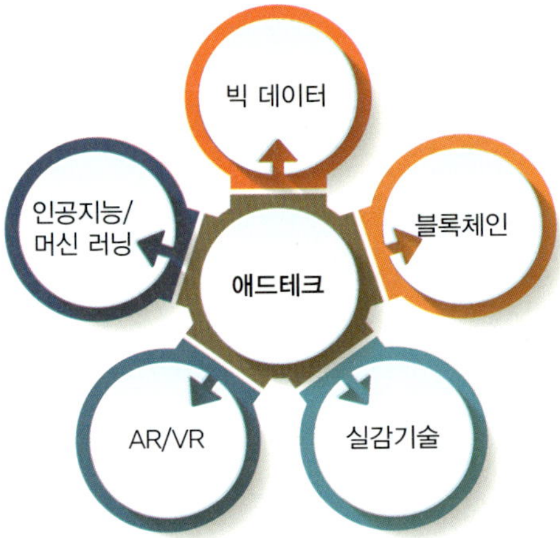

그림 1-1 애드테크의 영역들

(1) 빅 데이터big data

1) 빅 데이터란?

빅 데이터는 기존 데이터보다 규모가 너무 방대하여 기존의 방법이나 도구로 수집·저장·분석 등이 어려운 정형(일정한 규격이나 형태를 지니고, 연산이 가능한 데이터. 예를 들어 키와 몸무게, 스프레드시트의 데이터, 숫자 데이터처럼 데이터베이스에 잘 정리된 데이터) 및 비정형 데이터(숫자 데이터와 달리 그림·영상·음성·이미지·웹문서처럼 형태와 구조가 복잡해 구조화되지 않은, 형식이 정해지지 않은 파일 형태의 데이터. 예를 들어 이메일·블로그·트위터·페이스북·게시판 등 온라인과 모바일에서 생성되는 소셜 데이터 등)를 말한다.

빅 데이터는 공공행정, 건강 및 의료·복지·국방·교육 등의 공공부문과 소매 및 유통·제조업·CIT 산업 등 다양한 민간부문에 활용된다.

예를 들어 서울시는 빅 데이터 분석으로 유동 인구가 많은 구간을 파악하여 심야 버스 노선 최적화 서비스를 개발하였다. 구체적으로 신용카드 결제 데이터, 휴대전화 통화 이력 데이터, 택시 스마트카드 데이터를 수집·분석하여 심야 시간대의 유동 인구가 많은 구간을 파악하였다.

운송 서비스 산업에서도 기후와 교통량 등을 분석하여 최적 운전 경로 및 다양한 운전자 지원 정보를 제공하고, 이를 통해 목적지에 도달하는 시간을 단축하여 온실 가스의 발생을 감소시키는 효과를 거두고 있다.

또한, 언론 분야에서도 빅 데이터를 깊이 파내고 모으고 정제하고 솎아서 보기 좋은 기사로 만드는 데이터 저널리즘이 등장하고 있으며, ICT 산업에서도 인터넷 포털 사업자들이 사용자 데이터에 기반을 둔 실시간 및 연관어 검색 서비스 및 콘텐츠나 음악 추천 서비스 등의 서비스를 제공하고 있다.

2) 광고 마케팅에서의 빅 데이터 활용

광고 마케팅에서 활용되는 빅 데이터는 주로 사용자 데이터user data로서 시장 발굴, 상품 추천, 타기팅, 매체 및 크리에이티브 개발, 성과 분석 등에 사용된다.

광고, 마케팅, 커머스 등의 비즈니스 영역에서 활용되는 사용자 데이터는 웹이나 앱 사용자들이 디지털 미디어들을 활용하면서 남긴 흔적들digital breadcrumbs이라고 할 수 있다. 여기에는 텍스트 데이터와 영상 및 이미지 데이터, 로그 데이터, 검색 데이터, 위치 데이터, 구매 데이터 등이 포함된다.

애드테크가 작게는 사용자 데이터를 분석하여 광고주가 광고매체를 통하여 정확한 시점에 적절한 소비자에게 정확한 메시지를 전달하는 기술로 정의된다면, 크게는 사용자가 여러 사이트를 이용하면서 남긴 기록을 기반으로 잠재고객·관심고객·신규고객·충성고객 등을 예측하고, 타기팅하며, 확인된 타깃에게 효율적으로 도달할 수 있는 채널 선택 및 콘텐츠 개발·구매·광고발송·캠페인 종료 후 트래픽 및 성과 분석어트리뷰션 등이 모두 애드테크의 영역에 포함된다.

사용자 추적 기술의 발달로 성별·나이·거주 지역 등 기본적인 인구통계학적 정보뿐만 아니라 사용자들의 성향 및 관심사·구매빈도·구매행동 등과 같은 행태 정보의 수집이 가능하며, 이를 이용하여 보다 더 효과적으로 고객을 식별할 수 있게 되었다. 또한 웹 로그web log[3] 데이터 등의 사용자 데이터를 분석하여 내 고객이 어떻게 유입되었으며, 유입된 후 매출까지 이뤄지는 과정은 어떠한지, 매출이 일어난 후 재방문과 재구매가 다시 이루어지는지 등을 파악할 수 있다. 이를 통하여 기업의 웹 사이트와 쇼핑몰 등에 유입된 고객들이 매출로 전환되는 과정을 체크하고 개선하기 위한 인사이트insight를 얻을 수 있다.

최근에는 사용자 데이터와 머신 러닝을 활용하여 소비자 구매 여정예를 들어 인지, 고려, 구매 단계을 예측하고, 각 구매 여정의 단계별로 타깃을 최적화하고, 맞춤형 광고 콘텐츠를 제작하여 배포함으로써 광고비는 줄이고 구매전환율purchase conversion rate을 높이는 전환율 최적화conversion rate optimization[4]가 강조되고 있다.

세계적인 IT기업들인 구글·페이스 북·오라클·아마존 등이 소비자 빅 데이터를 수집·보유하고, 이를 판매 및 분석해 주는 클라우드 기반의 서비스를 제공하고 있다. 대표적인 예로 오라클Oracle의 빅 데이터 클라우드 서비스Oracle Big Data Cloud Service를 들 수 있다.

(2) 인공지능AI과 머신 러닝

1) 인공지능과 머신 러닝이란?

인공지능Artificial Intelligence이란 인간의 학습능력과 추론능력, 지각능력, 자연언어의 이해능력 등을 컴퓨터 프로그램으로 실현한 기술을 말한다.

---

3 웹 로그는 특정 웹 사이트에 방문한 사용자들이 언제, 어디서, 어떤 페이지를 방문했는지에 대한 정보를 기록한 파일이다.

4 콘텐츠 마케팅에서 웹 사이트의 가장 큰 존재 이유는 고객의 전환이다. 고객 이탈율을 줄이고 고객 여정을 전환구매으로 이끌어 매출로 연결하기 위해 고객 경험을 지속적으로 최적화해야 한다. 전환율 최적화를 통해 전환율을 높이고 CPACost Per Acquisition를 줄이며, 수익향상과 비용을 절감할 수 있다.

즉, 인간의 지능으로 할 수 있는 사고·학습·자기개발 등을 컴퓨터가 할 수 있도록 하는 방법을 연구하는 컴퓨터 공학 및 정보기술의 한 분야로서, 컴퓨터가 인간의 지능적인 행동을 모방할 수 있도록 하는 것을 말한다.

인공지능은 오랜 침체기를 거치면서 클라우드 컴퓨팅 환경의 급속한 발전과 빅 데이터가 뒷받침되어 딥 러닝이 구현되는 극적인 돌파구가 열리면서 전환기를 맞았다. 현대에는 정보기술의 여러 분야에서 인공지능적 요소를 도입하여 그 분야의 문제 풀이에 활용하려는 시도가 매우 활발하게 이루어지고 있으며, 인공지능은 4차 산업혁명의 핵심 요소로 떠오르고 있다.

인공지능은 슈퍼컴퓨팅 능력을 활용해 인간이 예측할 수 있는 수십 수백의 많은 대응방법을 실시간으로 검토할 수 있는 능력이 있어, 인간이 예측할 수 없는 부분까지 빠르게 생각해 낼 수 있다.

최근 인공지능과 머신 러닝[5]은 기존의 텍스트나 웹 페이지 내의 콘텐츠를 분석하는 단계를 넘어서 음성인식기술과 결합된 인공지능 스피커처럼 사용자에게 더욱 깊숙이 침투할 수 있도록 음성인식/분석 영역으로 진화하고 있다. 최근 성별 및 연령대에 따라 사용하는 어휘나 표현 방식이 다르다는 점에 착안하여 글 작성자의 인구 통계적 특성을 추론한다. 즉, 이 기술은 개인정보보호법에 저촉되지 않고 소비자 빅 데이터를 수집할 수 있다.

인공지능AI과 머신 러닝은 인공지능 스피커와 개인화 추천 서비스에서 두드러진 성과를 보이고 있다. 인공지능 스피커의 예로는 아마존의 알렉사, 네이버의 클로바, KT의 기가 지니, SKT의 NUGU candle, LG의 엑스붐 AI ThinQ 등이 있다.

---

5 머신 러닝Machine Learning 혹은 기계학습은 인공지능의 연구 분야 중 하나로, 인간의 학습 능력과 같은 기능을 컴퓨터에서 실현하고자 하는 기술 및 기법이다. 머신 러닝은 경험적 데이터를 기반으로 학습을 하고 예측을 수행하고 스스로의 성능을 향상시키는 시스템과 이를 위한 알고리즘을 연구하고 구축하는 기술이다.

KT의 기가 지니GiGA Genie는 세계 최초 IPTV 셋톱박스로 집안에서 음성으로 명령하면 음악, 생활 정보, IPTV, 인터넷 전화 및 홈 IoT 서비스를 편리하게 이용할 수 있다. 도어락·홈캠·가스밸브 등 11가지 홈 IoT 기기와도 연동돼 문을 여닫거나 가스밸브 잠금 등을 음성으로 지시할 수 있고 일정·달력·음식주문·교통정보·택시 호출까지 다양한 서비스도 이용할 수 있다.

개인화 추천 서비스에서 인공지능은 소비자로부터 수많은 데이터 인풋input을 학습하여 개인이 원하고 필요로 하는 서비스, 제품, 콘텐츠를 예측하고 추천한다. 예를 들어 OTTOver-The-Top 동영상 서비스인 넷플릭스는 인공지능기술을 활용하여 이용자 개개인이 선호하는 콘텐츠를 추천해 주는 시네매치cinematch 서비스를 제공하고 있다.

또한, 페이스 북의 친구 추천 시스템은 사용자가 입력하는 사용자 프로파일 정보를 바탕으로 정보에 관계된 사람들을 인공지능 시스템을 통하여 추적한다. 즉, 페이스 북 사용자가 직장 정보를 입력하면 그 정보를 근거로 같은 직장을 입력한 사람과의 상호관계성을 추적하며, 알 수도 있는 친구로 상호 노출하여 친구관계 형성을 유도한다. 페이스 북 마케터는 이러한 기능을 사용하여 타깃을 추적할 수 있으며, 페친페이스 북 친구들을 내 비즈니스의 타깃으로 구성할 수 있다.

또한, 의류 쇼핑몰인 스티치 픽스Stitch Fix는 '나만의 인공지능 패션 코디네이터Fashion Coordinator'라는 슬로건으로 소비자들이 입력한 데이터만으로 의상을 추천하고 배송해 준다. 이 의류 쇼핑몰은 신체 사이즈, 옷을 입는 취향, 생활 패턴과 같은 사용자 데이터를 수집해 자체 추천 알고리즘을 적용한 인공지능 기술을 사용한다. 이를 통해 고객에게 매달 5벌의 의류를 배송해 준다.

즉, 스티치 픽스는 선호 패션, 라이프스타일과 같은 약 50여 종의 데이터를 수집해 자체 AI 알고리즘으로 개인별 선호 예상 의류를 선별한다.

또한, 3,000여 명의 스타일리스트들이 이 중 5벌의 의류를 선택·배송해 주는 과정을 통해 구체적인 소비자 취향을 파악한다. 이 서비스는 20달러의 이용료가 발생하며, 고객이 배송 받은 5벌의 의류는 평균 50~60달러 정도로 구성되어 있다.

이 의류들 중에서 원하는 의류는 추가 지불을 하고 원하지 않는 의류는 되돌려 보내는 방식으로 서비스를 이용하게 된다. 이러한 서비스로 인해 소비자가 직접 옷을 선택해야 하는 결정비용Decision-making Cost이 줄어들어 회사일이나 육아 등 바쁜 일상으로 인해 제대로 된 쇼핑을 하기 힘들던 사람들도 편리하게 의류를 소비할 수 있다. 2011년 75만 달러의 투자를 받아 시작한 스티치 픽스는 2017년에 약 977만 달러의 수익을 거두었으며, 인공지능 기술 발전이 실제로 비즈니스에 적용되어 부가가치를 일으키는 좋은 사례라고 할 수 있다.

2) 광고 마케팅에서의 인공지능/머신 러닝의 활용

광고, 마케팅, 커머스 등 비즈니스 분야에서 머신 러닝에 대한 투자LOI, Learning On Investment는 마케팅의 효율성을 향상시킬 수 있는 중요한 요소이다. 머신 러닝을 통하여 사용자를 보다 더 정교하게 프로파일링을 하고, 소비자들의 구매로 가는 여정마케팅 퍼널, marketing funnel을 학습하여 타기팅을 최적화한다면 광고 및 마케팅의 효율을 높일 수 있다.

예를 들어 페이스 북은 머신 러닝으로 비즈니스 페이지, 포스팅, 동영상, 광고 등에 반응하는 타깃들을 탐지하고 추적하여 타깃화하는 타기팅 최적화 시스템을 제공한다.

구체적으로 페이스 북은 프로파일 정보뿐만 아니라 페이스 북 페이지 내에서 사용자의 행동, 즉 어떤 페이지의 '좋아요'를 누르는지, 어느 그룹에 가입해 활동하는지, 어떤 콘텐츠, 어떤 광고에 반응하는지 등을 포함한 웹 및 앱에서의 사용자 행동과 활동을 분석해 빅 데이터화하여 페이스 북 광고에서 우리 제품의 맞춤형 타깃 혹은 관심사 타깃으로 최적화해 준다.

또한, 동서식품의 화이트 골드 캠페인은 런칭 후 화이트골드 유튜브 영상을 끝까지 본 이용자의 이용 내역을 저장한 쿠키cookie[6]를 추적하여 주로 어떤 관심사를 갖고 있는 고객들이 해당 영상에 대한 반응이 높은지를 머신 러닝으로 분석해서 상위 10개의 관심사 카테고리를 도출했다.

이 중에는 뷰티나 엔터테인먼트와 같이 마케터가 예상할 수 있는 카테고리도 있었지만 캐주얼 게임이나 '애완동물을 사랑하는 사람들의 모임'과 같이 새롭게 알게 된 카테고리도 있었다. 이렇게 분석된 관심사를 다시 광고 타기팅에 적용함으로써 비용 효율성을 21% 높일 수 있었을 뿐만 아니라 조회율과 클릭률도 개선할 수 있었다.

아래의 〈그림 1-2〉는 머신 러닝이 광고 및 마케팅 캠페인의 성과, 즉 ROI[7]를 높이고 한계효용 체감 속도를 줄일 수 있음을 나타낸다.

〈출처 : 김태원(2017). 머신 러닝 시대, 마케팅의 재정의〉

그림 1-2 ROI에서 LOI의 시대로

---

6 사용자의 웹 사이트 방문 및 이용 기록을 저장한 작은 텍스트 파일로서 웹 사이트서버를 통해 인터넷 사용자의 컴퓨터 하드웨어웹브라우저 폴더에 저장된다. 쿠키는 웹 사이트 로그인이나 쇼핑몰 장바구니의 상품 보관 등을 기억하는 작업에 유용하게 사용되나, 광고주나 퍼블리셔들이 온라인에서 사용자를 추적하도록 하는 데에도 사용되어 왔다.

7 투자 대비 수익률을 나타내는 용어이다.

(3) 블록체인blockchain

1) 블록체인의 구조와 원리

블록체인 기술은 누구나 열람할 수 있는 장부에 거래 내역을 투명하게 기록하고, 여러 대의 컴퓨터에 이를 복제해 저장하는 분산형 데이터 저장기술이다. 여러 대의 컴퓨터가 기록을 검증하여 해킹을 막는다. 블록에 데이터를 담아 체인 형태로 연결하여 수많은 컴퓨터에 동시에 이를 복제해 저장함으로써 중앙 집중형 서버에 거래 기록을 보관하지 않고 거래에 참여하는 모든 사용자에게 거래 내역을 보내 주며, 거래 때마다 모든 거래 참여자들이 정보를 공유하고 이를 대조해 데이터 위조나 변조를 할 수 없도록 돼 있다.

블록체인에 저장하는 정보는 다양하기 때문에 블록체인을 활용할 수 있는 분야도 매우 광범위하다. 대표적으로 가상통화에 사용되는데, 이때는 블록에 금전 거래 내역을 저장해 거래에 참여하는 모든 사용자에게 거래 내역을 보내주며 거래 때마다 이를 대조해 데이터 위조를 막는 방식을 사용한다. 이 밖에도 전자결제나 디지털 인증뿐만 아니라 화물 추적 시스템, P2P 대출, 원산지부터 유통까지 전 과정을 추적하거나 예술품의 진품 감정, 위조화폐 방지, 전자투표, 전자시민권 발급, 차량 공유, 부동산 등기부, 병원 간 공유되는 의료기록 관리 등 신뢰성이 요구되는 다양한 분야에 활용할 수 있다.

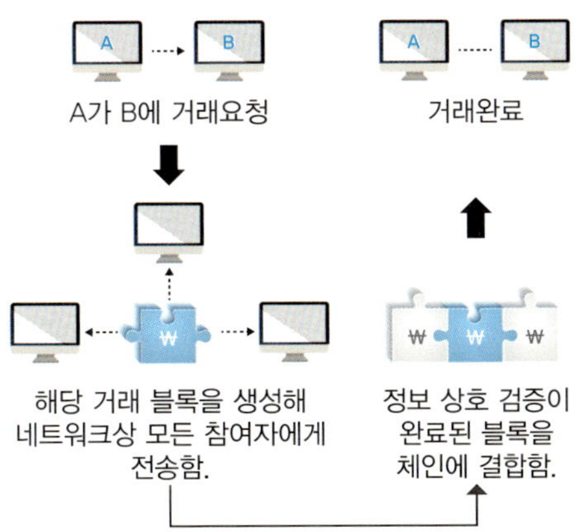

〈출처 : http://post.naver.com/pmg_books〉

그림 1-3 블록체인 거래과정

블록체인의 구조는 블록block과 노드node로 구성되어 있다. 블록은 데이터를 저장하는 단위로, 보디body와 헤더header로 구분된다. 보디에는 거래 내용이, 헤더에는 암호 코드가 담겨 있다. 블록은 약 10분을 주기로 생성되며, 거래 기록을 끌어 모아서 블록을 만들어 신뢰성을 검증하면서 이전 블록에 연결하여 블록체인 형태가 된다. 여기서 처음 시작된 블록을 제네시스 블록이라고 부른다.

즉, 제네시스 블록은 그 앞에 어떤 블록도 생성되지 않은 최초의 블록을 말한다. 블록체인은 중앙 집중형 서버에 거래 기록을 보관·관리하지 않고 거래에 참여하는 개개인의 서버들이 모여 네트워크를 유지 및 관리한다.

이 개개인의 서버, 즉 참여자를 노드라고 한다. 중앙 관리자가 없기 때문에 블록을 배포하는 노드의 역할이 중요하며, 참여하는 노드들 가운데 절반 이상의 동의가 있어야 새 블록이 생성된다. 노드들은 블록체인을 컴퓨터에 저장해 놓고 있는데, 일부 노드가 해킹을 당해 기존 내용이 틀어져도 다수의 노드에게 데이터가 남아 있어 계속적으로 데이터를 보존할 수 있다.

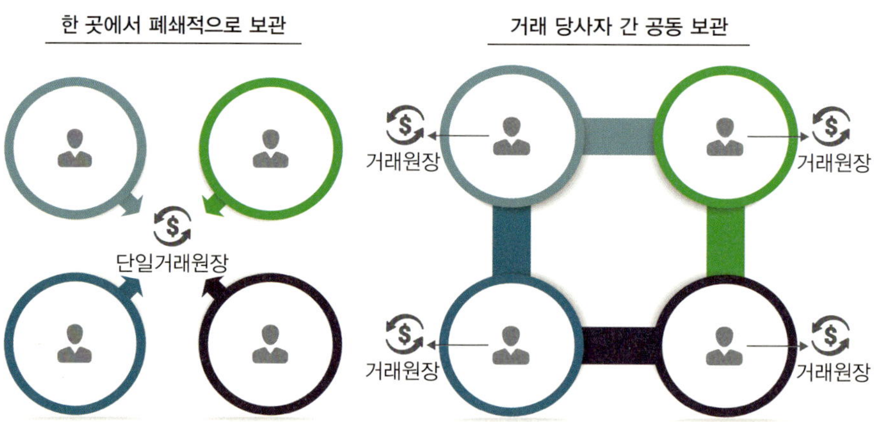

그림 1-4 공유 원장

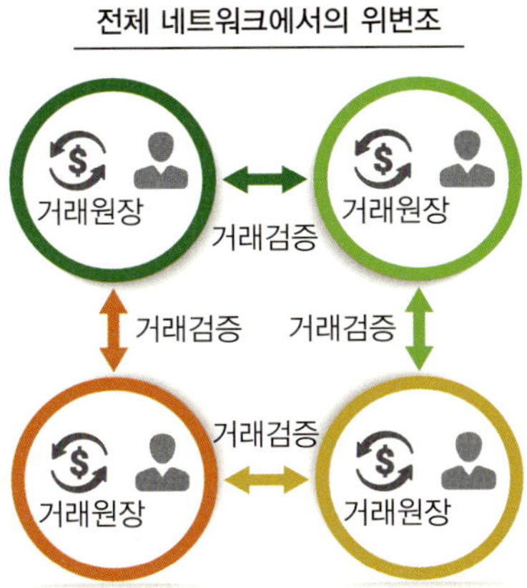

그림 1-5 위변조 방지 기능

2) 블록체인과 광고 생태계의 변화

① 광고주와 퍼블리셔 간 직거래 활성화

블록체인 기술은 광고주와 퍼블리셔publisher 간 직거래를 활성화하고 광고 거래를 중개하는 중개 사이트나 광고 플랫폼 사업자들의 기능과 역할을 배제함으로써 광고 생태계를 활성화할 것으로 예상된다.

실제로 광고매체인 퍼블리셔들은 페이스 북과 구글에 밀려 전 세계 광고 수익의 60~70% 정도를 빼앗기고 있으며, 제휴 네트워크affiliate network를 통하여 한 매체가 다른 매체에 광고를 리브로커링re-brokering, 재중개함에 따라 실제로 광고가 어떤 경로혹은 중개인를 통해 최종적으로 어디에 나타나는지 알기 어렵기 때문에 광고주가 광고비를 이중 지불하는 사례가 나타나고 있다.

블록체인은 이러한 구글, 애플, 페이스 북의 광고시장 독과점, 실체를 알 수 없는 중개인과 부정 광고가 존재하는 비효율적인 광고 시장, 무료라는 이유로 제대로 신경 쓰지 않는 유저 사생활 침해 등의 디지털 광고 시장이 가지고 있는 문제들을 해결할 기술로써 각광을 받고 있다.

특히 블록체인 상의 분산 광고 시스템을 통해 계약서부터 결과 리포팅까지 광고주와 퍼블리셔 사이 모든 거래가 광고 플랫폼의 도움 없이도 가능해짐으로써 광고액수가 적어 광고대행사나 미디어렙에 광고대행을 맡길 수 없는 소규모 광고주들과 퍼블리셔 간 신뢰성있는 직거래를 활성화하고, 구글·애플·페이스 북[8]과 같은 글로벌 퍼블리셔들의 독과점을 완화할 수 있다.

② 애드 프러드(ad fraud) 방지

블록체인은 애드 프러드라고 불리는 광고사기를 방지할 기술로도 각광받고 있다. 애드 프러드란 가짜 앱 설치와 같은 비정상적인 인스톨이나 부정 클릭과 같은 허위 트래픽, 해킹 소프트웨어인 봇bot 등과 같은 모든 형태의 광고사기를 의미한다. 애드 프러드는 광고의 효과를 감소시킬 뿐만 아니라 광고주에게 손실을 끼치고, 광고효과의 과대평가로 인한 광고매체의 신용저하와 매출 감소로 이어진다.

실제 2017년 성과 트래킹 툴인 Tune이 발표한 리포트에 의하면 700여 개의 애드 네트워크의 평균 프러드 비중은 15.7%로, 1억 원을 광고비로 지불할 경우에 그 중 약 1,500만 원이 프러드로 낭비되는 것으로 나타났다. 현재 국내에서도 모바일 앱 광고 시장의 성장으로 프러드 문제는 갈수록 심각해지고 있다.

블록체인 기반의 광고 플랫폼은 자체 브라우저 등을 통하여 수집한 고객정보를 암호화해 블록체인에 저장·사용하여 부정 클릭 등의 광고사기ad fraud[9]를 방지함으로써 광고 효율성을 높일 수 있다.

위·변조가 어렵고 투명한 블록체인 장부에 모든 광고 임프레션광고 노출횟수 데이터를 기록함으로써 프러드를 차단할 수 있다. 실제 펩시콜라는 블록체인을 이용한 광고 실험에서 광고효과를 가진 경우에만 광고비용을 지급해 일반 광고에 비해 28%의 높은 비용 효율성을 확인하였다.

---

8 구글, 애플, 페이스 북의 광고 플랫폼은 거대한 사용자 빅 데이터를 수집해 특정 광고를 어디에 배치할지 결정하고, 퍼블리셔와 수수료를 나누어 가진다. 그리고 사용자는 자신의 정보가 어떻게 수집되고, 활용되는지 모른다.

9 광고사기에는 가짜 앱 설치와 같은 비정상적인 인스톨, 허위 트래픽, 봇bot 등이 있다.

③ 광고 생태계에서 사용자의 참여 확대

기존의 디지털 광고 생태계는 광고 플랫폼 사업자들을 매개로 한 광고주와 퍼블리셔 간 거래에 초점이 맞추어져 있어, 사용자는 광고 거래에서 소외되었다. 그러나 블록체인 기술을 활용한 광고 플랫폼은 광고주가 사용자들의 정보 이용 대가로 보상을 지불하는 구조로 되어 있어 광고거래에 사용자들을 참여시키고 광고주, 퍼블리셔, 사용자의 삼자 간 Win-Win할 수 있는 생태계를 조성할 것으로 기대된다.

현재 사용자가 자신의 관심사를 직접 제공하고 광고를 본 대가를 보상받거나, 자신의 일상을 블록체인에 올리고 원하는 광고에 참여함으로써 사용자가 보상받는 다양한 블록체인 기반의 광고 플랫폼들이 개발되고 있다.

예를 들어 블록체인 광고 플랫폼 중에 가장 알려진 비트클레이브BitClave는 자체 브라우저를 갖고, 인터넷 사용자가 자체 브라우저로 필요한 것을 검색하면 검색된 광고주들이 사용자를 추적하여 이들에게 가격이나 서비스를 제안하고, 사용자는 구매에까지 이어지지는 않아도 토큰Consumer Activity Token: CAT[10]으로 보상받게 한다. 즉, 자동차를 검색하면, 자동차 딜러의 제안을 받고 동시에 토큰암호화폐을 보상으로 받게 된다.

모든 광고 거래에서 사용자들의 동의를 받고 보상을 지불하기 때문에 사용자가 광고에 대한 통제권을 가질 수 있게 하며, 보상을 통해 광고 생태계에 대한 사용자의 참여를 확대해 나감으로써, 광고 생태계를 활성화할 것으로 기대된다.

또한, 블록체인 기술을 활용해 사용자가 원하는 것에 광고주가 맞추어 줌으로써 선정적인 낚시성 광고로 소비자를 유인하고 개인정보를 수집·제공하여 수익을 얻는 영업행태를 근절하고 건전한 광고 생태계를 조성할 것으로 기대된다.

---

10 말 그대로 소비자 활동 데이터 토큰이란 뜻을 지니고 있다.

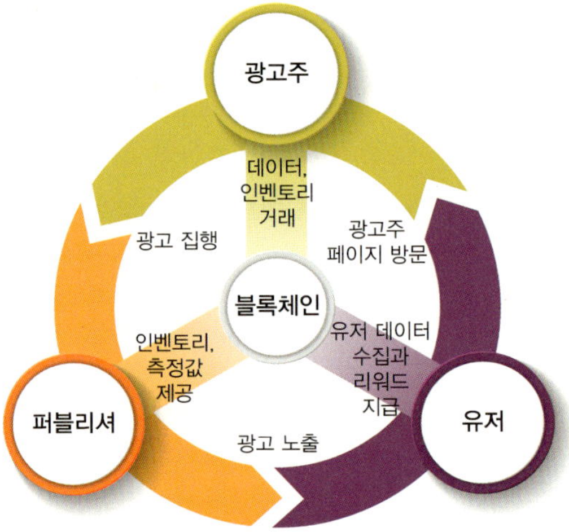

그림 1-6 블록체인의 광고 활용

④ 개인 사생활 보호

현재 광고에 활용되는 사용자들의 검색 및 행동 데이터들은 네이버·구글·아마존과 같은 거대 인터넷 기업들의 소유가 되어 그들의 수익 창출에 활용되고 있으며, 사용자는 자신의 정보가 어떻게 수집되고 활용되는지를 모르는 경우가 대부분이다.

블록체인은 사용자들의 인터넷 검색과 활동 데이터를 마케팅에 활용할 경우 사용자들의 동의를 받고 이에 대해 보상을 줌으로써 개인 사생활을 지켜 주고, 광고비의 일정 부분을 데이터의 원래 주인인 사용자들에게 되돌려 준다.

예를 들어 블록체인 광고 플랫폼 사업자인 비트클레이브는 인터넷 사용자들이 필요한 것을 검색하게 되면 검색된 광고주들은 사용자들에게 광고 수신에 대한 동의를 받고 자신들의 가격이나 서비스를 제안한다. 이 때 사용자는 제품을 구매하지는 않아도 토큰으로 보상받게 되는 방식으로 운영된다.

따라서 광고주는 가장 최신의 신뢰성 높은 사용자 데이터를 기반으로 고객을 식별함으로써 보다 더 정교한 타기팅이 가능하게 되어 불필요한 광고비를 줄일 수 있다.

또한, 광고 플랫폼 사업자들이 블록체인 기술을 활용하여 사용자 동의를 받고 합법적 방법으로 사용자 데이터를 수집한다면 서드 파티 트래커의 불법적인 사용자 추적 데이터 수집 관행도 줄어들 것으로 기대된다.

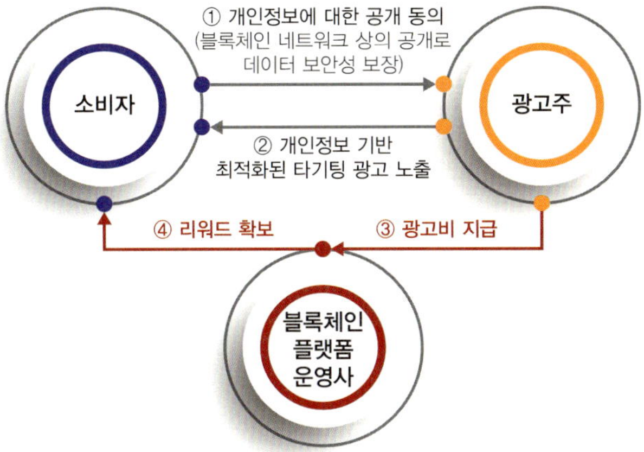

그림 1-7 블록체인 기반 타깃 광고 플랫폼 운영 방식

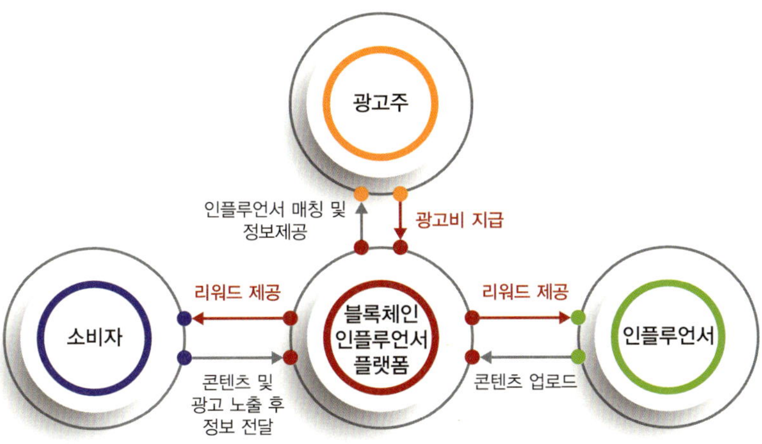

그림 1-8 블록체인 기반 인플루언서 플랫폼 운영 방식

(4) 증강현실AR

증강현실Augmented Reality: AR은 사용자의 현실 세계에 컴퓨터로 만든 가상 물체 및 정보가 겹쳐서 보이게 되는 것이다. 증강현실의 목적은 현실 세계에 가상의 정보를 융합하여 사용자에게 보다 더 실감나는 경험을 제공하는 것이다. 예를 들어 길을 가다가 스마트폰 카메라로 주변을 비추면 근처에 있는 상점의 위치 및 전화번호나 지도 등의 정보가 입체적으로 표시되고, 하늘을 비추면 날씨 정보가 나타나는 것 등이다.

현재 업계에서 사용되는 대부분의 AR기술은 특정 스마트폰 앱을 다운받아 이를 구동함으로써 실현되는 방식을 따르고 있다. 예를 들어 2014년에 랜드로버 자동차는 신차 출시에 맞춰 AR잡지광고를 게재하였는데, 이 광고는 구독자가 AR 모바일 앱을 다운 받아 구동시킨 뒤 스마트폰을 잡지 페이지의 자동차 이미지에 가까이 대면 AR앱이 마커Marker[11]를 인식하여 다양한 성능을 경험하게 한다. 예를 들어 레인지로버의 드라이빙 성능을 보여주는 동영상이 소리와 함께 플레이되거나 파워풀한 드라이빙 장면에서는 스마트폰에 진동이 함께 전달되도록 함으로써 보다 더 생동감 있는 소비자 경험이 가능하도록 하였다.

마커로 증강현실을 만들기 위해 증강현실 3D 영상과 증강현실이 만들어질 좌표를 제작한다. 그 다음 앱을 실행시키고 스마트폰 카메라로 마커를 비추면 앱에 있는 데이터 안에서 마커에 해당하는 디지털 기호가 있는지를 비교한다. 디지털 기호를 확인하면 이와 연결된 영상을 찾는다. 3D 영상을 찾으면 마커에 입력된 좌표에 영상을 실행해 증강현실을 만든다.

또 하나의 증강현실 구현기술은 마커리스Markerless[12]기술이다.

---

11 마커Marker는 컴퓨터가 인식할 수 있도록 만든 규칙성을 가진 디지털 표식으로 검은색과 흰색이 섞인 사각형 모양의 기호이다. AR앱을 실행시키고 스마트폰 카메라로 마커를 비추면 앱에 있는 데이터 안에서 마커에 해당하는 디지털 기호가 있는지 비교한다. 디지털 기호를 확인하면 이와 연결된 3D 영상을 찾는다. 3D 영상을 찾으면 마커에 입력된 좌표에 영상을 실행해 증강현실을 만든다.

12 마커리스는 말 그대로 마커를 사용하지 않고 위치와 이미지 자체를 인식해서 증강현실을 만드는 기술을 말한다.

카메라가 이미지예를 들어 공룡를 비추면 앱에 미리 저장된 데이터와 비교해 같거나 비슷한 이미지를 찾는다. 찾은 이미지와 연결된 3D 영상을 확인한 후 해당 이미지에 증강현실을 만든다. 마커리스 증강현실 기술은 마커 기반의 증강현실기술의 단점을 보완하기 위해 개발되었다. 가장 큰 특징은 말 그대로 마커를 사용하지 않는다는 점이다. AR콘텐츠 광고의 예로는 펩시 광고의 "Unbelievable Bus ShelterYouTube" 캠페인을 들 수 있다.

(5) 가상현실VR

가상현실은 컴퓨터와 같은 특정 기기를 이용해 만들어 놓은 가상의 세계에서 사람이 실제와 같은 체험을 할 수 있도록 하는 기술이다. 일반적으로 HMDHead Mounted Display를 활용해 체험할 수 있다.

VR은 현실 세계를 가상의 환경이 완전히 대체하며, 현실의 정보를 토대로 일부 가상의 정보를 제공함으로써 현실 상황을 여전히 지각하게 하는 AR과는 달리 시스템에 의해 사용자의 감각이 통제된다는 특징이 있다.

VR광고는 사용자의 몰입 정도에 따라서 크게 비몰입형 광고와 몰입형 광고가 있다. 비몰입형 광고는 모니터 화면 등으로 재현되는 영상을 사용자가 보면서 가상적 현실을 경험하는 형태를 말한다. 이러한 방식을 활용한 VR광고는 몰입감이 다소 떨어진다는 단점이 있으나, 비교적 저가의 장비로 콘텐츠를 제작하고 구현할 수 있는 장점이 있어서 대중화되고 있다.

그 반면에 몰입형 광고는 소비자로 하여금 HMD를 착용하게 하여 보다 더 향상된 가상의 현실을 경험하게 하는 방식이다. 이 방식은 별도의 장비를 착용해야 하는 번거로움이 있고 상대적으로 고가의 하드웨어가 필요하다는 단점이 있다. 그러나 소비자가 제품 특성에 맞게 최적화된 체험 콘텐츠에 쉽게 몰입되도록 함으로써 실제로 제품 혹은 서비스를 경험하거나 그와 관련된 특정 체험을 가능하게 하는 장점을 지닌다.

현재 애플의 앱스토어, 구글의 플레이 스토어, 오큘러스 쉐어, 오큘러스 시네마 등의 유통 플랫폼을 통해 VR콘텐츠가 유통되고 있다. 그러나, 앞으로는 누구나 손쉽게 관련 콘텐츠를 제작하여 유튜브 등의 유통 채널을 중심으로 배포될 것으로 예상된다. VR콘텐츠 광고의 예로는 결혼정보업체 듀오의 360도 가상현실광고YouTube와 SK텔레콤 설현과 함께 떠나는 폼나는 360도 VR여행YouTube을 들 수 있다.

(6) 실감 기술들Tangible Technologies

실감 기술Tangible Technology은 인간의 오감시각, 청각, 촉각, 미각, 후각 인식을 기반으로 하는 기술을 말한다. 예를 들어 시각인식 기술, 동작인식 기술, 생체인식 기술, 후각, 미각, 촉각인식 기술이 여기에 포함된다. 소비자와의 효과적인 커뮤니케이션에서 정보 그 자체와 정보를 둘러싼 주변 환경이나 맥락뿐만 아니라 오감의 느낌이 매우 중요한 요소이다.

인간의 오감 인식을 기반으로 하는 기술은 사람과 기술 사이의 교감을 통해 사용자에 대한 이해, 경험, 만족을 높이는 방향으로 진화하고 있다. 시각인식 기술은 사람의 시선이 향하는 곳을 감지하거나 사람의 얼굴을 인식하여 다양한 콘텐츠나 서비스를 개발할 수 있다. 예를 들어 삼성 SDS는 영상에 찍힌 사람들의 규모와 성별이나 연령 등을 파악하는 비디오 분석 기반 마케팅 및 광고효과 측정 솔루션을 개발하였다.

안면인식 기술이 핵심인 이 비디오 분석 솔루션은 서울 시내 한 쇼핑몰, 입구 벽면 디지털 광고판에 부착된 카메라가 쇼핑객들의 얼굴을 자동으로 인식한다. 카메라는 쇼핑몰 유동인구는 물론이고 광고판을 쳐다보는 사람이 몇 명인지와 이들의 성별이나 연령까지 사람의 눈보다 훨씬 빠르고 정확하게 구별해 낸다.

이 기술을 통해 쇼핑몰에 들어선 사람이 어떤 상품을 구매하고, 소비를 얼마나 하는지 등 패턴을 파악할 수 있을 뿐만 아니라 사람들이 어떤 광고에 관심을 갖는지 분석할 수 있고, 광고주는 분석된 데이터를 통해 전략적인 광고와 프로모션 계획을 세울 수 있다. 앞으로 이 기술을 발전시켜 카메라에 비친 모습만으로 사람의 감정까지도 읽어 낼 수 있을 것이다.

삼성 SDS가 개발한 이 비디오 분석 솔루션은 회사 내 융합 마케팅 서비스팀에서 개발을 시작하였는데 상용화까지 완료하였으며, 시내 중심가 대로변이나 쇼핑몰 등에 설치된 디지털 사이니지전자 광고판의 마케팅·광고 효과 측정 도구로 사용될 예정이다. 디지털 사이니지는 네트워크로 연결돼 있어 광고 영상을 원격으로 제어할 수 있다. 또 광고 수용자와의 양방향 소통도 가능하다. 이미 서울 강남대로와 복합 쇼핑몰 곳곳에 디지털 사이니지가 설치돼 있다. 여기에 비디오 분석 솔루션이 더해짐으로써 광고 효과 측정까지 가능해진 것이다.

현재 국내 한 디지털 콘텐츠 유통업체와의 협력을 통해 서울 시내 쇼핑몰 등에 서비스 구축을 준비 중이다. 삼성 SDS가 솔루션 개발을 맡고, 광고 플랫폼 인프라를 갖고 있는 디지털 콘텐츠 업체가 솔루션을 유통하는 식이다. 최근 양사는 서울의 한 복합 쇼핑몰에서 설치된 디지털 사이니지에 해당 솔루션을 탑재하고, 시범 서비스를 진행했다. 향후 시장 조사기관 홈랜드 시큐리티 리서치HSRC에 따르면 지능형 비디오 분석 시장은 2020년 47조 원 규모에 이를 것으로 전망된다.

그림 1-9 안면인식 기술의 활용 사례

또한, 2014년에 현대자동차는 안면인식 기술을 활용하여 뉴욕 타임 스퀘어에서 'Hyundai Brilliant Interactive Art'라는 쌍방향 옥외 광고 캠페인을 런칭하여 큰 화제를 불러일으켰다. 이 광고는 3면 형태의 옥외광고판 안에 살고 있는 'Mr. Brilliant'라는 가상의 인물을 내세워 시시각각 다양한 화면을 보여주며 관람객과 감성적 소통을 시도하는 방식으로 진행되었다.

구체적으로 현장 관람객이 최첨단 안면인식 카메라 앞에서 여러 가지 포즈와 표정을 지으면 촬영된 얼굴을 Mr. Brilliant가 다양한 테마의 이미지로 꾸며 자신의 캔버스에 하나의 예술작품으로 완성해 제시한다.

또한, 관람객이 즉석에서 가족, 친구, 연인 등 소중한 사람들의 이름과 이들을 향한 메시지를 스마트폰으로 작성하여 와이파이Wi-Fi를 통해 전송하면 이를 Mr. Brilliant가 옥외 광고판에 게재하여 추억을 선사하는 기회도 제공한다. 이렇듯 소비자를 직접 광고에 참여시켜 광고의 주인공으로 만드는 마케팅 방식을 컨슈미디어 마케팅consumedia marketing이라고 한다.

뉴욕 타임스 스퀘어에 설치한 현대차 옥외 광고판에서 '미스터 브릴리언트'가 방문객의 모습을 자신의 캔버스에 그려주는 모습

그림 1-10 현대 자동차 양방향 옥외광고

음성인식 기술은 구글의 음성인식 검색 서비스와 같은 단순한 인터페이스의 역할을 넘어서 사람의 감성을 이해하고 소통하는 수준으로 발전하고 있다.

예를 들어 인공지능 스피커는 기존의 음악만 들려주던 기능에서 진화하여 말로 명령만 하면 알아서 음악을 재생시켜 줄 뿐만 아니라 날씨·교통정보·뉴스 등 일상생활에서 궁금한 정보를 물어보는 즉시 시원스럽게 대답해 주고, 사용자와 간단한 대화를 이해하면서 농담을 주고받는 등 감성적인 커뮤니케이션까지도 가능하다.

또한, 알림과 일정관리도 말만 하면 별도의 설정을 하지 않아도 스스로 기억하고 확인해 주는 개인비서의 역할도 하고 있다. 수동적인 음향 기기에서 상호작용하는 개인비서로 변신한 사물인터넷과 음성인식 인공지능 시스템으로 새롭게 태어난 인공지능 스피커는 제4차 산업혁명을 이끄는 주요 산업으로 떠오르고 있다.

동작인식 기술은 게임기나 스마트 TV와 같은 미디어에 많이 활용되고 있다. 예를 들어 스마트 TV는 동작인식 기능을 통해 리모컨으로 V자를 그리면 사용자의 최근 시청 목록을 제공하는 등 손의 움직임으로 마우스를 대체한다.

대부분의 스마트폰은 카메라의 동작인식 기능을 갖추고 있다. 카메라의 얼굴 및 동작인식 센서가 웃는 모습을 하거나 특정 제스처를 취하면 카메라가 센서를 작동해 자동으로 촬영한다.

그림 1-11 동작인식 기술의 예

촉각·미각·후각 기술은 상대적으로 뒤처진 편이지만, 2013년에 한국표준과학연구소에서 컴퓨터 가상현실 영상의 마찰력, 온도, 강도 등 복합적인 촉각 정보를 실감나게 전해줄 수 있는 마우스가 개발되었다.

컴퓨터 화면에 나타난 호수에 마우스 커서를 갖다 대면 마치 손가락을 물속에 담근 듯이 차갑고 출렁거리는 느낌이 전달된다. 이 마우스는 위쪽에 검지를 얹을 수 있는 터치판을 만들어 원하는 화면에 커서를 갖다 놓으면 화면에 등장한 물체가 가지고 있는 마찰력, 거친 정도, 온도, 강도 등을 촉각을 통해서 느낄 수 있게 해준다.

방송영상 분야에서의 실감기술은 3D, UHD, 홀로그램을 중심으로 발전하고 있다. 3D, UHD에 비해 홀로그램은 기술 개발이 아직 충분하지 않다. 홀로그램은 종종 방송, 영화, 공영, 광고, 영상회의에서 보는 것처럼 가상의 존재가 실제 사람들과 같이 있는 것처럼 생생하게 재생되는 것이다.

홀로그램으로 구현된 영상은 360도 전 방향에서 입체 영상을 제공하는 것인데 현재는 광학기술의 한계와 엄청나게 큰 데이터 요구량으로 실현되고 있지 않다. 지금 구현되고 있는 홀로그램의 수준은 고해상도 프로젝트로 영상을 쏘아 2차원의 대형 투명막에 투사하는 플로팅floating 방식이다.

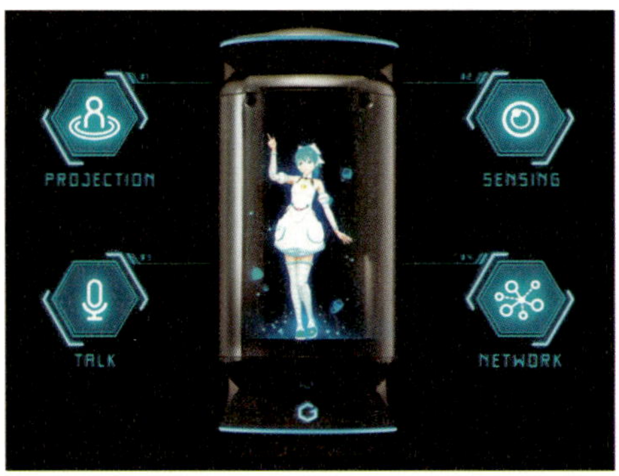

그림 1-12 일본에서 개발한 홀로그램 여자친구

2014년 미국 빌보드 뮤직 어워드에서는 이미 사망한 마이클 잭슨이 무대 위에 등장해 노래를 부르며 문워크를 선보이기도 하였다. 우리나라에서는 2010년 김덕수 사물놀이패가 기존의 아날로그 공연과 홀로그램 기술을 접목한 디지로그 공연죽은 나무 꽃 피우기을 선보인 바 있다. 최근에는 KBS 판타스틱 듀오 프로그램에서 모 가수가 홀로그램을 이용하여 고인이 된 김광석과 합동 무대를 꾸민 적이 있다.

또한, 프랑스 대선에서 대통령 후보 중 한 명이 홀로그램을 이용하여 다섯 지역에서 동시에 선거유세를 한 적이 있다.

광고에서도 루이까또즈는 매장에서 폐점 이후 홀로그램 캐릭터가 외부에서 바라보는 고객의 시선을 유도하면서 고객이 다가가면 콘텐츠가 변화하고, 반응하도록 하는 홀로그램 광고를 설계하고, 시연하였다. 방송에서도 아바타와 모션캡쳐 기술로 만들어진 가상의 홀로그램 캐릭터가 아나운서로 등장하여 뉴스를 진행할 수 있다.

제2장
디지털 광고 생태계의 이해

Check Point 이 장에서는 종래 포털 중심의 디지털 광고 생태계가 모바일 앱 시장의 급속한 성장으로 퍼블리셔와 플랫폼 사업자가 분리되어 새로운 시장을 형성하는 영역문제를 다루고 있다.

1. 디지털 광고 생태계란?

생태계ecosystem[1]는 생물학적 용어로서 살아있는 유기체가 그것을 둘러싼 자연환경과 상호작용하면서 함께 살아가는 자연계의 질서를 의미한다. 즉, 자연계의 생태계는 자연환경과 생물이 서로 영향을 주고받으면서 함께 생존해 나가는 자연계 질서를 상징하며, 생산자·소비자·분해자로 구성된다.

2000년대 이후 정보통신 기술이 발전하면서 생태계 개념은 ICT, 미디어, 비즈니스, 광고 등의 영역으로 확대·사용되기 시작하였다. 디지털 광고의 생태계는 디지털 광고를 제작·구매·판매·유통하는 플레이어들과 이들 간의 거래를 도와주는 광고 플랫폼 사업자들로 구성되어 있다.

디지털 광고 산업의 플레이어들players은 광고주advertiser·광고대행사ad agency·퍼블리셔publisher 혹은 매체사·콘텐츠 제공업체content provider, CP·미디어렙media rep·광고 플랫폼ad platform 사업자들을 포함하며, 디지털 광고의 생태계는 생태계 내

---

1 생태계生態系, 영어:ecosystem는 상호작용하는 유기체들과, 그들과 서로 영향을 주고받는 주변의 무생물 환경을 묶어서 부르는 말이다. 같은 곳에 살면서 서로 의존하는 유기체 집단이 완전히 독립된 체계를 이루면 이를 '생태계'라고 부를 수 있다. 이 말은 곧 상호의존성과 완결성이 하나의 생태계를 이루는 데 꼭 필요한 요소라는 뜻이다. 하나의 생태계 안에 사는 유기체들은 먹이사슬을 통해 서로 밀접하게 연관되어 있는 경우가 많다. 이 먹이사슬을 통해 영양 물질이 여러 유기체에 걸쳐 순환하고 에너지도 같이 이동하는데, 이런 과정을 거치는 동안 다양한 생태계가 생겨난다.

유기체들처럼 서로 긴밀하게 연결되어 상호의존하고 상호작용하면서 생존 및 공진화co-evolution해 나가는 환경이라고 할 수 있다. 따라서 디지털 광고의 업무 프로세스는 이들 플레이어들players을 중심으로 이루어진다.

온라인PC 광고 생태계와 모바일 광고 생태계는 공통적으로 광고주, 광고대행사, 매체사모바일 앱의 경우 앱 개발자, 미디어렙, 데이터 제공자, 콘텐츠 제공자, 광고 플랫폼 사업자들을 참여자로 포함하고 있다. 그러나 초기의 포털 중심의 온라인PC 광고 생태계의 경우는 네이버와 구글과 같은 웹 사이트들이 퍼블리셔이자 광고 플랫폼 사업자의 역할도 동시에 수행한 반면에, 모바일 앱 시장이 급속도로 성장한 이후에 탄생된 모바일 광고 생태계의 경우는 퍼블리셔와 광고 플랫폼 사업자가 분리되어 별도의 새로운 시장을 형성하였다.

즉, 모바일 앱 시장이 활성화되기 이전에는 주로 포털과 같은 자체적으로 많은 광고 인벤토리를 보유한 웹 사이트들이 자신의 사이트 내에서 타기팅·광고 송출·성과 측정 등의 자체적인 플랫폼 혹은 솔루션을 구비해 놓고 광고 집행을 하였으나, 모바일 앱 광고 시장이 커지면서 광고매체인 앱과 플랫폼의 영역이 분리되어 모바일 광고 플랫폼이라는 새로운 사업 영역이 등장하였다. 즉, 〈그림 2-1〉에서 보이듯이 기존 온라인PC 광고의 경우는 포털이 자체 광고 솔루션을 사용하여 광고 플랫폼 사업자의 역할을 수행하였으나, 모바일 앱 광고의 경우는 플랫폼 사업자와 매체가 따로 분리되어 있다고 할 수 있다.

대표적인 온라인PC 광고의 플랫폼이자 포털인 구글Google은 자신들이 직접 운영하는 사이트유튜브, gmail, 플레이스토어, 블로그 등를 중심으로 인터넷 언론사나 블로그 등의 파트너 사이트와 제휴하여 GDNGoogle Display Network[2]을 구축하고 인벤토리를 확보한 후, 자체 플랫폼을 통하여 배너와 동영상 등을 포함한 다양한 유형의 디스플레이 광고 서비스를 전 세계 광고주들에게 제공하고 있다.

---

2 구글의 대표적인 디스플레이 광고 상품이자 네트워크인 GDN은 전 세계 인터넷 사용자 중 90%에 도달하고, weather.com과 같은 2백만 개 이상의 파트너 사이트를 포함한다.

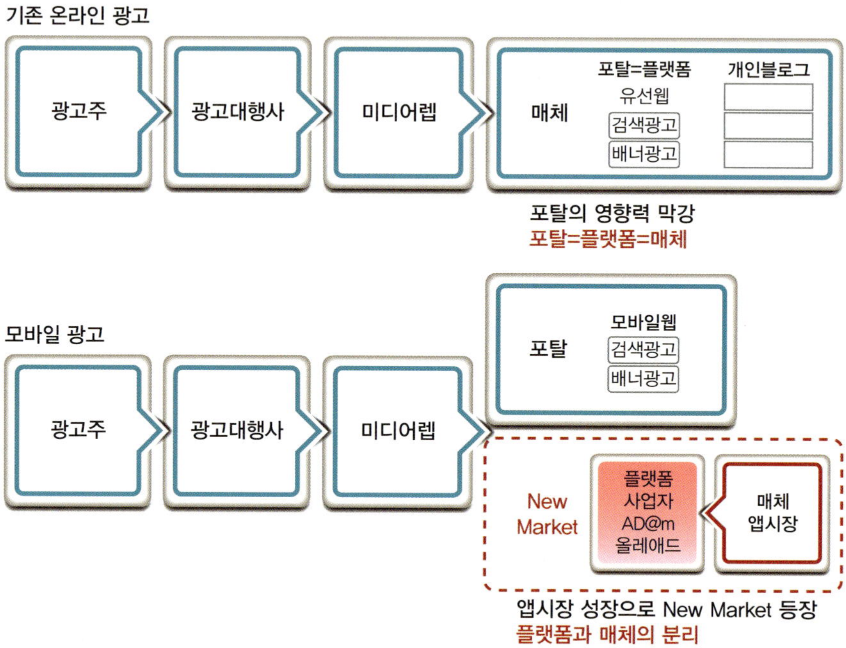

〈출처: KT 경제경영연구소(2011). 국내 모바일광고 시장 및 플랫폼 사업 동향〉

그림 2-1 온라인 광고와 모바일 광고 생태계

2. 디지털 광고 생태계의 참여자들

(1) 광고주

광고주는 영업 전략을 수립하고, 필요한 예산을 설정하여 광고대행사에 광고를 의뢰한다. 현재 디지털 광고 시장은 현재 135,000개의 롱테일[3]long tail 중소형 광고주를 갖고 있으며, 그 숫자는 점차 증가하고 있다.

(2) 디지털 광고대행사디지털 에이전시

디지털 광고대행사는 광고주를 대상으로 영업을 하고, 광고주를 위해 광고 및 마케팅 전략을 수립하고, 광고주에게 필요한 예산과 적절한 디지털 광고 상품

3 '롱테일'은 판매 곡선에서 불룩 솟아오른 머리 부분에 이어 길게 늘어지는 꼬리부분을 가리키며, 많이 팔리는 히트상품이 아닌 온라인에서 소량으로 팔리는 틈새상품들을 일컫는 용어이다.

등을 제안한다. 예를 들어 캠페인의 목표를 설정하며, 매체전략을 수립하고, 광고·프로모션·이벤트를 포함한 메시지를 개발하고, 캠페인 종료 후 성과를 분석하는 일을 한다.

(3) 퍼블리셔publisher

퍼블리셔는 광고 인벤토리를 보유한 매체사들을 말하며, 웹 사이트와 모바일 앱 개발자들을 포함한다. 퍼블리셔는 게임·음악·소설 등 다양한 카테고리에서 재미있고 유익한 콘텐츠를 개발·배포하여 가능한 한 많은 사용자들을 유입시켜야 더 많은 광고주를 유치할 수 있다. 퍼블리셔는 광고주로부터 받은 광고비를 가장 많이 배분받는다. 예를 들어 웹 광고의 경우는 매체사가 전체 광고비의 70%를 배분 받는 반면에, 모바일 앱 광고의 경우는 앱 개발자가 전체 광고 수익의 50~60% 정도를 배분 받는다.

그림 2-2 디지털 광고 수익배분의 예

(4) 미디어렙사media rep. 社

미디어렙사는 광고주를 대신하여 매체사가 보유한 광고 인벤토리ad inventory를 구매해 주고 집행하며, 성과 분석까지 수행하는 역할을 담당한다. 구체적으로 광고 메시지가 도달되어야 할 타깃을 설정하고 이들 타깃에게 도달하는 데 적합한 매체를 선정하고 송출하며, 캠페인 종료 후 성과 분석 서비스를 제공한다. 미디어렙은 2000년대 이후에 온라인 및 모바일 광고 시장이 급격히 성장하면서 수많은 광고 채널들을 한데 모아서 대행할 주체의 필요성에 의해 탄생되었으며, 보통 대형 광고대행사가 수주한 광고주의 매체 부문만을 재대행하는 역할을 담당한다.

국내의 대표적인 미디어렙사는 KT의 계열사인 나스미디어와 CJ E&M의 계열사인 메조미디어 등을 들 수 있다. 이들 미디어렙사들은 광고주의 매체대행뿐만 아니라 여러 매체들과의 제휴를 통하여 애드 네트워크를 구축한 후 광고 플랫폼을 구축하여 광고주에게 타기팅·광고송출·성과 분석 등의 서비스를 제공하는 광고 플랫폼 사업자[4]로 사업 영역을 확대하고 있다.

(5) 데이터 제공자data provider

데이터 제공자는 사용자 데이터를 제공하는 독립적인 제3자를 말한다. 기업·광고대행사·미디어렙 등이 제3자 데이터 제공자의 사용자 데이터를 구매하는 주된 이유는 자사가 수집한 제1자 데이터1st party data는 타깃의 모수가 적고 로그인한 이용자의 행동만 파악할 수 있지만, 외부 데이터를 활용하면 로그인하지 않아도 성향의 파악이 가능하기 때문이다.

또한, 제3자는 웹이나 앱 트래킹을 통해서 매체 내 혹은 매체 간 중복 클릭한 중복 광고 참여자들을 걸러낼 수 있는 장점이 있다.

따라서 오디언스 프로파일링의 정확도를 높이기 위해 양질의 데이터와 타기팅 범위를 확대할 수 있는 다양한 외부 데이터의 수집이 필요하다. 현재 국내

---

4 광고플랫폼은 여러 중소 매체들과의 제휴를 통하여 확보된 광고 인벤토리에 유치한 광고를 집행하고, 관리해주는 서비스 플랫폼을 말한다. 광고플랫폼은 타기팅, 광고송출, 성과 분석 등의 서비스를 제공한다. 광고주를 모집한 후 광고를 집행하고 관리하는 서비스를 제공하는 사업자를 광고플랫폼 사업자들에는 포털, 매체사, 미디어렙, 이동통신사업자 등이 포함된다.

데이터 시장에서는 오라클Oracle과 어도비Adobe를 포함하여 다수의 제3자 데이터 제공자들이 사용자 데이터를 제공하고 있으며, 글로벌 데이터 시장에서는 Forbes기사 카테고리 방문 이력, AddThis구매의도, LOTAME*프로파일, 관심사, Datalogic프로파일, 관심사, ComScore방송 시청률 등을 포함하여 30여 개의 제3자 데이터 제공업자3rd-party data providers가 30억 명의 사용자 데이터를 제공하고 있다.

(6) 콘텐츠 제공자content provider

콘텐츠 제공업체는 온라인PC 및 모바일 상에서 구현되는 콘텐츠를 제작하는 일을 담당한다. 예를 들어 배너 및 동영상 제작과 랜딩페이지의 화면을 구성하고 음원을 확보하거나 새로운 음원을 만든다.

(7) 광고 플랫폼 사업자

디지털 광고는 캠페인 과정에서 자동화된 서브serve 혹은 광고 플랫폼ad platform을 통하여 타기팅, 메시지 발송, 효과분석과 같은 업무를 수행한다. 광고 플랫폼이란 디지털 광고를 타깃에게 제공하기 위하여 온라인 및 모바일 환경에 특화된 솔루션으로써 고객 데이터 수집·저장·분석을 바탕으로 타기팅, 광고송출, 성과분석, 리포팅까지 해주는 일종의 자동화된 시스템을 말한다.

가령 광고주로부터 광고의뢰를 받으면 광고 플랫폼에 연동된 데이터 관리 플랫폼DMP, Data Management Platform에 저장된 고객 정보를 바탕으로 고객을 세그먼트를 하여, 광고 메시지를 수신할 타깃을 선별하고, 선별된 타깃에게 맞춤형 광고 메시지를 전송하며, 전송된 메시지에 대한 타깃의 반응을 분석하여 광고주에게 리포팅을 해준다.

광고 플랫폼 서비스를 제공하는 사업자는 광고 인벤토리를 노출 매체로 확보한 후 광고주를 모집하여 광고를 집행하고 관리하는 서비스를 제공한다. 즉, 여러 매체들과의 제휴를 통하여 확보된 광고 인벤토리에 유치한 광고를 타기팅을 통해 집행하고, 성과를 분석하는 등 디지털 광고 캠페인의 전 과정을 관리해 주는 서비스를 제공해 준다. 광고 플랫폼 사업자들은 전체 광고비의 10~20% 정도를 대행 수수료로 받는다.

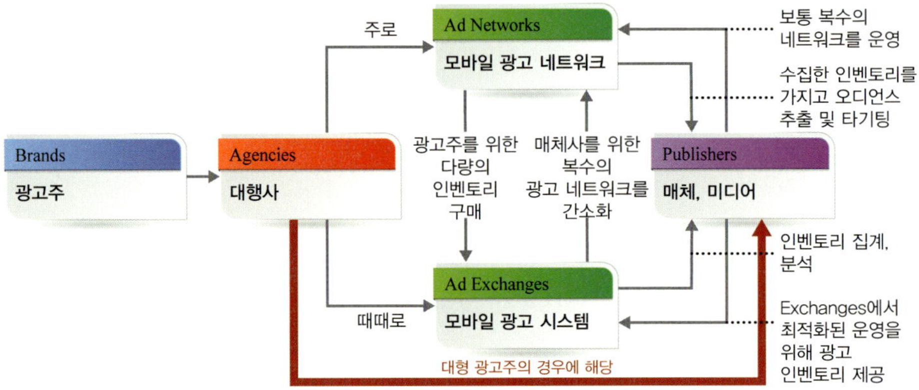

〈출처: DMC Report(2014). 모바일 앱 광고시장의 전망〉

그림 2-3 모바일 광고 생태계

이러한 광고 플랫폼 서비스를 제공하는 사업자들은 크게 기존의 통신포털 사업자·이동 사업자·글로벌 플랫폼 사업자·국내 토종 플랫폼 사업자들로 구분할 수 있으며, 광고 플랫폼 서비스 시장의 주도권을 확보하기 위해 경쟁하고 있다.

대부분의 미디어렙사들을 포함하여 광고 플랫폼을 독자적으로 구축·운영하는 사업자들은 광고 인벤토리가 적은 중소매체들을 묶어서 네트워크를 구성한 후 광고주가 의뢰한 광고를 소비자들에게 제공하는 역할을 수행하기 때문에 애드 네트워크 플랫폼 사업자로도 불린다.

대표적인 글로벌 플랫폼 사업자로는 구글과 애플을 들 수 있다. 구글Google의 모바일 광고 플랫폼인 애드몹AdMob은 애플리케이션들을 네트워킹해서 광고 인벤토리를 확보한 후 광고를 해 달라는 광고주의 요청이 있으면 이를 제공해 주고 그 대가로 광고비를 받는다. 구글의 애드몹은 앱 유저들의 특성을 파악하여 정확한 타기팅을 할 수 있을뿐만 아니라 앱 콘텐츠의 특성예: 게임에 적합한 콘텐츠 매칭 광고content matching ad가 가능하다.

또한, 자사가 관리하는 트래픽을 통해 수집되는 모바일 트렌드 데이터를 분석해 공개하고 있다. 구글의 애드몹AdMob은 글로벌 시장에서는 물론이고 국내에서도 모바일 광고 플랫폼 서비스를 제공하고 있으며, 2018년 기준으로 100억 원 이상의 취급고를 달성하여 모바일 광고 플랫폼 순위에서 1위를 차지하고 있다.

그 반면에 애플의 모바일 광고 플랫폼인 아이애드iAd는 미국 시장 위주로 서비스를 제공하며, 아이폰의 앱app에 애플이 수주한 광고를 삽입할 수 있도록 하는 시스템으로, 애플은 여기서 나오는 광고수익을 앱 개발자와 나누어 가진다.

구글의 애드몹에 이어 국내 모바일 광고 플랫폼 시장에서 2위50억 원의 시장 점유율을 차지하고 있는 카카오의 모바일 광고 플랫폼 카카오모먼트kakao moment는 4300만 명이 사용하고 있는 카카오톡 메신저를 기반으로 인공지능과 빅 데이터를 활용하여 사업자의 특성에 따라 고객에게 맞춤형 광고를 노출한다. 2018년 시장 조사기관인 리서치애드의 조사에 의하면 구글의 애드몹과 카카오의 카카오모먼트에 이어 모비온, 캐시슬라이드, 와이더 플래닛, 맨플러스MANPLUS, 카울리, 버즈빌, 싱크미디어, Adbay의 순으로 모바일 광고 플랫폼 Top10을 형성하고 있다.

표 2-1 국내외 대표적 모바일 광고 플랫폼

모바일 광고 플랫폼 사업자		주요 특징들
포털	다음Daum	포털 중 최초로 모바일 광고 플랫폼 아담Ad@m 출시
	네이버Naver	모바일 광고 플랫폼 애드포스트를 활용하여 무선 웹 서비스를 제공함으로서 웹 경쟁력 강화.
이동통신사	SK플래닛	SK 텔레콤 사용자의 빅 데이터를 활용, 타깃 모바일 광고 출시
글로벌 모바일 광고 플랫폼 사업자	구글Google	글로벌 모바일 광고 플랫폼인 애드몹Admob으로 전 세계 약 31만 개, 국내 5만 개의 네트워크 보유, 운영
	애플Apple	모바일 광고 플랫폼 아이애드iAd 운영, 단 미국 등 특정 국가에서만 노출됨.
	인모비InMobi	전 세계에서 가장 큰 독립 광고 네트워크 기업, 3D 모바일 광고 포함 다양한 유형의 광고 플랫폼 보유
국내 모바일 광고 플랫폼 사업자	카카오모먼트 KakaoMoment	국내 모바일 메신저 시장 95% 이상 장악, 소셜 네트워크의 파급력을 활용한 광고 상품 운영
	모비온Mobion	빅 데이터를 바탕으로 한 정확한 알고리즘을 토대로 유저의 소비 패턴을 정확도 높게 분석, 유저가 관심을 가질 만한 디스플레이 상품을 노출, 효율을 극대화하는 리타기팅 플랫폼 운영
	캐시슬라이드 cashslide	모바일 리워드 광고 플랫폼 운영, 배경 화면에 광고가 노출되고, 잠금 해제 시 책정된 금액을 보상함.
	와이더플래닛 wideplanet	와이더플래닛의 타기팅 게이츠Targeting Gates는 PC, 모바일 등 사용자 행태를 종합적으로 분석하여 광고주 캠페인에 맞는 핵심 타깃에게 광고를 노출함.
	카울리Cauly	국내 최초 스마트폰 기반 모바일 광고 플랫폼 출시

〈출처: 조창환, 이희준(2018). 디지털 마케팅을 바탕으로 재구성함〉

〈출처: KT 경제경영연구소(2011). 국내 모바일광고 시장 및 플랫폼 사업 동향〉

그림 2-4 다음의 모바일 광고 플랫폼 Ad@m의 예

3. Appendix : 구글Google, 페이스 북Facebook 광고 및 마케팅 자격증 종류

현재 국내외 디지털 광고 및 마케팅 업계에서 인정받는 디지털 광고 및 마케팅 관련 자격증은 구글, 페이스 북, 인스타그램, 그리고 미국 마케팅협회에서 발행하는 자격증 등이 있다.

(1) 구글 애드워즈Google Adwards 인증시험

이 시험은 온라인 광고와 애드워즈의 이점을 비롯하여 애드워즈 캠페인 관리 및 최적화 권장사항 등 기초 및 중급 수준의 광고개념에 대한 지식을 평가한다.

표 2-2　구글 애드워즈 시험 종류

시험	설명	문항수	합격점수	제한시간
0. 애드워즈 기초 인증시험	애드워즈 기초 인증시험은 온라인 광고와 애즈워즈의 이점, 애드워즈 캠페인 관리 및 최적화 권장사항 등 기초 및 중급 수준의 개념에 대한 지식을 평가합니다.	100개	80%	120분
1. 검색 광고	검색 광고 인증시험은 검색 네트워크에서 게시하는 검색 광고 캠페인을 생성, 관리, 측정, 최적화할 때의 권장사항 등 다양한 기본 개념 및 고급 개념에 대한 지식을 평가합니다.	100개	80%	120분
2. 디스플레이 광고	디스플레이 광고 인증시험은 디스플레이 캠페인 생성, 관리, 측정, 최적화의 고급 개념 및 권장사항에 대한 지식을 평가합니다.	100개	80%	120분
3. 모바일 광고	모바일 광고 인증시험은 광고 형식, 입찰 및 타기팅, 캠페인 측정 및 최적화 등 모바일 광고의 개념 및 고급 개념에 대한 지식을 평가합니다.	70개	80%	120분
4. 동영상 광고	동영상 광고 인증시험은 YouTube 및 웹에서 동영상 광고 캠페인을 생성, 관리, 측정, 최적화할 때의 권장사항 등 동영상 광고에 대한 기초 및 고급 개념에 대한 지식을 평가합니다.	74개	80%	120분
5. 쇼핑 광고	쇼핑 광고 인증시험에서는 판매자 센터 계정과 제품 데이터 피드 만들기, 쇼핑 캠페인 만들기 및 관리 등 쇼핑 광고의 기초 및 고급 개념에 대한 지식을 평가합니다.	63개	80%	120분

(2) 구글 애널리틱스 공인 전문가 자격시험Google Analytics Individual Certification: GAIQ

구글 애널리틱스는 줄여서 GA라고 불리며 웹이나 앱의 데이터 분석 프로그램이다. 예를 들어 우리 회사의 홈페이지나 앱에서 발생하는 소비자 빅 데이터를 분석하여 방문자의 이용행태 등을 분석하여 광고 및 마케팅 캠페인에 활용하거나, 광고 및 마케팅 캠페인 종류 후 광고효과측정ROI을 확인할 수 있다. 온라인 시험으로 총 90분 동안 객관식 70문항을 풀어야 하며, 합격 기준은 80%의 정답56문제 이상을 맞혀야 한다. 시험 비용은 무료로 진행되며 유효시간은 18개월이다. 불합격 후 1주일이 지나면 시험을 무제한으로 재응시 가능하다.

(3) 페이스 북 블루 프린트 인증서Facebook Blueprint Certification

이 자격증은 페이스 북과 인스타그램 광고 마케팅 능력을 인정받을 수 있는 디지털 마케팅 전문가 글로벌 자격증이다. 이 자격증은 페이스 북 기획 전문 자격증으로 페이스 북 내 광고 캠페인을 성공적으로 기획할 수 있는 역량을 가졌다고 판단되는 사람에게 주는 자격증이다.

페이스 북의 인증을 받은 전문가가 되면 디지털 마케팅 업계에서 스스로를 차별화할 수 있는 경쟁력을 인정받는다. 이 자격증을 취득하기 위해서는 먼저 기초 시험인 페이스 북 광고핵심역량Facebook Advertising Core Competence; FACC에 합격하고, 그 후에 페이스 북 기획 전문 자격증FCPP을 추가로 얻어야 한다.

현재 페이스 북은 광고핵심역량FACC 이외에 기획과 구매에 관한 두 가지의 광고 자격증 프로그램을 실시하고 있다. 즉, 광고핵심역량FACC 이외에 FCPP Facebook Certified Planning Professional와 FCBPFacebook Certified Buying Professional의 두 가지 유형이 있다. 페이스 북 홈페이지www.facebook.com/bluprint에서 자세한 시험 안내를 받을 수 있다.

그림 2-5 구매 전문 인증 디지털 배지

그림 2-6 기획 전문 인증 디지털 배지

1) 페이스 북 광고핵심역량 자격증FACC

이 시험은 페이스 북 페이지를 관리하는 데 필요한 기술, 도구, 광고정책 및 모범사례와 페이스 북 광고제작, 구매와 관리에 대한 역량을 측정한다. 또한, 광고목표 선택과 사용, 성과를 최대화할 수 있는 타기팅, 페이스 북 미디어 플래너와 구매자 역할의 이해에 관한 숙련도를 측정하고 평가한다. 이 시험은 블루 프린터의 핵심 요구사항이다.

2) 페이스 북 구매 전문 자격증FCBP

이 자격증은 구매 분야의 자격증으로 시험은 광고관리, 제작 및 구매, 광고 구매 유형, 광고 경매를 통한 광고성과와 게재 향상, 광고 문제 해결, 광고목표에 적합한 광고 형식 매핑에 대한 전문가 수준의 역량을 측정한다. 또한, 타기팅, 페이스 북 보고, 구매목표에 적합한 KPI매핑, 페이스 북 픽셀과 SDK의 이해 및 테스트, 소비자 인사이트insight와 제품 카탈로그의 활용에 관한 숙련도 등을 측정한다. FCBP 시험을 치려면 150불을 지불해야 한다.

3) 페이스 북 기획 전문 자격증FCPP

이 자격증은 광고 캠페인 기획, 즉 Planning 분야의 자격증으로 페이지 관리·광고목표 선택과 활용·성과를 최대화할 수 있는 타기팅, 타깃 인사이트 활용, 도달 및 빈도 최적화에 대한 전문가 수준의 역량을 측정한다. 또한, 계획전략 실행, 측정 솔루션의 이해 및 파악, 마케팅과 커뮤니케이션 전략에 적합한 페이스 북 상품을 선별하는 전문가 수준의 능력과 같은 숙련도를 측정한다. 페이스 북 기획 전문 자격증FCPP은 1,000점 중에서 700점 이상을 획득해야 취득할 수 있으며, 총 150불의 비용이 발생한다. 이 시험의 영역은 다음과 같다.

- 전문적인 페이스 북 관리
- 페이스 북 광고목표 선택 및 활용
- 영향력 극대화를 위한 타기팅

• 타깃 인사이트 100% 활용
• 도달률 및 빈도 최적화
• 플래닝 전략 및 모범사례 구현
• 페이스 북 측정 솔루션 이해 및 활용
• 페이스 북 상품을 광고 및 커뮤니케이션 전략 활용방법에 대한 깊은 이해

(4) AMA PCM미국 마케팅협회 공인 자격증

이 자격증은 1937년에 결성된 세계 최고 권위의 마케팅 단체인 미국 마케팅 협회AMA 공인자격증이다. AMA는 전 세계에서 통용되는 마케팅의 정의를 내리는 곳으로 PCM은 Professional Certified Marketer의 약자이다. 이 자격증은 2017년에 미국 마케팅협회에서 마케팅 전문가들의 실력을 평가하고 인증하기 위해 만들었다. PCM 시험에 통과하면, 마케팅 분야의 전문가로서 전반적인 이론을 이해하며 실무지식을 갖췄다는 것을 보여 줄 수 있다.

미국 마케팅협회American Marketing Association의 공인 마케팅 자격증 PCM은 마케팅의 전체적인 분야에서 관리자의 역량을 인증하는 시험으로 미국뿐만 아니라 전 세계에 뻗어 있는 다양한 기업에서 활용하고 있다. 기존에는 마케팅 관리자와 최고 마케팅 책임자CMO들이 보는 시험이었으나, 최근에는 신입사원이나 대학생들의 지원이 늘어나고 있다.

PCMProfessional Certified Marketer은 마케팅 관리자의 역량을 평가하기 위해 총 8가지 출제영역에서 전반적인 마케팅 역량을 평가한다. 출제비중이 분야마다 비슷하므로 어느 한쪽을 소홀히 공부해서는 시험에 합격하기 어렵다. 실무역량을 갖췄지만, 마케팅 원론적인 내용을 전반적으로 배우고 싶거나, 마케팅을 체계적으로 배우지 못한 예비 마케터들에게 전체적인 그림을 그리기에 좋은 기회를 제공한다. PCM자격시험은 총 150개의 객관식 문제로 이루어졌다.

출제영역은 전문 마케터로서 알아야 할 지식 전반을 담고 있어, 실무적 역량을 평가하기 좋은 시험이다. PCM은 평균 정답률이 80% 이상이어야 합격을 받을 수 있는 엄격한 시험으로, 어느 영역이라도 소홀히 한다면 통과하기 어려운 시험이다. 한국에서는 한국 마케팅연구소가 이 자격증의 교육기관이다.

〈 시험 출제영역 〉

Part 1. 시장에 영향을 미치는 윤리적 이슈

Part 2. 전략적 마케팅

Part 3. 시장의 이해와 마케팅

Part 4. 가치 창출

Part 5. 가치 획득

Part 6. 가치 전달

Part 7. 마케팅 커뮤니케이션

Part 8. 마케팅 성과측정

(5) 기타 자격증들

검색광고 마케터 자격증한국정보통신진흥협회 발행, 경영 빅 데이터 분석사, 사회조사 분석사 등이 있다.

제3장

디지털 광고 환경의 이해

Check Point　이 장에서는 디지털 광고 환경을 구성하고 있는 요소들인 운영체제, 하드웨어, 웹 브라우저, 채널, 플랫폼에 대한 내용을 제시하였다.

1. 디지털 광고 환경들

디지털 광고 환경은 ICT[1]생태계를 구성하고 있는 구성 요소들인 운영체제OS, 하드웨어hardware, 채널channel, 웹 브라우저, 플랫폼platform, 네트워크network의 직간접적인 영향을 받는다.

그림 3-1　디지털 광고 환경들

1 Information Communication Technology의 약어로 정보통신기술을 의미한다.

2. 디지털 광고 환경의 구성요소들

(1) 운영체제OS

운영체제Operating System: OS는 시스템 하드웨어를 관리하고 응용 소프트웨어를 실행하는 시스템 소프트웨어이다. PC 기반의 월드 와이드 웹[2]www 환경에서는 마이크로 소프트의 윈도window, 애플의 Mac OS·리눅스Linux·유닉스 등이 있으며, 모바일 앱 환경에서는 크게 구글의 안드로이드android와 애플의 iOS로 구분된다.

운영체제는 광고 인벤토리를 제공하는 웹과 앱을 실행시키는 환경을 제공함으로써 디지털 광고 생태계를 지원한다. 구글과 애플은 자신들의 OS를 기반으로 OS 플랫폼 사업자·개발자·사용자들이 참여하는 앱 생태계를 구축하고, 이를 기반으로 독자적으로 디지털 광고 생태계를 발전시켜 왔다.

예를 들어 애플은 iOS에 의해서만 실행되는 앱app을 사고파는 앱 마켓인 앱스토어에 앱 개발자들이 등록한 수많은 앱들 내에 광고 영역인벤토리을 제공함으로써 앱 광고 생태계광고주, 개발자, 대행사, 미디어렙, 트래킹회사 등를 형성하고, 유지·발전하는 것을 지원한다.

(2) 하드웨어hardware

디지털 광고의 하드웨어 환경은 크게 PC 환경과 모바일 환경으로 구분된다. PC 환경은 웹 서버·웹 문서·웹 브라우저넷스케이프, 익스플로러 등로 구성된 월드와이드웹www 중심의 환경이며, 모바일은 앱스토어 중심의 환경이라고 할 수 있다.

모바일은 기본적으로 작은 화면, 이동성, 개인화 매체라는 점에서 PC와 차이가 있다. 또한, 푸시 알림/카메라/GPS/간편 결제 등 다양한 부가 기능을 제공

---

2 1989년에 팀 버너스리에 의해 개발되었으며 HTTPHyper Text Transfer Protocol을 사용하는 인터넷 서비스이다. 웹 서버, 웹 문서, 웹 브라우저모자이크, 넷스케이프, 익스플로러, 크롬, 사파리, 모질라의 파이어폭스 등로 구성되어 있다.

한다. 이러한 차별화된 특성들로 인하여 모바일 환경은 기본적인 검색 광고, 배너 광고, 동영상 광고, 소셜 광고뿐만 아니라 전화 응답 광고, 위치기반 광고, 앱 설치 광고와 같은 많은 사용자 액션을 유발하는 새로운 광고 포맷들을 제공한다.

또한, 모바일에서 수집하는 사용자 이력 정보도 기본적인 인구통계학적 정보뿐만 아니라 위치 정보와 디바이스 식별 정보 등을 수집할 수 있기 때문에 PC 웹 기반의 광고보다 더 정밀한 타기팅이 가능하다. 그 반면에 모바일의 경우, OS별로 고객정확히는 디바이스을 식별하는 방법이 다르고, 웹에서처럼 쿠키가 지원되지 않기 때문에 사용자 트래킹이 PC보다 더 힘들다는 점이 단점으로 지적된다.

또한, 모바일 생태계는 자사의 OS를 기반으로 이용자들이 원하는 다양한 앱app을 설치하고, 필요할 때마다 간편하게 해당 앱들을 실행해서 사용하는 분산 환경 형태로 발전하여 왔기 때문에 사용자 데이터가 분산되어 있어 사용자 트래킹이 힘들다.

(3) 웹 브라우저web browser

웹 브라우저는 월드와이드웹의 세 가지 구성 요소들 중 하나로 웹 서버에게 자료를 요청하여 사용자에게 전달하는 기능을 한다. 웹 브라우저는 웹 서버와 서로 커뮤니케이션하면서 웹 사용자의 웹 사용 이력이 담긴 쿠키 정보를 주고받는다. 마케터 혹은 데이터 분석가는 이 쿠키 정보를 수집·분석하여쿠키 정보를 수집·분석하는 것을 웹로그 분석이라고 함 고객의 행동을 추적하고 식별하며 타기팅 등에 활용한다.

한편, 인터넷 익스플로러, 파이어폭스, 크롬, 오페라 등의 대부분의 웹 브라우저는 웹 사이트 속도 향상, 사용자 추적으로 인한 사생활 침해 방지, 웹 사이트 이용 경험을 개선하기 위해 팝업 창과 같은 원하지 않는 콘텐츠를 필터링하는 기능을 갖추고 있거나, 사용자에게 지나치게 불편함을 주는 광고를 차단하는 애드블록커Adblocker[3]와 같은 소프트웨어를 확정 프로그램으로 제공한다.

예를 들어 구글의 크롬은 웹에서 애드블록Adblock과 애드블록 플러스Adblock Plus 확장 프로그램을 사용해서 광고를 차단할 수 있다. 단, 모바일 크롬에 나타난 광고는 차단할 수 없다. 구글 크롬 등이 온라인 광고를 제한하는 이유는 웹사이트 속도 향상·사생활 보호·브라우저의 사용 경험을 개선하는 것도 있지만, 온라인 광고를 적정 수준에서 규제함으로써 브라우저 사용자 경험을 지나치게 해치지 않는 선에서 광고와 공존하기 위함이다.

하지만 애드 블로킹은 대부분 웹 브라우저를 통해서만 허용되기 때문에 웹 사이트에 있는 광고에만 적용되며, 모바일의 인앱 광고들in-app ads에는 적용이 안 되고, 앱 제공자가 직접 심은 'sponsored' 콘텐츠 또한 영향을 받지 않는다.

또한 구글, 사파리, 파이어폭스는 광고주들이 사용자들을 추적하는 써드 파티3rd-party 쿠키cookie 추적기를 자동으로 차단하는 기능을 갖추고 있다. 예를 들어 애플의 브라우저는 써드 파티 트래커3rd-party tracker가 사용자의 동의 없이 사용자를 추적하고 사용자가 원하는 것과 아닌 것을 구별해 알려준다.

사용자가 원치 않은 쿠키는 하루 후에 또는 한 달 후에는 리타기팅[4]에 사용되는 것을 방지하기 위해 머신 러닝을 사용해서 써드 파티 트래커3rd-party tracker가 사용하는 것을 차단한다.

---

3 애드블록은 광고 차단을 의미하며, 애드블록커는 구글 크롬과 사파리 웹브라우저의 광고필터링을 할 수 있는 확장프로그램을 말한다. 즉 광고차단기술을 활용한 소프트웨어를 말한다. 이를 설치하게 되면 어떤 웹페이지를 로딩할 때 블랙리스트로 지정된 도메인 네임 혹은 URL 등을 자동으로 체크하고 불필요한 광고를 막아준다. 흔히 말하는 'sponsored'라고 된 광고 박스 안의 텍스트와 이미지 등이 그것이다.

4 광고주의 사이트에 이미 방문했던 사용자들을 대상으로 광고를 송출하는 타기팅 방식으로, 무분별한 광고로 인한 피로감을 낮추고, 광고비의 효율성과 구매 확률 혹은 전환율을 높일 수 있다.

최근 구글은 2019년 5월에 개인정보보호라는 명분을 내세워 크롬 브라우저에서 써드 파티 트래커3rd party tracker의 쿠키를 이용한 광고 추적을 제한하는 기능을 발표했다.

구체적으로 구글의 크롬은 사용자가 크롬 브라우저에 저장된 모든 쿠키들을 보고 마음에 들지 않는 쿠키 추적기를 차단할 수 있는 새로운 기능을 제공한다. 이 기능은 광고 생태계의 일부분인 써드 파티 트래커의 사용자 추적을 제한함으로써 웹 브라우저 사용률의 절반 이상을 차지하고 있는 구글의 디지털 광고 시장 지배력을 더 강화할 것으로 예상된다.

(4) 채널channel

채널은 광고메시지를 타깃에게 전달하는 매개체, 즉 미디어를 말한다. 디지털 광고의 채널은 포털·뉴스 사이트·블로그·카페 등의 웹 사이트와 모바일 앱들apps 하나하나가 모두 광고를 사용자에게 전달하는 채널이라고 할 수 있으나, 크게는 서비스 유형·플랫폼 유형·스크린 유형·광고 형식·광고 목적·과금 체계 등에 따라 다양하게 분류할 수 있다.

예를 들어 서비스 유형에 따라서 포털, SNS, 개별 인터넷 사업 광고로 구분할 수 있다. 포털에는 네이버·카카오·네이트 등이 포함되며, SNS에는 유튜브·페이스 북·트위터·인스타그램 등이 포함된다. 개별 인터넷 사업자에는 독립적인 뉴스 사이트 등이 포함된다.

각 채널마다 자신들의 플랫폼에 적합한 광고상품을 개발·판매하고 있으며, 광고정책 또한 다르다. 예를 들어 네이버는 자신들의 검색 엔진을 기반으로 다양한 검색광고 상품예: 네이버의 파워 링크 등을 개발·판매하고 있으며, 무료 동영상 플랫폼인 유튜브YouTube는 다양한 포맷·길이·스킵 옵션을 갖춘 광고상품들예: 인스트림 광고을 판매하고 있으며, 창작자와 광고수익을 일정한 비율로 나누는 수익 배분정책을 시행하고 있다.

전 세계 1위의 인터넷 포털 및 검색 사이트인 구글은 검색 서비스를 이용한 비즈니스 모델로 이용자 수가 늘어날수록 광고수익이 증가하는 구조이다. 따라서 인터넷 활용도를 높이는 것이 주목적이다.

동영상, 사진, 지도, 서적, 구글 앱 등의 다양한 콘텐츠와 크롬 브라우저 및 안드로이드 OS 등은 인터넷 유저의 이용시간 및 정보량 확대를 통해 수익증가를 목적으로 하고 있다.

(5) 웹web과 앱app 플랫폼

디지털 광고가 게재되는 스크린이 웹이냐 앱이냐에 따라서 웹과 앱 플랫폼으로 구분할 수 있다. 웹은 월드와이드웹의 줄임말로서 HTTP[5] 프로토콜을 통해서 제공되는 인터넷 서비스를 말한다. 월드와이드웹은 1994년 팀 버너스리가 PC 통신의 불편함을 덜어 주기 위하여 개발하였으며, 웹 서버·웹 문서·웹 브라우저로 구성된다.

웹 서버는 호스트 컴퓨터이고, 웹 문서는 HTML로 만들어진 이미지 파일이며, 웹 브라우저는 사용자의 요청에 따라 웹 서버에게 웹 문서를 요청하여 전달한다. 우리가 매일 접속 후 이용하는 웹 사이트는 웹 문서들의 집합체이고 호스트 컴퓨터인 웹 서버에 저장된다.

그 반면에 모바일 앱Mobile App이란 모바일 애플리케이션Application의 줄임말로서 모바일 단말기스마트폰, 모바일 기기를 통해 이용할 수 있는 각각의 응용 프로그램 혹은 콘텐츠를 의미한다. 컴퓨터의 하드웨어를 운용하는 소프트웨어운영체제OS, 드라이버 프로그램를 뺀 워드 프로세서나 게임 등 모든 소프트웨어를 응용 프로그램, 앱이라고 부른다네이버캐스트, 2014.06.

5 HTTP는 Hypertext Transport Protocol로서 웹 문서텍스트, 그래픽, 사운드 등를 주고받고 다른 소프트웨어 간 의사소통을 가능케 하는 표준 데이터 전송 규약 혹은 통신규약을 말한다.

웹과 앱은 광고 인벤토리, 즉 광고 영역이 설정되는 공간을 제공한다.

특히 구글과 애플은 자신들이 운영하는 앱 마켓인 앱스토어를 중심으로 개발자·광고주·대행사·미디어렙·제3자 데이터 제공업체 등이 참여하는 디지털 광고 생태계광고주, 개발자, 대행사, 광고 플랫폼 사업자, 콘텐츠 공급업체, 미디어렙, 트래킹 회사 등를 형성하고, 유지·발전하는 것을 지원한다. 많은 앱 개발자들이 앱을 무료로 배포하고 해당 앱 내에 광고를 게재하는 수익모델을 선택하고 있다.

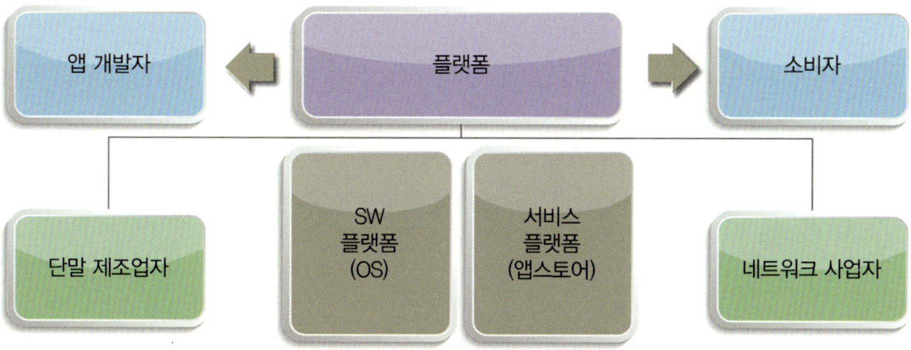

〈출처: DMC Report(2014) 모바일 앱 광고시장의 전망〉

그림 3-2 모바일 앱 생태계

제4장
디지털 마케팅의 기본 용어들

Check Point

이 장에서는 디지털 마케팅과 관련하여 노출, 도달, 빈도 등의 트래픽 효과 측정 단위와 그에 따른 성과 지표 및 효율성의 측정 단위에 관한 내용을 다루고 있으며 디지털 광고 마케팅 관련 용어를 정리하였다.

1. 트래픽 효과 측정 단위들

① 노출Impression

노출은 광고가 고객에게 보이는 것으로 광고주의 상품과 고객이 처음으로 만나는 그 접점을 말한다. 여기서 노출이 발생한 만큼의 횟수를 '노출 수' 혹은 '임프레션'이라고 말한다. 광고가 한 번 노출되면 '1임프레션'이라고 말한다.

광고매체의 노출효과exposure effect는 광고 메시지가 사람들에게 얼마나 보이는가를 나타내는 것으로 크게 도달효과reach effect와 반복효과repetition effect로 구분할 수 있다. 도달효과는 광고 메시지를 얼마나 많은 표적 수용자에게 노출시킬 것인가를 말하며, 반복효과는 광고 메시지를 동일한 표적 수용자에게 얼마나 반복적으로 노출시킬 것인가를 말한다. 도달효과는 도달률reach, 반복효과는 빈도frequency라는 개념으로 표현된다. 도달효과는 인지도와 밀접한 관련이 있으며, 반복효과는 역치threshold[1] 및 감퇴효과wear-out effect[2]와 관련이 있다.

---

1 역치threshold란 생리학에서 감각세포에 흥분을 일으킬 수 있는 최소의 자극의 크기를 말한다. 매체기획에서 역치는 광고의 효과가 발생하기 시작하는 최소한의 노출횟수 혹은 유효빈도를 말한다. 인지학습이론의 관점에서 역치는 인식의 문턱이라고도 할 수 있다.

2 감퇴효과wear-out effect는 표적 수용자들이 과잉노출로 인하여 광고메시지에 더 이상 주의집중을 하지 않거나 심지어 광고에 싫증을 내게 되는 현상을 말한다.

즉, 도달효과가 부족하면 광고주가 기대하는 크기의 표적 수용자들에게 광고 메시지를 도달시킬 수 없으며, 반복효과가 부족하면 역치라는 인식의 문턱을 넘어서지 못하기 때문에 광고주가 기대하는 최소한의 광고효과를 얻기 어렵다.

도달효과와 반복효과가 적절히 결합하여야 인지도, 호감도, 구매의향과 같은 최소한의 기대하는 광고효과를 얻을 수 있다. 미디어 플래너media planner는 광고주가 기대하는 광고효과를 얻기 위하여 도달효과와 반복효과가 적절히 균형을 이룰 수 있도록 매체 스케줄을 구성하여야 한다. 도달효과와 반복효과를 높이기 위하여 역치를 넘어서는 노출량의 투입과 함께 정교한 타기팅과 대중매체와 뉴미디어를 아우르는 다양한 커뮤니케이션 채널들을 믹스하는 통합적 미디어 믹스 전략이 필요하다.

그림 4-1 매체의사 결정의 범위

매체의사 결정과정은 누구에서who, 언제when, 어디에where, 어떤 매체에which media, 얼마나 많은 사람들에게how much, 얼마나 자주, 얼마나 지속적으로how long 노출시킬 것인가를 말한다. 누구에게 노출할 것인가? 하는 문제는 표적 수용자의 설정 혹은 정의target definition를 말하며, 얼마나 많은 사람들에게 얼마나 자주 노출할 것인가? 하는 문제는 매체예산media budget 및 매체목표media objective 설정과 관련이 있고, 어떤 매체에 노출시킬 것인가? 하는 문제는 미디어 믹스media mix 전략과 관련이 있다. 언제, 얼마나 지속적으로 노출시킬 것인가? 하는 문제는 매체 스케줄링media scheduling 전략과 관련되어 있다. 어디에 노출할 것인가? 하는 문제는 광고지역의 결정과 관련이 있다.

② 도달률Reach

특정 광고나 메시지에 최소 한 번 또는 그 이상 노출된 사람의 숫자나 비율% 을 말한다. 도달률의 경우에는 광고가 여러 번 노출됐더라도 한 번으로 계산한다.

③ 노출Impression과 도달Reach의 차이

노출은 단순히 광고가 노출된 횟수를 보여준다면, 도달은 노출된 사람이 몇 명인지 보여주는 수치이다. 다시 말해 노출은 콘텐츠가 소비된 '횟수', 도달은 콘텐츠를 소비한 '사람의 수'이다. A가 a라는 광고를 3번 봤다면 노출은 3, 도달은 1로 계산된다.

④ 빈도Frequency

이용자 한 사람당 같은 광고에 노출되는 광고 노출 빈도를 말한다. 노출 빈도에 따라 인지율 및 클릭률이 달라질 수 있다. 노출 빈도가 낮다면 인지율이 떨어져 클릭이 발생하기 어렵다. 반면, 너무 높다면 광고를 보는 이들의 피로도가 상승해 클릭이 적어진다.

⑤ PVPage View

웹 사이트 한 페이지에 사용자가 접속한 수를 세는 단위이다. 웹 사이트 내에서 가장 높은 PV를 기록한 페이지가 사이트 내 가장 인기 있는 곳으로, 이를 기준으로 집행하는 광고 위치를 정하는 등 마케팅 전략을 세울 수 있다.

하지만 같은 사람이 페이지를 새로 고치거나 다른 페이지를 탐색하는 경우에도 PV로 기록되기 때문에, PV로는 해당 웹 사이트에 얼마나 많은 이용자가 방문하는지를 파악하기 어렵다. PV는 '세션session'에 따라 달라질 수 있다. 세션은 '한 고객이 웹 사이트에 들어와 상호작용을 하고 나가기까지 걸린 임의로 설정해 놓은 평균 시간'을 말한다. 만약 세션이 5분이라고 가정하자. 사용자가 3분을 머물렀다 나가면 PV는 1이 된다. 한편, 사용자가 8분을 머물렀다 나가면 PV는 2가 된다.

⑥ UVUnique Visitor

순 방문자로 사용자가 특정 웹 사이트에 방문한 수를 나타내며 중복 방문을 제외한다. 실제 방문한 총 이용자 수를 파악하기 어렵고 고의로 숫자를 늘릴 수 있는 PV의 단점을 보완하는 차원에서 쓰인다. PV가 세션이나 IP 주소에 따라 달라진다면 UV는 달라지지 않는다.

⑦ 체류 시간DT, duration time

사용자가 사이트에서 머물다 떠날 때까지의 시간을 의미한다. 체류 시간이 길면 길수록 사용자 활동이 많아지고 원하는 목적이 달성될 확률이 높으므로, PV와 함께 고객 충성도를 살펴볼 수 있는 지표가 되기도 한다. 체류 시간이 짧다면 페이지 내에 어떤 점이 사용자를 충분히 이끌지 못하는지 확인해 볼 필요가 있다.

⑧ CTRClick Through Rate

클릭률로 광고를 본 사람 중 클릭한 수가 얼마나 많은지를 보여주는 비율이다. 모바일 광고의 클릭률은 평균적으로 0.1~2% 안팎의 수치를 보인다. 클릭률이 높을수록 광고의 효율성이 높으며, 광고가 올바른 대상에게 노출됐다고 판단할 수 있다.

$$\text{CTR} = \frac{\text{클릭수}}{\text{노출수}} \times 100$$

⑨ VTR View Through Rate

동영상 광고의 시청 완료율을 말한다. 광고를 스킵skip하지 않고 끝까지 시청한 사람의 비율을 말한다. 유튜브는 5초 후 스킵, 네이버는 15초 후 스킵 정책을 채택하고 있다.

⑩ MAU Monthly Active Users

월간 활성 이용자로서 한 달 동안 해당 서비스를 이용한 순수한 이용자의 수를 말한다. 보통 소셜 게임 등 인터넷 기반 서비스에서 해당 서비스를 얼마나 많은 사용자가 실제로 이용하고 있는지를 나타내는 지표 중에 하나로 활용한다.

월 단위의 서비스 집계를 통해 서비스의 성공과 인기가 변화하는 과정을 장기적으로 나타낼 수 있다. 집계하는 시점은 제 각각이긴 하나, 페이스 북 등에서는 유저가 게임 시작 화면을 볼 때 집계하거나 모바일 게임은 애플리케이션을 실행할 때 집계하는 식으로 서비스를 실행하는 단계에서 집계하는 것이 일반적이다.

⑪ DAU Daily Active Users

일간 활성 이용자로서 하루 동안 해당 서비스를 이용한 순수한 이용자 수를 말한다. 보통 소셜 게임에서 해당 서비스를 얼마나 많은 사용자가 실제로 이용하고 있는지를 나타내는 지표 중에 하나로 활용한다.

MAU보다 더 정확하게 서비스의 인기와 성공을 나타내며, 단기적인 이벤트 등에 대한 유저들의 호응을 확인할 수 있어서 효과적이다.

2. 광고/마케팅 성과 지표들 Performance Index

① 전환Conversion : 간접 전환/직접 전환

광고 성과를 파악하는 주요 지표다. 전환은 광고를 통해 사이트로 유입된 방문객이 광고주가 원하는 특정 행위를 취하는 것을 말한다. 특정 행위는 뉴스레터 가입, 소프트웨어 다운로드, 회원가입, 장바구니 담기, 제품 구매 등이 될 수 있다. 광고나 메시지를 클릭하고 30분 이내에 전환이 일어나면 '직접 전환', 광고나 메시지를 클릭한 동일 사용자에게서 15일 이내에 전환이 일어나면 '간접 전환'이라고 말한다.

② CVR Conversion Rate, 전환율

광고를 클릭해 사이트에 들어온 방문객이 특정 행위전환를 하는 비율을 말한다.

$$CVR = \frac{\text{전환수}}{\text{유입수}} \times 100$$

예) 100명 방문에 5명의 전환이 발생한 경우의 전환율

$$CVR = \frac{5}{100} \times 100 = 5\%$$

③ 이탈률 Bounce Rate, Exit Rate*

소비자가 홈페이지를 방문해 한 페이지만 보고 다른 페이지로의 유입 없이 나가는 수를 이탈률 또는 반송률이라고 한다. 웹 페이지 내에서 어떤 상호작용도 없이 나갔을 때의 비율이다.

예를 들어 원피스 광고를 타고 한 쇼핑몰에 들어왔지만 다른 상품을 보거나, 가입하거나, 구매하는 등의 다른 행동 없이 그 페이지에 들어왔다가 바로 나가는 상황에 해당한다. 랜딩 페이지가 방문자의 목적에 잘 맞게 돼 있느냐 그렇지 않으냐에 따라 이탈률이 달라질 수 있다.

$$\text{이탈률(반송률)} = \frac{\text{반송수}}{\text{방문수}} \times 100$$

④ Exit Rate

같은 이탈률이지만 Bounce Rate와 다르다. Bounce Rate가 상호작용 없이 웹 사이트를 벗어났다면, Exit Rate는 상호작용을 모두 마친 후에 웹 사이트를 나가게 되는 것을 의미한다.

⑤ 잔존율Retention Rate

특정한 서비스를 경험한 소비자가 그 서비스를 다시 찾는 경우가 얼마나 생기는지를 비율로 나타낸 지표로서 재방문율을 말한다. 원래 보통 게임을 경험한 소비자가 게임을 다시 찾는 경우가 얼마나 생기는지 비율로 나타내는 지표다.

즉, 온라인 게임에서 주로 이야기되는 '한번 특정 게임을 플레이했던 유저가 다시 그 게임을 플레이하는 비율', 직역하면 '유지비율'이라고 한다.

게임 업계에서는 현재 게임을 이용한 플레이어 수를 이전 시점에서 게임을 이용한 플레이어 수로 나누는 방법으로 산출한다. 처음 게임을 출시할 때는 다운로드 받은 플레이어 수의 몇 퍼센트가 다시 게임을 했는지를 산출해 발표한다. 그 이후에는 주간이나 월간 혹은 특정 기간을 기준으로 산출한다.

$$\text{잔존율} = \frac{\text{현재 접속자 수}}{\text{비교 대상 시기의 접속자 수}}$$

잔존율은 게임업체에게 중요한 지표 중 하나로 받아들여진다. 잔존율 혹은 재방문율이 높을수록 휴면 유저가 줄어들고 접속자 수가 늘어나며, 게임이 활성화되는 데에 큰 도움이 되기 때문이다.

잔존율이 떨어지는 게임은 아무리 유저를 모아도, 게임에 남아 있는 유저가 없다는 뜻이므로, 최소한의 잔존율을 유지하지 못하면 망했다고 보면 된다. 특히 플레이어들이 서로 친구를 맺어 협동하는 재미를 내세우는 게임은 잔존율을 중시한다.

잔존율이 떨어진다는 뜻은 곧 이탈자가 생긴다는 뜻이며, 이탈자가 생긴다는 뜻은 곧 플레이어와 협동할 친구가 줄어든다는 뜻이다. 최악의 경우에는 플레이어가 협동할 친구가 없어서 이탈을 해버리는 연쇄 반응이 일어나기에, 친구와의 협동을 중시하는 게임은 재방문율을 올리는 데에 노력을 기울인다.

잔존율 혹은 재방문율은 매출에도 긍정적인 영향을 끼친다는 점에서 중요하다. 특히 접속을 하려면 일정 기간마다 결제를 해야 하는 정액제 게임의 경우, 재방문율은 매출과 직결된다.

재방문율이 높다는 뜻은 곧 많은 플레이어들이 정액제 서비스를 결제한다는 뜻이기 때문이다. 접속은 무료로 허용하고 유료 서비스를 따로 판매하는 부분 유료 게임들도 잔존율에는 신경을 쓴다.

일단 재방문율이 높아야 게임이 활성화되기 때문이기도 하며, 높은 재방문율은 매출에 도움이 되기 때문이다. 비록 재방문한 플레이어가 반드시 결제한다는 보장은 없지만, 그래도 플레이어가 자주 방문할수록 그 사람이 결제할 여지가 늘어나기 때문이다.

위와 같은 이유로 상당수의 게임들은 재방문율을 관리하는 데에 신경을 쓴다.

매일 꾸준히 접속하는 플레이어에게 접속 날짜만큼 게임 아이템을 증정하는 직접적인 방법을 쓰기도 하며, 플레이어들끼리 친구가 되도록 유도한 뒤에 플레이어들 사이에서 꾸준한 접속을 독려하는 분위기가 형성되도록 커뮤니티를 조성하는 간접적인 방법을 쓰기도 한다. 최근에 잔존율은 웹 페이지를 다시 방문하거나 처음 가입한 게임을 다시 찾는 행위 등 그 적용 범위는 무척 다양하다.

⑥ 리드Lead

상품에 관심이 있는 소비자, 즉 '관심 고객'을 말하는 용어이다. 디지털 마케팅에서 리드 제너레이션lead generation, 즉 리드를 많이 창출하는 것이 단순히 노출이나 도달을 높이는 것보다 중요하다.

⑦ 인게이지먼트Engagement

인게이지먼트는 TV 매체에서는 프로그램에 대한 시청자의 몰입과 집중을 나타내는 태도적 차원의 효과 개념으로 사용되지만, 소셜 미디어에서는 좋아요Like, 공유Share, 코멘트Comment, 댓글 달기 등의 콘텐츠와의 다양한 상호작용을 나타내는 행동적 차원의 효과 개념으로 사용된다.

⑧ ROIReturn Of Investment, 투자수익률

투자 대비 수익률로, 투자한 것에 대비해 합당한 이윤 창출을 만들어 내고 있는지를 보여주는 지표이다. 기업의 순이익 비율을 파악하고자 할 때 사용된다. ROI가 클수록 수익성이 크다는 것을 의미한다. 다양한 분야에서 널리 사용되는 용어이긴 하지만 상품을 홍보하고 판매 촉진해야 하는 마케팅 분야에서도 많이 쓰인다. ROI를 측정하기 위해서는 투자비용Investment과 성과 및 부가가치Return 분석이 함께 필요하다.

$$\text{ROI} = \frac{\text{영업 이익}}{\text{총비용}} \times 100$$

⑨ ROAS Return On Ads Spending, 광고수익률

광고가 얼마나 많은 매출액을 가져다 주었는지에 대한 수치로 투자한 광고 비용 회수율을 나타내며, 광고나 마케팅 효율 측정을 위한 지표이다. 집행하고 있는 캠페인이 어떤 상황인지 점검해볼 수 있는 지표가 된다. 이를 바탕으로 마케팅을 어떻게 집행할 것인지 통찰을 얻을 수도 있다.

$$\text{ROAS} = \frac{\text{매출}}{\text{광고비용}} \times 100$$

⑩ KPI Key Performance Indicator, 핵심 성과 지표

개인 또는 조직의 성과를 객관적으로 평가하는 기준 또는 척도를 말한다. 즉, 매출증대, 신규고객 확보, 이익최대화, 브랜드 이미지 상승, 고객만족도 증대, 고객 클레임 최소화 등 기업의 목표들을 성공적으로 달성하기 위해서 핵심적으로 신경쓰고 관리해야 할 요소들에 관한 핵심 성과 지표를 말한다.

과거 실적을 나타내는 것과는 달리, 미래 성과에 영향을 주는 핵심 지표를 묶은 평가 기준이다.

예를 들어 달성하고자 하는 목표가 '매출 상승'이라면 KPI는 '전년도 대비 10% 매출 상승'과 같이 구체적인 수치를 말한다. 모든 수치적 데이터가 KPI가 될 수 있다. 예를 들어 페이스 북 핵심 성과 지표가 될 수 있는 것들에는 좋아요 수, 지역 비율, 성별 또는 나이 비율, 포스팅별 도달 수, 일일·주간·월간 포스팅 수가 있다.

⑪ 고객 생애 가치 LTV, Lifetime Value

사용자 한 명이 웹 사이트, 앱에 들어와서 이탈하기까지 그 전체 기간 창출하는 가치 지표를 말한다. 쉽게 말해 한 사용자가 해당 서비스를 이용하는 동안 얼마나 이익을 가져다 주는가를 수치화해 계산한 것이다.

3. 광고/마케팅 효율성 측정 단위들

① CPV Cost per View

사람이 광고를 뷰시청한 만큼, 재생 당 비용을 지급하는 방식. 동영상 광고에서 진행되는 경우가 많다. 15초 강제상영 광고상품의 경우에는 보통 cpm으로 가격 산정이 되며, 최소 비용도 천만 원 이상한다.

그 반면에 5초 skip 상품은 30초 이상 영상을 보았을 때만 과금되는 cpv방식이다. 15초 강제상영 상품은 TV CF를 하는 고액 광고주의 대형 브랜드들이 많다.

② CPVC Cost Per View or Click

(View+Click) 당 비용을 의미

③ CPI Cost Per Impression

광고비를 노출량으로 나눈 값을 의미한다. 노출단가라고도 한다.

④ CPM Cost per Mille impressions

광고비 책정 방법의 하나. 1천회 광고 노출impression을 기준으로 가격을 책정하는 방식이다. 'Mille'은 라틴어로 '1천'을 의미한다.

⑤ CPC Cost per Click

광고비 책정 방법의 하나로 광고 노출impression과 관계없이 클릭이 한 번 발생할 때마다 요금이 부과되는 방식이다. 광고를 보는 사용자가 광고를 클릭할 때마다 게시자가 이익을 얻는다. 금액은 매체, 광고상품, 입찰가에 따라 다르다. 웹 광고에서 흔히 쓰이며, 이를 적용하는 광고는 구글 애드센스, 애드워크, 네이버 클릭초이스 등이 있다.

⑥ CPA Cost per Action = Cost per Acquisition

행동action 당 비용으로 소비자가 온라인상에 노출된 광고를 클릭하고 랜딩 페이지에 진입해서 광고주가 원하는 특정 행동을 수행했을 때 과금하는 방식. 주로 구매를 기준으로 삼지만, 상담신청·이벤트 참가·다운로드·회원가입·애플리케이션 설치 등을 기준으로 삼기도 한다.

⑦ CPS Cost Per Share

SNS 마케팅에서 공유하기 당 비용주로 페이스 북 같은 SNS을 말한다.

⑧ CPI Cost per Install

앱 마케팅에서 생겨난 용어다. 광고 노출impression과 관계없이 애플리케이션 설치 건당 요금이 부과되는 방식이다. CPA 방식의 하위 개념으로 주로 모바일 게임과 관련해 많이 적용된다. 해외에서는 CPI를 따로 사용하기보다는 CPA로 묶어서 말하는 경우가 많다고 한다.

4. 기타 디지털 광고/마케팅 관련 용어들

① CTA Call To Action, 콜투액션

사용자 반응을 유도하는 행위를 말한다. 예를 들어 웹 사이트에 있는 애플리케이션 정보 아래에 있는 애플리케이션 다운로드 링크나 버튼, 페이스 북에 좋아요 버튼, 숙박 사이트에 숙박 예약 접수란을 보여주는 것 등 사용자가 어떤 행동을 하게 만들어 놓은 것을 '콜투액션'이라고 말한다.

② 랜딩 페이지 Landing Page

사용자가 검색 광고 텍스트나 배너 광고banner advertising를 클릭했을 때 연결되는 도착 페이지로 방문 시 맨 처음 보게 되는 페이지를 말한다. 랜딩 페이지 제작을 어떻게 하는가에 따라 전환율 차이가 발생하기 때문에, 전환율과 깊은 관계가 있다.

③ 오가닉 유저Organic User

앱 마케팅에서 주로 활용되는 용어로, 광고 없이 자연 유입이 이루어진 유저를 오가닉 유저라 칭한다.

보통 보상형 CPI 광고 등을 꾸준히 진행하여 앱 자체의 인기 순위가 높아졌을 때, 자연적으로 필요 혹은 인기에 편승해 유입/설치가 이루어진 고객이 오가닉 유저에 해당한다. 오가닉 유저의 경우는 광고로 유입된 유저에 비해 충성도가 높은 장점이 있다.

④ 어뷰징Abusing

오용·남용·폐해라는 뜻으로, 포털 사이트나 매체가 의도적으로 클릭 수를 늘리기 위해 조작하는 행위, 부정한 방식으로 트래픽을 늘려 수익을 챙기는 행위를 일컫는다. 정상적인 트래픽 유입이라기보다 봇bots, 악성 해킹 프로그램의 일종, 컴퓨터로 이상 트래픽을 발생시키는 사기 수법이 대표적이다.

⑤ 애드 프러드ad fraud

애드 프러드ad fraud란 가짜 앱 설치와 같은 비정상적인 인스톨, 부정 클릭과 같은 허위 트래픽, 해킹 소프트웨어인 봇bot 등과 같은 모든 형태의 광고사기를 의미한다. 애드 프러드는 광고의 효과를 감소시킬 뿐만 아니라 광고주에게 손실을 끼치고, 광고효과의 과대평가로 말미암은 광고매체의 신용저하와 매출 감소로 이어진다. 프러드를 방지하기 위하여 블록체인 기술 등이 활용되고 있다.

제5장 사용자 데이터의 수집 및 프로파일링

Check Point | 이 장에서는 고객의 행동을 유도하고 소비자 인사이트를 얻고자 고객의 프로파일이라 할 수 있는 웹 사용과 관련된 행동이력인 사용자 데이터 수집 및 활용에 관한 내용을 제시하였다.

1. 광고 마케팅에서 사용자 데이터user data의 활용

디지털 마케팅 및 광고 캠페인은 고객을 이해하고 식별하는 것에서부터 시작된다.

여기에는 고객의 프로파일이라고 할 수 있는 인구통계학적 특성들성별, 나이, 직업, 소득, 학력, 거주지 등뿐만 아니라 고객이 제품 구매 전에 웹 사이트에서 어떤 유입 경로매체를 통하여 제품을 구매하였으며, 웹 사이트에서는 어떤 사이트와 콘텐츠를 주로 소비하고, 웹 사이트에는 얼마나 머물렀고, 어떤 키워드를 검색하였으며, 어떤 광고 메시지에 반응하며, 어떤 액션예를 들어 장바구니에 담았는지 등을 통하여 구매 전환으로 유입되었는지 등의 사용자 웹 사용 이력 등이 포함된다.

이러한 사용자 데이터user data를 수집·분석하게 되면 마케터는 고객에게 어떤 행동을 유도해야 하는지 어떤 경험을 하도록 해야 하는지에 대한 소비자 인사이트insight를 얻을 수 있다.

이러한 온라인과 모바일 상의 사용자 특성 및 행동에 대한 데이터는 마케팅 과정과 광고 전략을 수립할 때 필수적이다.

예를 들어 사용자 데이터를 바탕으로 고객의 니즈needs를 분석하여 새로운 시장블루오션을 발굴하고, 타깃을 설정하며, 이러한 타깃에 적합한 신제품 개발을 포함한 마케팅 믹스전략을 수립하고, 프로모션 전략의 일환으로서 광고 캠페인을 전개한다.

특히 광고 캠페인을 전개할 때 사용자 데이터 분석에 기반을 둔 구체적이고 측정 가능한 KPI[1] 목표예를 들어 구매전환율[2]를 세우고, 사용자 데이터를 분석하여 고객을 식별하거나 프로파일링[3]을 하여 고객이 웹이나 앱에 접속하였을 때 광고 플랫폼을 통해 맞춤형 광고를 전송하며, 캠페인 종료 후 트래킹 조사추적 조사를 통하여 캠페인의 성과 분석어트리뷰션을 실시한다.

심지어 최근에는 크리에이티브의 개발에도 사용자 데이터가 활용된다. 예를 들어 인공지능AI을 통하여 콘텐츠를 분석한 결과 특정 장면에서 사용자의 인게이지먼트가 높을 때 다음에는 그 장면을 넣어서 콘텐츠를 제작한다면 '조회 수'와 '좋아요' 수를 늘릴 수 있다.

이처럼 사용자 데이터와 인공지능이 크리에이티브 개발에도 직접적인 영향을 주는 빅 데이터와 인공지능 기반의 콘텐츠 개발 시대가 오고 있다. 따라서 디지털 광고 마케팅의 대부분의 과정은 사용자 데이터에 의존한다고 할 수 있다.

---

1 Key Performance Indicator핵심 성과 지표의 줄임말로서 디지털 마케팅에서 기업이 달성해야 할 최종적인 목표를 말한다. 모든 수치적 데이터가 KPI가 될 수 있다. 예를 들어 페이스 북 광고캠페인의 핵심 성과 지표가 될 수 있는 것들은 좋아요 수, 지역 비율, 성별 또는 나이 비율, 포스팅별 도달 수, 일일·주간·월간 포스팅 수 등을 포함한다.

2 전환은 광고 성과를 파악하는 주요 지표이다. 전환은 광고를 통해 사이트로 유입된 방문객이 광고주가 원하는 특정 행위를 취하는 것을 말한다. 특정 행위는 뉴스레터 가입, 소프트웨어 다운로드, 회원가입, 장바구니 담기, 제품 구매 등이 될 수 있다. 전환율은 광고를 클릭해 사이트에 유입된 방문객이 특정 행위전환를 하는 비율을 말한다. 광고나 메시지를 클릭하고 30분 이내에 전환이 일어나면 '직접전환', 광고나 메시지를 클릭한 동일 사용자에게서 15일 이내에 전환이 일어나면 '간접전환'이라고 말한다.

3 온라인상에서 고객이 남긴 흔적예를 들어 사용자 이력 데이터을 분석하여 고객의 프로파일을 추정하는 것을 말한다.

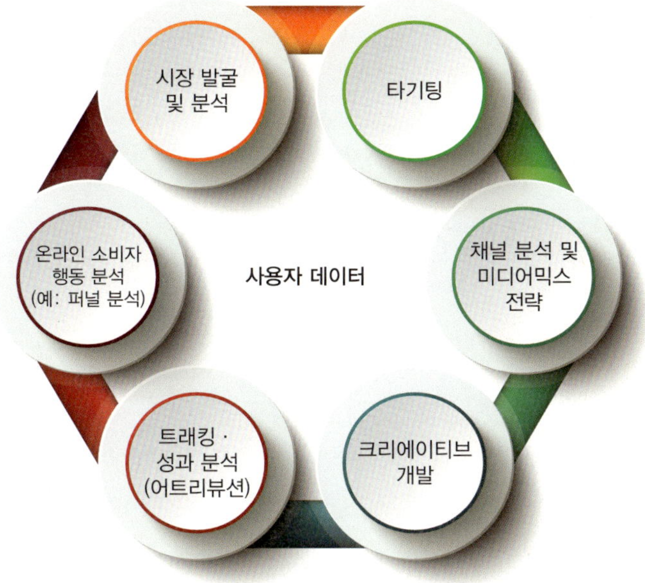

그림 5-1 광고 마케팅에 활용되는 사용자 데이터

2. 사용자 데이터의 분류 및 유형들

디지털 광고/마케팅 캠페인은 잠재고객, 가망고객리드고객, 충성고객, 옹호고객 등을 포함한 기업의 마케팅 활동의 표적이 되는 여러 유형의 타깃들을 식별하거나 추정할 수 있는 데이터를 수집하는 것에서부터 시작된다.

디지털 광고/마케팅 캠페인에 활용되는 고객 정보는 출처·고객 식별 여부·성격에 따라 분류할 수 있으며, 보통 DMP데이터 관리 플랫폼에 담겨서 타기팅과 광고 성과 분석 등에 활용된다.

타기팅에 활용될 수 있는 데이터는 매우 다양하지만 데이터의 출처source에 따라서 크게 First-party Data, Second-party Data, Third-party Data로 분류되며, 고객 식별 유무에 따라서 고객 식별 데이터와 비식별 데이터로 분류된다. 또한, 사용자 특성 및 행동에 따라서 특성 데이터와 행태 데이터로 분류된다.

표 5-1 사용자 데이터의 분류

분류 기준	분류
출처	1st-party Data 자사 데이터, 2nd-party Data 외부 데이터, 3rd-party Data 외부 데이터
고객 식별 여부	고객 식별 정보, 고객 비식별 정보
사용자 특성 및 행동	사용자 특성 정보, 사용자 행태 정보

(1) 출처에 따른 분류

제1자 혹은 제1관계자 데이터1st-party Data는 일반적으로 기업이 운영하는 웹사이트나 모바일 앱, 오프라인 매장 등 다양한 고객과의 마케팅 및 세일즈 접점에서 광고주가 자체 수집한 자사 데이터를 말한다. 여기에는 성별, 나이, 직업, 소득 수준 등의 ID 및 고객 식별 정보뿐만 아니라 웹/앱의 방문 이력, 구매, 검색 기록, 관심사 등의 사용자의 웹 및 앱 활동을 기록한 행태 정보비식별 정보도 포함된다. 행태 정보와 같은 비식별 정보는 웹은 쿠키, 앱은 ADID 및 IDFA와 같은 고유 식별자 분석을 통해 얻을 수 있다.

1st-party Data자사 데이터의 경우 사용자로 하여금 온라인상에서 팝업 창 등을 띄워 고객으로 하여금 직접 자기 정보를 등록하게 해서 정보를 모으거나, 사용자의 식별 정보ID나 고객 정보 기반의 성별, 나이, 직업, 지역, 구매 행동 등를 포함하며 주로 이용자의 로그인 정보회원 및 계정 가입 정보 등을 통하여 수집한다.

1st-party Data는 주로 식별 데이터이기 때문에 고객의 동의 없이는 사용할 수 없으며, 사용자의 아이디를 지우고 범주화해서 개별 사용자를 식별할 수 없도록 비식별화 과정을 거친 후에야 이용할 수 있다.

2nd-party Data제2자 데이터는 광고주와 대행사의 관계처럼 계약 관계에 있는 업체 혹은 상호 보완성이 있는 업체 간 1st-party Data의 교환을 통해 확보할 수 있는 데이터를 말한다.

여기에는 1st-party Data와 마찬가지로 관계사가 직접 수집한 고객 식별 데이터 및 행태 데이터비식별 데이터가 포함된다.

그 반면에 3rd-party data제3자 데이터는 다양한 제3자 데이터 제공업자3rd-party data provider로부터 구매한 외부 데이터를 말한다. 보통 자사 데이터만으로 마케팅에 활용하는 데에 한계가 있어서 외부 데이터를 추가로 모으고 활용한다.

특히 자사 데이터는 타깃의 모수가 적고 로그인한 이용자의 행동만 파악할 수 있기 때문에 외부 데이터를 활용하면 로그인 하지 않아도 타깃 성향의 파악이 가능하다. 따라서 타깃 프로파일링의 정확도를 높이기 위해 양질의 데이터와 타기팅 범위를 확대할 수 있는 다양한 외부 데이터의 수집이 필요하다.

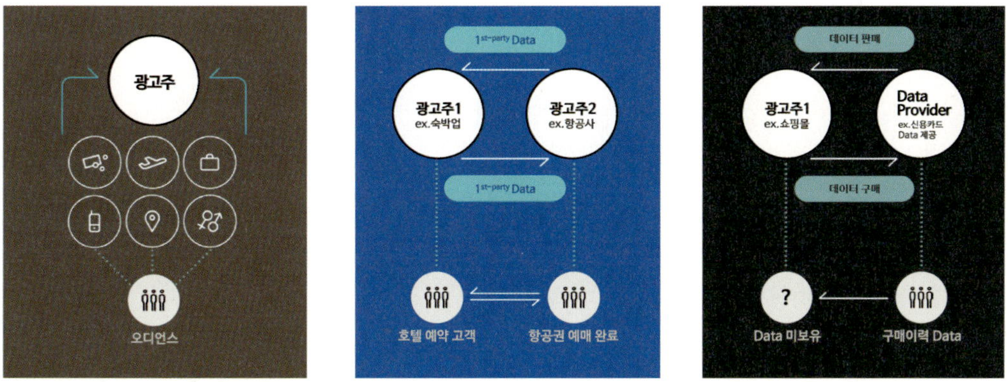

〈출처: CJ E&M Mezzomedia 데이터 마케팅 팀(2017). 숨어 있는 고객 가치도 발굴하는 Data 마케팅〉

그림 5-2 First-party Data, Second-party Data, Third-party Data

(2) 사용자 식별 유무에 다른 분류

사용자 데이터는 사용자의 식별 유무에 따라서 식별 데이터와 비식별 데이터로 분류된다.

식별 데이터는 개인을 직접 식별하거나 유추하여 알 수 있는 모든 정보를 말하며 여기에는 성별, 나이, 이름, 주소, 이메일 주소, 웹 주소, 휴대폰 번호, 신용카드 번호, 주민등록번호 등이 포함된다.

단순한 이름을 제외한 성별·나이·학력·직업·소득·거주지역, 인종만으로는 식별 정보라고 할 수 없다. 여기에 휴대폰 번호·이메일 주소·주민등록번호 등이 붙으면 식별이 가능한 개인 식별 정보PII, Personally identifiable information[4]가 된다. 그러나 비식별 데이터는 누구에 대한 정보인지를 확인할 수 없도록 조치한 개인정보, 즉 특정한 개인을 구분할 수 있는 정보를 제외한 모든 정보를 말한다. 비식별 정보는 사전 동의 없이 기업이나 공공기관이 자유롭게 활용할 수 있다.

일반적으로 광고주가 자체적으로 수집하는 자사 데이터는 양이 충분하지 못하고 타깃의 모수가 적어 타기팅의 활용도가 떨어진다. 이러한 이유로 제3자 데이터 제공업체로부터 고객 비식별 데이터를 구매하여 타기팅에 활용한다. 일반적으로 비식별 데이터의 양이 식별 데이터의 양보다 월등하게 많으며 빅 데이터의 원천이라고 할 수 있다.

또한, 기업이 웹 서비스 과정에서 수집한 식별 데이터의 활용은 개인정보보호법에 따라 처리 목적에 따른 데이터의 수집 범위, 분석 범위, 활용 범위 등이 제한적이기 때문에 비식별화 과정을 거쳐서 사용할 수 있다.

2016년 6월 행정안전부의 '개인정보 비식별 조치 가이드라인'에 의하면 개인 식별 정보를 가명·익명·범주화 등의 조치로 특정 개인으로 확인 불가능하도록 비식별화로 처리하면 개인정보가 아닌 것으로 간주될 수 있으며, 이렇게 비식별화된 정보는 당사자 등의 동의 없이도 활용 및 유통할 수 있다.

〈그림 5-3〉은 고객 식별 정보, 비식별화된 고객 정보, 그리고 고객 비식별 정보의 차이를 나타낸다. 하지만 소비자와 시민단체들은 비식별화 처리를 통해 현재는 특정 개인으로의 식별이 불가능하다고 판단되어 배포된 데이터가 많이 모이면 식별될 수 있고, 현재는 불가능해도 머신 러닝 등의 분석 기법이 더욱 발달한 몇 년 후에는 식별이 가능해질 수 있다는 우려를 제기하고 있다.

---

4 직간접적으로 개인을 식별할 수 있는 정보를 가리킨다. 식별 가능성이 없는 정보는 개인 정보로 보지 않는다.

그 반면에 기업들의 입장에서는 비식별화 조치된 데이터는 활용의 효용성이 너무 떨어져 가치가 없어지고 정보의 가이드라인에 따라 비식별화 조치를 한 데이터가 유통된 이후 식별되었을 때의 리스크는 모두 기업에 전가하고 있다는 불만을 갖고 있다.

이러한 제약 조건에서 완전히 벗어나기 위해 광고업계에서 활용하고 있는 것이 비식별 디바이스 기준으로 관리하는 비식별 고객 데이터이고, 이에 활용되는 것이 전통의 강자인 쿠키 트래킹과 모바일 디바이스 OS가 제공하는 광고 식별자 정보이다.

그림 5-3 식별 고객 정보, 비식별화 고객 정보 및 비식별 고객 정보의 비교

(3) 사용자 특성과 행동에 따른 분류

① 특성 정보demographic information

사용자 특성 정보는 고객이 누구인지를 나타내 주는 정보로서 성별, 나이, 학력, 직업, 소득, 거주지역, 인종, 웹주소, 휴대폰 번호, 이메일 주소, 주민등록번호 등과 같은 사용자의 인구통계학적 특성을 나타내는 정보를 말한다. 여기에는 고객 식별이 가능한 로그인이나 회원가입 정보가 포함된다.

② 행태 정보behavioral information

사용자 행태 정보는 방문자가 사이트에서 무엇을 하는지를 알려주는 데이터로서 개인의 온라인 이용 행태에 대한 정보를 포괄하는 개념으로 정의되고 있다. 예를 들어 사용자 개인이 온라인상에서 어떤 웹 사이트를 방문하였고, 어떤 단어를 검색하였으며, 어떤 링크를 클릭하였고, 무엇을 구매하였는지에 대한 정보를 말한다.

방송통신위원회의 '온라인 맞춤형 광고 개인정보보호 가이드라인'의 정의에 의하면 웹 사이트 방문 기록, 앱 사용 기록, 검색 기록, 구매 이력 등 이용자의 관심·흥미·기호·성향 등을 파악하고 분석할 수 있는 온라인상의 이용자 활동 정보를 말한다. 행태 정보는 주로 맞춤형 광고를 전송하기 위해 사용되며, 웹에서의 행태 정보는 사용자의 컴퓨터에 저장된 쿠키 정보를 통해 얻을 수 있다.

여기에는 사용자의 웹 사이트 방문 기록, 검색 기록, 앱 사용 기록, 구매 이력, 사이트 이동 이력 등의 행태 정보들이 포함된다. 쿠키는 사용자에 대한 어떠한 개인 정보도 포함하지 않으며 개별 사용자를 식별하는 데에 이용할 수 없다. 즉, 쿠키 정보는 기본적으로 고객 비식별 정보이다.

그러나 실제로 쿠키를 통하여 수집된 정보는 사용자의 행태 정보들을 조합하여, 개별 사용자와 관심 분야를 간접적으로 유추하거나 식별하는 데에 이용할 수 있다. 다시 말해서 기업들은 행태 정보를 머신 러닝 등으로 처리하여 이용자의 관심·흥미·기호 및 성향 등을 분석, 고객을 프로파일링을 한 후 추정하고 나서 사용자들에게 맞춤형 광고를 제공한다.

3. 사용자 프로파일링user profiling

사용자 프로파일링은 대부분의 애드 네트워크 플랫폼 회사를 포함한 타기팅 광고회사에 의해 주로 사용되는 기법으로, 인터넷 쿠키 정보나 웹 사이트 트래픽 분석 및 개인정보 등을 조합하여 고객의 브라우징 및 구매 습관 등을 바탕으로 고객의 프로파일을 형성하는 것을 의미한다.

웹이나 앱에서 제3자에 의해서 수집되는 대부분의 정보는 비식별 정보이기 때문에 타기팅이나 성과 분석에 그대로 사용할 수 없다. 따라서 타기팅을 제대로 수행하기 위해서는 고객의 프로파일링 작업이 우선되어야 한다. 추정을 통하여 타깃 데이터를 축적한다.

이용자의 온라인 활동을 추적하기 위해서는 영구적 쿠키를 사용한다. 사이트 내의 광고의 경우, 애드 네트워크의 도메인에 속한 제3자 쿠키를 사용하여 이용자의 행동을 추적한다.

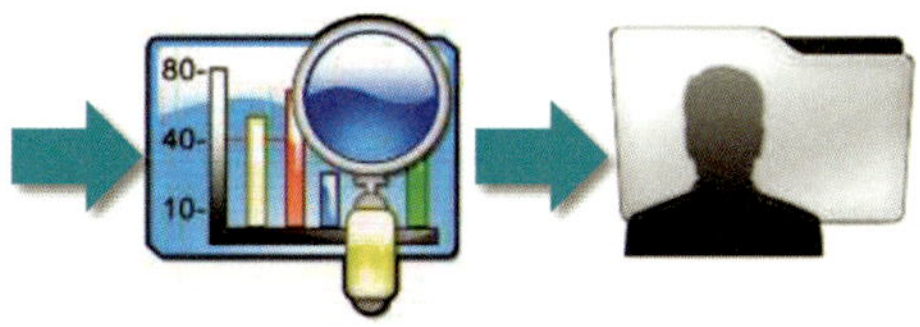

• http://www.abc.com에 방문, 신발 〉 운동화(sneakers) 섹션에서 15분간 브라우징
• http://www.yahoo.com에 방문, 'new coach sneakers'를 검색
• http://www.sportsillustrated.com에 방문, 노출되는 6pm의 운동화 광고를 클릭
• http://www.stockexchange.com에 방문, NIKE사의 주식 가격 등락을 확인
• 기타 등등….

〈출처 : 이진규(2017) Internet Cookie〉

그림 5-4 사용자 트래킹 및 프로파일링 과정

4. 사용자 데이터의 수집 방법

온라인 상에서 고객 프로파일링을 위한 고객 정보의 수집은 웹 사용자의 이력 데이터의 수집과 앱 사용자의 이력 데이터의 수집으로 나눌 수 있다. 일반적으로 웹에서는 쿠키cookie를 활용하여 사용자의 사이트 사용 이력에 관한 정보를 수집하는 반면에 모바일 앱에서는 디바이스 ID라고 불리는 고유 식별자를 활용해서 사용자의 앱 사용 이력 정보를 수집한다.

(1) 웹 사용자 데이터의 수집 : 쿠키

1) 쿠키Cookie란?

쿠키는 인터넷 사용자가 웹 사이트를 방문할 때, 사용자의 컴퓨터하드 디스크 폴더에 자동으로 저장되는 작은 임시 파일이다. 사용자가 웹 사이트를 방문하면, 웹 사이트는 하드 디스크 폴더의 브라우저에 쿠키를 저장하고 이를 이용하여 장래에 사용자의 기기를 식별한다.

웹 사이트에서는 쿠키를 사용하여 방문자의 정보를 저장하고, 사용자가 페이지를 요청할 때 웹 서버에서 사용자를 인식한다. 즉, 사용자가 해당 사이트를 나중에 다시 방문하면, 지난 번 방문했을 때 저장한 쿠키를 읽어서 사용자의 기기를 기억해 낸다. 이와 같은 방식으로 사용자의 웹 사이트 활동 이력을 유추할 수 있다.

2) 쿠키의 작동 원리 및 수집·분석

쿠키는 사용자클라이언트의 브라우저하드 디스크 폴더의 브라우저 폴더에 처음부터 있을 때와 없을 때를 구분하여 동작한다. 〈그림 5-5〉에서 보이듯이 사용자가 먼저 서버에 페이지를 요청하면HTTP Request라고 함 서버는 사전에 사용자의 웹 브라우저 폴더에 저장된 쿠키가 있는지를 확인한다.

이 때 쿠키가 없다면 쿠키를 생성신규 ID 생성하여 쿠키 이름과 값으로 구성된 새로운 쿠키를 서버가 HTTP사이트 소스 코드 헤더header에 직접 넣어 사용자 브라우저 폴더에 저장한다.

반면, 사용자 사이트의 브라우저 폴더에 기존에 저장된 쿠키가 있을 경우에 사용자 브라우저는 웹페이지 요청과 함께 쿠키를 서버에 보낸다.

웹 서버는 사용자의 페이지 요청에 담긴 쿠키 정보를 읽음으로써 이전 사이트 상태에 대한 정보를 파악하고, 다시 변경되거나 업데이트된 쿠키를 사용자의 브라우저 폴더에 재전송하여 저장하게 한다.

쿠키는 텍스트 파일이기 때문에 대부분의 텍스트 편집기나 워드 프로세서 프로그램으로 검색할 수 있으며, 쿠키를 클릭하면 열 수 있다. 그러면 텍스트 편집기나 워드프로세서 프로그램과 같은 응용 프로그램에서 사용자가 마지막으로 사이트를 방문한 날짜 및 시간을 확인할 수 있다.

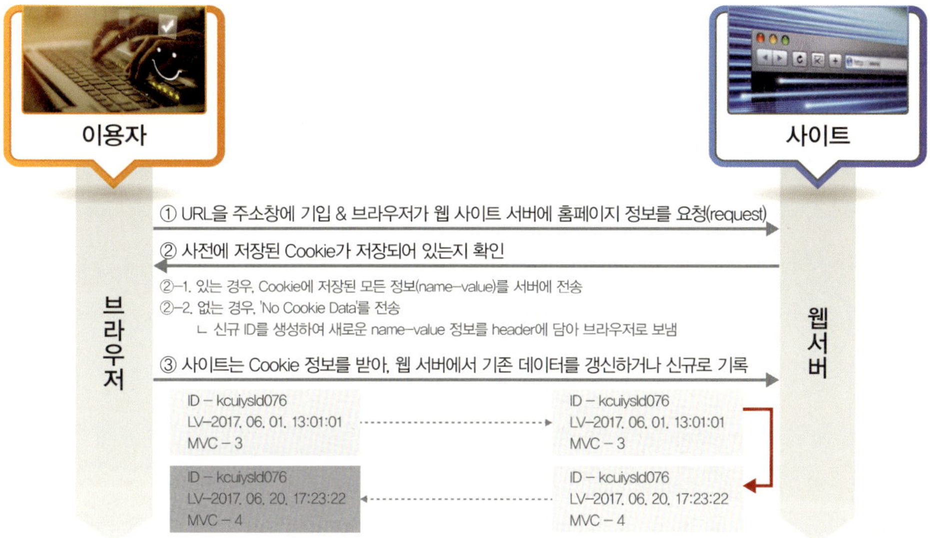

〈출처: 이진규(2017). Internet cookies〉

그림 5-5 쿠키의 작동 과정

3) 쿠키의 기능과 목적

대부분의 기업들은 웹 사이트 이용의 편의성 제고 및 사용자 경험 개선, 사용자 행동 추적, 맞춤형 상품 추천 및 광고 서비스 제공과 같은 다양한 목적으로 쿠키 정보를 수집한다. 단, 이러한 다양한 목적으로 쿠키를 수집·분석·활용하는 기업들은 개인정보보호 가이드라인에 따라 자신들의 홈페이지에 쿠키의 수집·보관·활용에 관한 쿠키 정책을 공개하여야 한다.

① 웹 사이트 이용 편의성 제고 및 사용자 경험 개선

쿠키는 사용자들이 웹 사이트를 어떻게 사용하는지를 알려줌으로써 인터넷을 보다 더 편리하게 사용할 수 있도록 도와주고 웹 사이트를 개선하며, 보다 더 향상된 사용자 경험을 제공하는 데에 활용된다.

예를 들어 사용자가 특정 웹 사이트에 접속한 후 재방문하는 경우에 그 접속 속도를 향상시켜 주거나 사용자를 기억함으로써 로그인을 새로 해야 하는 번거로움을 덜어 준다.

즉, 특정 웹 사이트 사용자가 어떤 사이트에 한 번 로그인 한 뒤 두 번째부터는 다시 로그인할 필요 없이 자동으로 접속되는 것은 이러한 쿠키 정보가 PC에 저장되어 있기 때문이라고 할 수 있다. 사용자가 특정 팝업창에 대해 "더 이상 띄우지 않음", "오늘은 띄우지 않음" 등과 같은 체크 박스를 선택할 경우에는 다음부터 해당 사이트에 방문할 때 더 이상 그런 팝업 창이 나타나지 않게 되는데 이 또한 쿠키 정보가 사용자의 PC에 저장되어 있기 때문이다.

또한, 온라인 쇼핑몰에서 장바구니에 담아만 두고 구매하지 않았던 상품을 재방문 시까지 그대로 장바구니에 보존해 주는 기능도 제공한다. 이러한 서비스를 제공하는 데 사용되는 쿠키를 지속형 쿠키persistent cookie라고 한다.

② 사용자 행동 추적tracking

쿠키는 구글 GA와 같은 웹 로그 분석 프로그램에서 웹 데이터 수집과 추적 용도로 사용된다. 쿠키는 도메인마다 설정이 가능하기 때문에 이용자가 접속한 웹 사이트의 도메인에 속하는 쿠키뿐만 아니라 다른 도메인에 속하는 쿠키예를 들어 웹 사이트 내에 게재된 특정 배너 광고의 쿠키, 주로 제3자인 애드 네트워크의 도메인에 속하는 제3자 쿠키도 저장이 가능하다.

따라서 이용자가 거쳐 간 여러 사이트에 동일한 도메인으로 쿠키를 저장하는 경우에 이용자의 사이트 방문기록을 트래킹 할 수 있다.

예를 들어 애드 네트워크가 설정하는 동일한 쿠키 ID세션 ID를 통해 이용자의 사이트 방문 기록을 트래킹 할 수 있다. 또한, 애드 네트워크가 여러 웹 사이트에 동일한 도메인으로 쿠키를 저장하는 경우, 이용자의 웹 활동 추적이 가능하다. 이러한 사용자 추적을 통하여 고객을 프로파일링 하고, 고객 프로파일링 데이터는 타기팅 등에 활용한다.

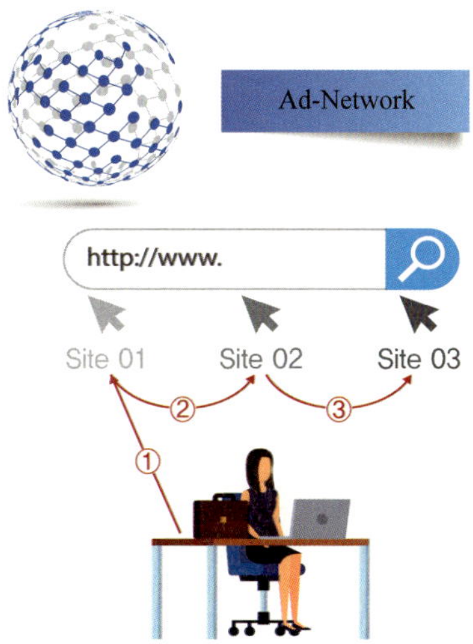

〈출처 : 이진규(2017) Internet Cookie〉

그림 5–6 인터넷 쿠키

③ 맞춤형 상품 추천 및 광고 서비스 제공

쿠키는 고객의 웹 사이트 방문 기록·검색 기록·앱 사용 기록·구매 이력·사이트 이동 이력 등의 다양한 행태 정보를 저장하고, 이를 기반으로 사용자의 소비 패턴과 관심사 등을 유추하며, 프로파일링하여 고객에게 최적화된 사용자 관심 기반의 맞춤형 상품 추천 서비스 및 맞춤형 광고디스플레이 광고, 검색 광고, 소셜 광고, 동영상 광고를 제공한다.

특히 사용자에게 개인화된 광고를 보여주거나 리마케팅 등을 통해 보다 효과적인 광고 운영이 가능하도록 한다.

일반적으로 광고 및 마케팅 목적으로 수집되는 쿠키 정보는 파트너사인 제3자 데이터 제공자에 의해 수집되는 제3자 쿠키 정보로서 사용자의 웹 사이트 방문 기록, 앱 사용 기록, 검색 기록, 구매 이력, 관심 분야에 관한 정보 등을 포함한다.

④ 구글 GA를 활용한 쿠키의 수집 및 사용자 트래킹

대부분의 기업들은 자신들이 운용하는 웹 사이트 혹은 제3자 사이트의 쿠키를 수집하여 고객 정보를 분석한다.

이 때 가장 많이 사용하는 수집 및 분석 도구가 구글 애널리틱스Google Analytics: GA라는 프로그램이다. 구글 애널리틱스는 자바 스크립트로 되어 있는 추적 코드GATC, Google Analytics Tracking Code를 분석 대상 사이트의 소스 코드 헤더 부분에 삽입만 하면 사용자가 검색하고 서핑한 모든 사이트의 쿠키 정보를 수집할 수 있다. 이러한 쿠키 정보를 웹 로그 파일로 저장하여 사용자 혹은 웹 방문자의 행동을 추적할 수 있다.

즉, 기존의 데이터 수집 프로그래밍 코드를 작성하거나 SQL코드가 없어도 자동으로 사용자 데이터를 수집하고 저장할 수 있으며, 이러한 편리함 때문에 대부분의 기업들과 데이터 제공자들data providers은 구글 GA를 사용하여 사용자 데이터를 수집한다. 단, 사용자는 자신의 홈페이지에 구글 GA를 설치한 다음에 계정을 만들어야 추적 코드스크립트가 자동으로 생성되어 사용자 행동 트래킹에 활용할 수 있다.

구글의 추적 코드를 사용자 웹 사이트의 소스 코드에 삽입하는 방법은 〈그림 5-7〉에서 보이듯이 먼저 홈페이지에 구글 GA를 설치하고 계정을 만든다.

그런 다음 웹 사이트의 소스 코드의 공통 헤더 영역동일한 헤더를 공유하는 사이트의 헤더 영역, 팝업, 광고 영역 등은 제외됨에 1회만 삽입해 주면 웹 사이트를 통하여 연결된 대부분의 페이지에 GTAG라고 부르는 추적 코드인 자바 스크립트가 공통적으로 적용된다.

예를 들어 〈그림 5-7〉에서 보이듯이 어떤 블로그의 소스 코드의 헤더 영역에 1회만 삽입하면 블로그와 연결된 모든 웹 사이트에 자동으로 스크립트추적 코드가 적용되어 사용자 쿠키 정보의 수집과 이를 이용한 사용자 행동 트래킹이 가능하다. 단, 팝업처럼 공통 헤더를 사용하지 않은 경우는 스크립트를 별도로 삽입해야 한다. 추적 코드가 삽입된 후 고객이 웹 페이지를 방문하면 사용자 데이터는 구글의 서버로 전송이 됨으로써 운영자의 확인이 가능하다.

구글 GA뿐만 아니라 어도비Adobe도 어도비 애널리틱스Adobe analytics 트래킹을 통하여 사용자 데이터를 수집 및 분석하는 서비스를 제공한다. 그러나 모바일 앱의 경우는 웹과는 달리, 스크립트 대신에 SDK라는 함수 라이브러리를 삽입하여야 추적이 가능하다.

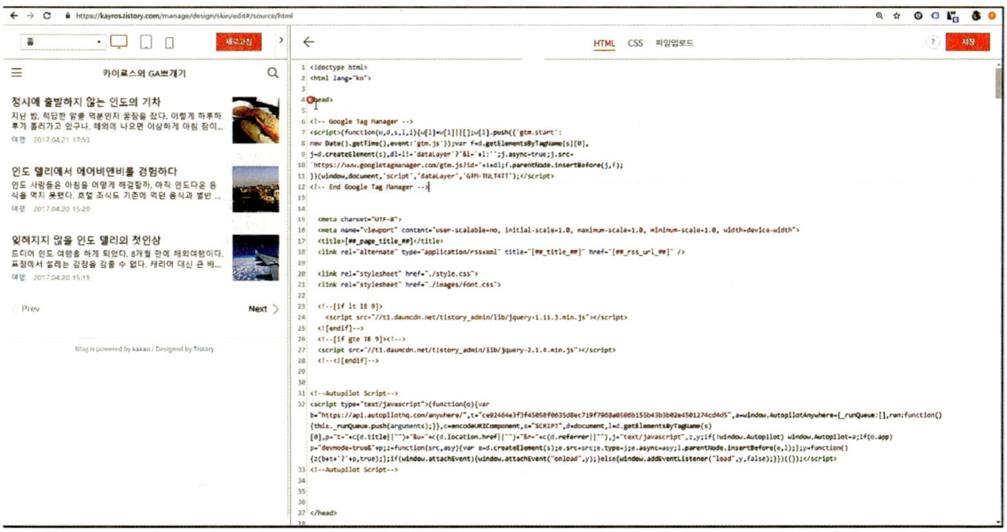

그림 5-7 추적 코드(자바 스크립트) 삽입의 예

4) 쿠키의 구조 및 구성 요소

쿠키는 크게 이름, 값, 속성으로 이루어져 있다. 쿠키의 구성 요소들 중 이름Name은 값Value을 정의하고, 값Value은 웹 사이트가 활용하고자 하는 실제 데이터이다.

그리고 속성Attribute은 쿠키가 어떻게 운영될지를 결정하는 요소로서 도메인, 경로, 유효기간, 보안을 포함한다. 쿠키의 기본 구조는 〈그림 5-8〉과 같다.

여기에서 Set은 쿠키의 설정을 말하는데, 쿠키의 설정에는 이름·값·유효기간 혹은 보존 기간·도메인·경로 등이 포함된다. 여기서 도메인Domain과 경로Path는 쿠키가 어디에 속하는 것인지를 결정한다. 유효기간Expires은 쿠키의 종료 일시를 결정한다. 보안Secure은 전송 과정에서의 보안수준을 결정한다.

```
Set-Cookie: name=value; expires=[Date]; domain=[Domain]; path=[Path]; [secure]
```

그림 5-8 쿠키 구조의 예

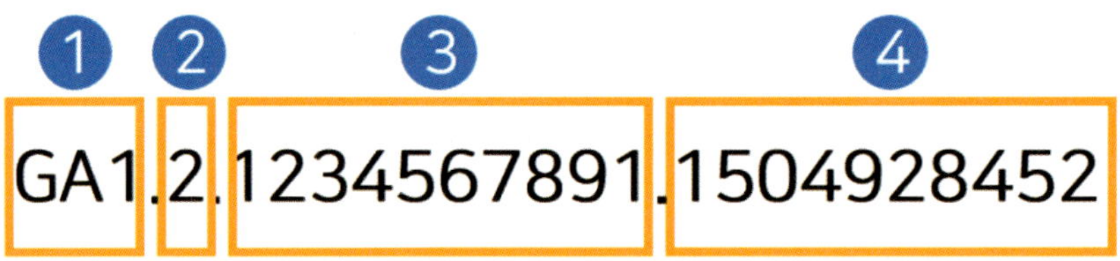

그림 5-9 구글 애널리틱스의 쿠키 구성요소

① 유효기간expires

쿠키가 생성되면 기본적으로 브라우저가 종료될 때까지는 쿠키의 데이터를 사용할 수 있다. 하지만 유효기간을 지정하면 브라우저가 종료되어도 지정한 기간 동안은 쿠키 데이터를 읽고 쓸 수 있게 된다. 유효기간이 지나면 쿠키 데이터는 소멸되며, 실제로 파일이 지워지지는 않더라도 데이터를 브라우저에서 읽을 수가 없다.

② 도메인domain

도메인 속성은 경로 속성을 확장한 것이다. 경로가 하나의 사이트에서 쿠키 데이터를 읽고 쓰는 권한을 설정하는 것이라면, 도메인 항목은 도메인 단위에서 쿠키 데이터를 읽고 쓰는 권한을 설정하게 된다. 예를 들어 경로를 / 로 설정하면 sp.or.kr 의 모든 페이지에서 위의 쿠키를 읽을 수 있게 된다.

③ 경로path

쿠키는 쿠키 데이터를 생성한 웹 페이지에서만 그 데이터를 읽을 수 있다. 하지만 경로path 항목을 지정해 주면 해당 Path 이하에서는 그 쿠키 데이터를 공유할 수 있다.

예를 들어 http://www.sp.or.kr /bbs/board.html 에서 쿠키를 생성하면, http://www.sp.or.kr /bbs/board.html 이외의 페이지에서는 쿠키 데이터를 읽을 수가 없다.

하지만 Path를 /bbs 로 설정하면 http://www.sp.or.kr/bbs 모든 페이지에서 쿠키 데이터를 읽을 수가 있으며, 경로path를 / 로 지정하면 http://www.sp.or.kr/ 의 모든 페이지에서 쿠키를 읽을 수가 있다.

④ 보안secure

쿠키 데이터의 안전한 전송 방법을 지정할 수 있다. 보통은 일반 HTTP를 이용하여 전송하지만, 만일 안전한 전송 방법을 지정하면 HTTPS 등의 보안 전송 방법을 사용하면 된다. 하지만 대부분의 경우에 쿠키로는 위험하지 않은 데이터를 전달하기 때문에 거의 사용하지 않는다.

5) 쿠키의 종류

쿠키는 유효기간lifespan, 귀속 도메인혹은 설정자, 그리고 성격에 따라 여러 유형으로 분류된다. 기간에 따라 크게 세션 쿠키임시 쿠키와 지속형 쿠키로 분류되며, 귀속 도메인에 따라 제1자 쿠키혹은 자사 쿠키와 제3자 쿠키로 분류된다. 그리고 성격에 따라 좀비 쿠키와 슈퍼 쿠키로 분류된다.

표 5-2 쿠키의 분류 및 유형들

분류	유형
귀속 도메인에 따른 분류	1) 제1자 쿠키 혹은 자사 쿠키(1st-party cookie) 2) 제3자 쿠키(3rd-party cookie)
Lifespan에 따른 분류	1) 세션 쿠키(session cookie) 2) 지속형 쿠키(persistent cookie)
성격에 따른 분류	1) 좀비 쿠키(zombie cookie) 2) 슈퍼 쿠키(super cookie)

① 제1자 쿠키 혹은 자사 쿠키

일반적으로 쿠키의 도메인 이름은 웹 브라우저의 주소창에 나오는 도메인 이름과 일치한다. 이런 쿠키를 제1자 쿠키 혹은 자사 쿠키라고 한다. 제1자 쿠키 혹은 자사 쿠키는 웹 사이트가 설정하며 해당 사이트에서만 읽을 수 있다.

② 제3자 쿠키third-party cookie

제3자 쿠키는 주소창에서 확인할 수 있는 도메인과는 다른 도메인에 속하는 쿠키를 말한다.

제3자 쿠키는 배너 광고처럼 웹 페이지가 외부 웹 사이트에서 콘텐츠를 포함할 때 발생한다. 이 쿠키는 사용자의 브라우저 사용 이력을 추적할 수 있는 가능성을 제공하고, 각 사용자와 관련된 광고를 제공하는 노력의 일환으로 광고주가 자주 사용하기도 한다.

대부분의 웹 사이트는 배너 광고를 포함하며, 이런 배너 광고는 애드 네트워크 플랫폼 회사와 같은 제3자에 의해 설정되어 이용자 브라우저에 저장되며 여러 가지 마케팅과 고객 서비스 용도로 이용된다.

대부분의 브라우저는 3rd-party 쿠키를 삭제하거나 차단할 수 있는 등 제어 기능을 가지고 있다.

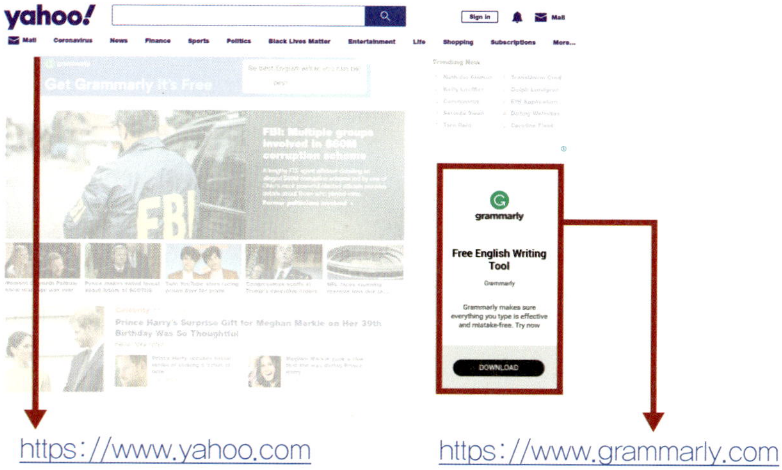

그림 5-10　다른 도메인에 속하는 제3자 쿠키의 예

③ 세션 쿠키 혹은 인 메모리 쿠키, 임시 쿠키session cookie, in-memory cookie, transient cookie, etc.

세션 쿠키는 이용자가 브라우징, 즉 웹 사이트를 이동하는 동안에만 임시로 메모리상에 저장되며, 사용자가 브라우저를 닫으면 삭제된다. 유효기간 혹은 만기 날짜expiration date를 할당하지 않기 때문에 임시 쿠키라고 할 수 있다.

④ 지속형 쿠키 혹은 영속형 쿠키persistent cookie

세션 쿠키처럼 웹 브라우저를 닫을 때 만료되지 않고 특정 시점이나 지정된 날짜와 시간이 지난 후 만료되는 쿠키를 말한다. 지속 쿠키는 기본적으로 사용자가 동일한 웹 사이트를 재방문할 때마다 로그인 정보 혹은 계정정보를 입력하지 않도록 로그인을 유지시켜 주거나 계정정보를 다시 입력하지 않도록 도와주는 '정당한' 기능을 제공한다.

또한, 해당 시점까지는 사용자가 해당 쿠키를 소유하는 사이트를 방문하든 사용자가 웹 사이트에서 다른 웹 사이트가 소유한 자원예를 들어 배너 광고 콘텐츠 등을 보든 관계없이 이용자의 모든 방문 시마다 쿠키 정보가 웹 서버로 전송된다.

지속 쿠키는 제3자3rd party가 이용자 웹 브라우징 사용 습관이나 행태를 기록해 광고회사 등에서 사용할 수 있기 때문에 트래킹 쿠키tracking cookie라고도 불린다.

⑤ 슈퍼 쿠키Super cookie

슈퍼 쿠키는 .com, .org, .co.kr 등 최상위 도메인을 근원으로 하는 쿠키를 말한다.일반 쿠키는 특정한 domain name에서 유래함. 악성 웹 사이트를 통제하는 공격자가 슈퍼 쿠키를 세팅하는 경우, 동일 최상위 도메인을 사용하는 하위 도메인을 공격하는 것이 가능하다.

때로는 MUIDMachine Unique Identifier cookie, Etag cookie를 재생산respawning하는 쿠키가 슈퍼 쿠키로 불리기도 한다MS가 기능 제거. 따라서 슈퍼 쿠키는 잠재적인 보안 문제가 있기 때문에 대부분 웹 브라우저에서 슈퍼 쿠키를 막는다. 클라이언트 컴퓨터가 막지 않았다면 공격자는 슈퍼 쿠키를 설정할 수 있고, 악의적인 웹 사이트를 관리하는 공격자가 슈퍼 쿠키를 설정해 악의적인 웹 사이트로 동일한 최상위 도메인이나 Public Suffix를 공유해 다른 사이트로의 정상적인 사용자 요청을 방해하거나 가장할 가능성이 있다.

예를 들어, example.com에서 만들어진 쿠키가 아니더라도 .com를 기원으로 하는 슈퍼 쿠키는 example.com으로 보내는 요청을 만들어 악의적인 영향을 줄 수 있다.

⑥ 좀비 쿠키 Zombie cookie

좀비 쿠키는 삭제 후에도 자동으로 재생성 되는 쿠키다. 이런 일은 클라이언트측 스크립트의 도움이 있기에 가능하다. 이 스크립트는 플래시 로컬 저장소, HTML5 저장소, 그리고 다른 클라이언트 측의 저장소 위치와 같은 여러 곳에 쿠키의 내용을 저장함으로써 시작한다. 스크립트가 쿠키가 없음을 알아차리면 각 위치에 저장되어 있는 데이터를 사용해 쿠키를 재생성한다.

⑦ 기타 보안 쿠키secure cookie, HTTP Only 쿠키, 동일 사이트 쿠키Same Site cookie

보안 쿠키는 HTTP 프로토콜에서는 전송되지 않고 안전한 프로토콜 상에서만 전송되는 쿠키를 말한다. 보안 쿠키는 암호화된 연결즉, HTTPS을 통해서만 전송할 수 있다. 이는 도청을 통한 쿠키 절도에 덜 노출되게 해준다.

HTTP Only 쿠키는 Java Script와 같은 클라이언트 사이트의 API에 의해 접근되지 않는 유형의 쿠키이다. HTTP Only 쿠키는 HTTP또는 HTTPS를 통해 전송할 때만 사용할 수 있다.

자바 스크립트와 같은 HTTP가 아닌 API를 통해서는 접근이 불가능하다. 이 제약은 크로스 사이트 스크립트XSS, cross-site scripting를 통한 세션 쿠키 절도의 위협을 완전히 제거하지는 못하지만 줄여준다. HTTP Only 쿠키는 대부분의 현대 브라우저에서 제공한다. 동일 사이트 쿠키는 Google Chrome에 적용된 속성으로, 요청이 발생한 사이트에만 전송이 가능한 쿠키이다.

6) 쿠키의 관리 : 쿠키 읽기, 설정, 해제, 삭제

쿠키는 일반적인 텍스트 파일이기 때문에 대부분의 텍스트 편집기나 워드 프로세스 프로그램으로 검색할 수 있으며, 쿠키를 클릭하면 열린다. 아래는 여러 브라우저에서 쿠키를 보는 방법에 대한 링크 목록이다. 다른 브라우저를 사용하고 있다면 해당 브라우저 자체의 쿠키 정보를 참조하면 된다. 휴대폰을 사용하고 있다면 상세 사항은 해당 기기 매뉴얼을 참조하면 된다.

대부분의 브라우저에서는 자동으로 쿠키가 허용되므로, 사용자가 쿠키 사용을 원하지 않을 경우에는 직접 쿠키를 삭제 또는 차단해야 한다. 웹 사용자가 해당 기기의 브라우저 쿠키를 제한 또는 차단하려면 브라우저 설정-도움 기능Help을 통해 진행할 수 있다. 또한, 이미 설정한 쿠키를 삭제할 수도 있으며, 재설정할 수도 있다.

특히 리타기팅과 같은 맞춤형 광고를 차단하기 위해서는 브라우저에서 쿠키를 차단하여야 한다. 웹 브라우저인 인터넷 익스플로러Internet Explorer에서 쿠키 차단은, 첫째로 도구 버튼을 선택한 다음에 인터넷 옵션을 선택한다.

둘째로, 개인 정보 탭을 선택하고 설정에서 고급을 선택한 다음에 쿠키의 차단 또는 허용을 선택한다. 이렇게 링크된 사이트 쿠키를 차단하면 리타기팅과 같은 맞춤형 광고 수신이 차단된다. 단, 현재 사이트의 쿠키를 차단할 경우에는 자동 로그인 등의 기능이 제한되므로 주의하여야 한다.

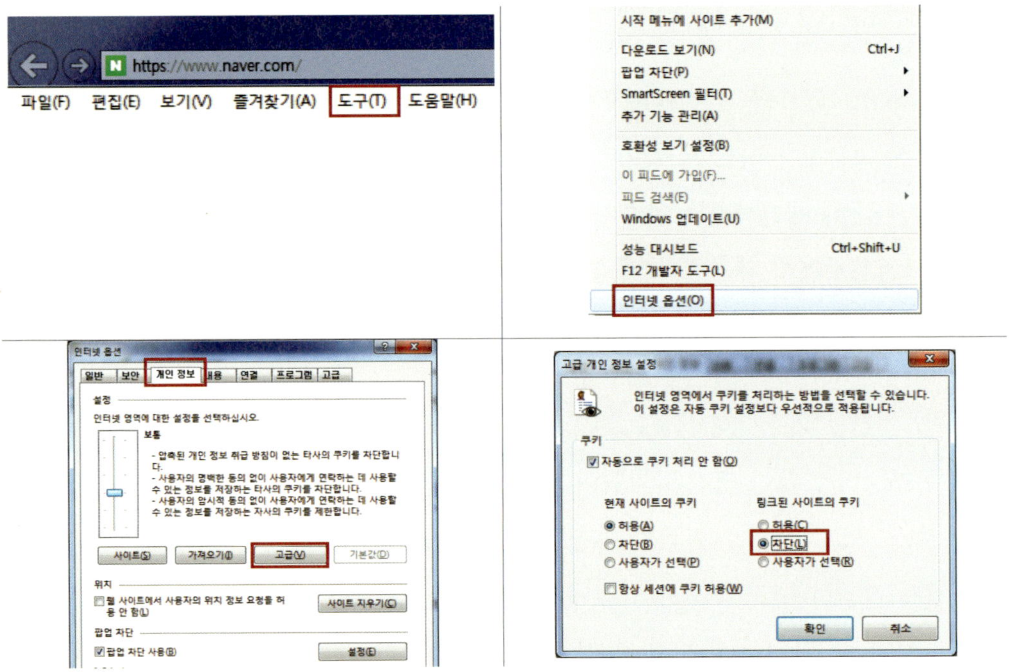

〈출처: 방송통신위원회, 한국인터넷진흥원 (2007). 온라인 맞춤형 광고 개인정보보호 가이드라인〉

그림 5-11 인터넷 익스플로러에서의 쿠키 차단 방법

크롬Chrome 브라우저에서는 첫째로, 화면 오른쪽 상단 '⋮' 표시chrome 맞춤설정 및 제어를 클릭한 후, 설정을 클릭한다.

둘째로, 설정 페이지에서 '개인 정보 및 보완'을 클릭한다.

셋째로, '타사 쿠키 및 사이트 데이터'를 클릭하여 '타사 쿠키 차단'의 체크박스를 선택한다. 이처럼 타사 쿠키 및 사이트 데이터를 차단하면 리타기팅과 같은 맞춤형 광고 수신이 차단된다.

단, 사이트 내에서 데이터를 설정하지 못하도록 차단하면 자동 로그인 등의 기능이 제한되므로 주의가 필요하다.

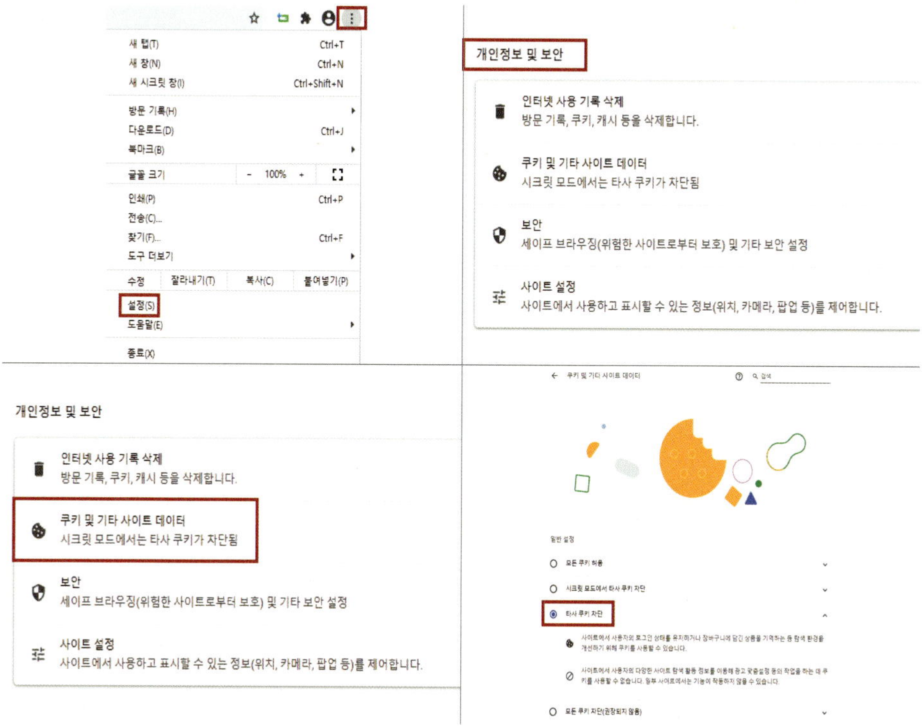

그림 5-12 크롬(chrome)에서의 쿠키 차단 방법

(2) 앱에서의 사용자 데이터 수집 방법

1) 광고식별자 : ADID, IDFA

웹 혹은 앱 서비스 이용자소비자가 브랜드와 만나는 접점, 즉 광고 채널에서 남긴 모든 흔적들을 추적하려면 각 서비스 이용자를 식별할 수 있는 고유성을 갖는 최소 단위가 필요하다.

예를 들어 웹에서는 쿠키와 이용자의 이메일 주소 및 연락처 등이 있고, 모바일에서는 각 OS 사업자가 디바이스 단위별로 고유성을 갖는 식별 값을 제공한다.

이러한 스마트 기기별 광고 고유 식별자로는 구글의 ADIDadvertising ID 혹은 GAIDGoogle Advertising ID와 애플의 IDFA가 있다. ADID와 IDFA는 광고 아이디를 말하며, 안드로이드나 iOS 각각의 OS에 고유하게 발급된 유일무이한 식별 값이다. 모든 모바일 기기마다 각기 다른 값을 갖고 있다.

이러한 식별자들을 통하여 앱 서비스 이용자들의 행동을 스마트 폰 단위로 분석하고, 비록 앱 서비스 이용자가 누구인지는 모르지만 이들이 스마트 폰에 남긴 흔적 혹은 기록들은 정확하게 측정할 수 있다. 따라서 이러한 광고 ID를 사용해 모바일 앱에서의 사용자의 행동을 파악하고 분석하고 이를 시작으로 여러 가지 오디언스 타기팅 전략이 이루어지며, 또한 광고성과 측정과 분석의 최소 단위로도 활용한다.

예를 들어 매일매일 방문하는 사용자에게는 할인권을 제공하고, 일주일 동안 방문하지 않은 사용자에게는 그 사용자의 관심사를 파악해 관심 있는 상품의 할인 행사 메시지를 보낼 수 있다.

광고 ID는 사용자에 의해 재설정이 가능하며 확인하는 방법은 〈그림 5-14〉에서와 같이 설정, 구글 설정, 광고, 내 광고 ID 확인의 과정을 거친다. 구글 플레이와 더불어 정확도가 상당히 높은 편이며, 구글 플레이 외에도 이용할 수 있다는 장점이 있으나, 매체가 식별 값을 제공할 수 없는 경우에는 사용이 불가능하다.

IDFA는 GAID와 같은 방식으로 역시 애플 스토어 밖에서 설치된 앱에 대하여 추적한다. 구글과 마찬가지로 모바일 앱에서는 기능하지 않으며, 앱 설치 시 사용자의 동의를 받아야 한다.

또한, 해당 유료 광고를 보여준 퍼블리셔 혹은 애드 네트워크가 식별 값을 제공하는 등 협조를 해야 한다. GAID와 IDFA 모두 사용자에 의한 변경이 가능하여, 변경 시 정확한 추적이 어려워질 수 있다.

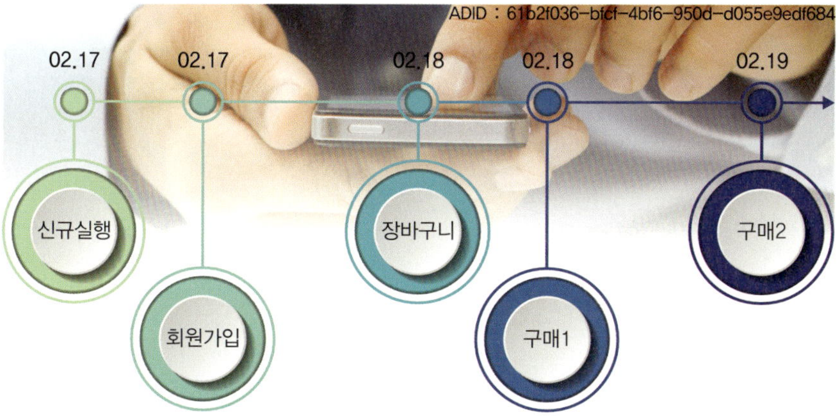

그림 5-13 광고 ID와 사용자 트래킹 과정

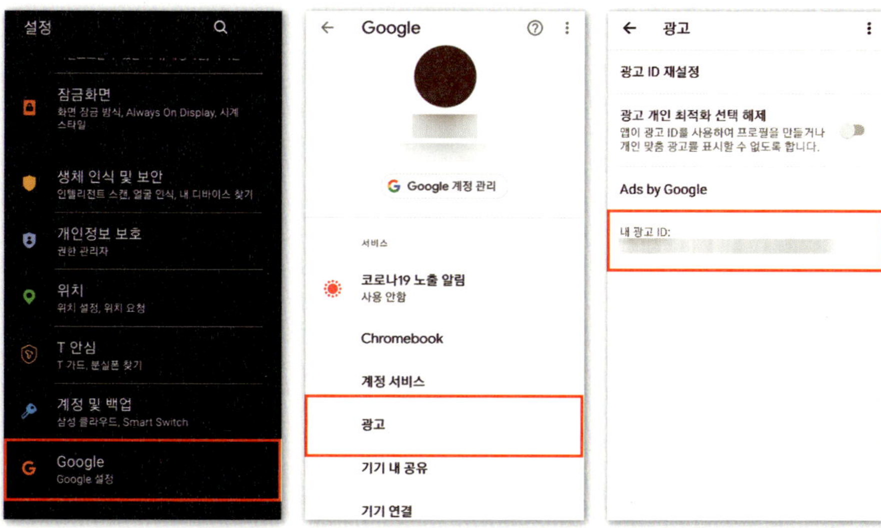

그림 5-14 구글 GAID 설정 과정

제6장
프로그래매틱 바잉의 이해

Check Point

디지털 광고 시장에 많은 애드 네트워크와 애드 익스체인지의 등장으로 비용 효율성 문제, 광고주와 매체사의 선택 문제를 해결해 주는 새로운 플랫폼의 등장 등으로 인하여 진화하는 거래방식(프로그래매틱 바잉)에 관한 내용을 제시하였다.

1. 디지털 광고 거래 방식의 진화

디지털 광고 거래의 1단계인 온라인 광고 초창기에는 광고주와 퍼블리셔매체가 직접 계약조건을 합의하고 광고를 거래하였으나, 업무의 비효율성예를 들어 광고주는 배너 광고와 자료를 전달하고, 퍼블리셔는 매번 홈페이지에 배너 광고 이미지를 부착해서 수정 및 제작과 광고 로테이션의 어려움 등으로 광고 관리의 필요성이 제기되면서 애드 서버ad server가 등장하였다. 애드 서버ad server는 광고주가 제공한 광고를 등록·송출하고, 광고 인벤토리의 탄력적 관리예: 광고 로테이션 등, 성과 분석, 정산 등의 관리를 수행하였다. 애드 서버가 등장하면서 광고 인벤토리의 로테이션이 가능하게 되고, 다양한 광고주를 나누어 받을 수 있게 되었다.

그러나 점차 온라인 및 모바일 매체의 수가 많아지면서 광고주가 매체사를 직접적으로 찾기가 어려워졌고 반대로 중소 매체사들도 광고주를 찾기가 어려워졌다. 이러한 광고주와 퍼블리셔 간의 광고 거래의 어려움을 해결하기 위하여 등장한 것이 광고주와 매체를 중개하는 애드 네트워크ad network이다.

애드 네트워크는 주로 중소 매체사를 통해 대량의 인벤토리광고지면를 할인된 가격으로 구매한 후 이를 묶어 광고주들에게 다시 대량으로 판매하는 광고 플랫폼 사업자라고 할 수 있다.

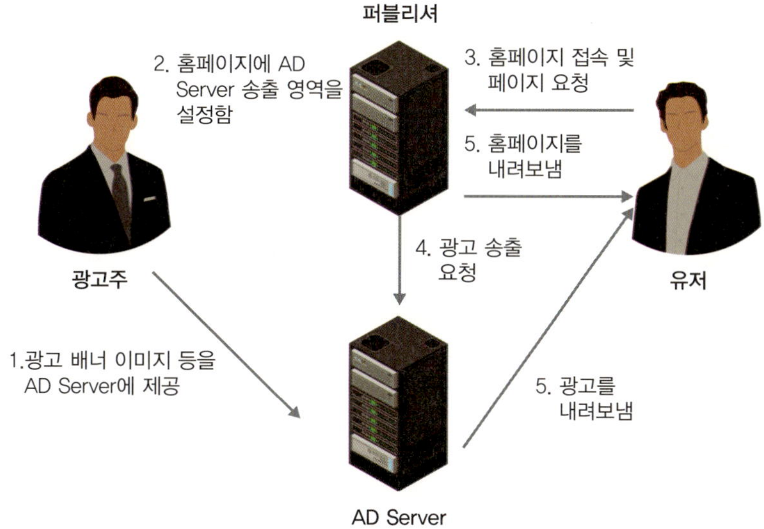

그림 6-1 초기 광고 형태에서 애드 서버(Ad Server)의 등장

디지털 광고 시장의 성장으로 다수의 애드 네트워크가 등장함에 따라서 이들을 한 곳에 모아서 거래하는 주식시장과 같은 역할을 하는 거래시장이 필요하게 되었다. 특히 모바일 앱 위주의 광고 인벤토리를 다수 확보하고 있는 애드 네트워크가 있는 반면에 웹 사이트 위주의 광고 인벤토리를 갖고 있는 네트워크가 있어서 이들을 한 곳에 모아서 거래하는 거래시장이 필요하게 되었다.

또한, 광고주가 원하는 광고 인벤토리를 보유하고 있지 않은 애드 네트워크가 존재하는 등 수많은 애드 네트워크가 난립하면서 광고주가 동일한 오디언스audience에 불필요한 광고를 중복 게재하는 비효율적인 광고 집행이 발생하였다.

이 때문에 애드 네트워크가 보유한 광고 인벤토리 간의 거래가 시작되었으며, 이러한 애드 네트워크 간의 거래를 중재하는 시장이자 플랫폼인 애드 익스체인지ad exchange가 등장하게 되었다. 애드 네트워크는 대량으로 판매하기 때문에 한두 개씩 남는 인벤토리가 발생하는 단점이 발생하는 반면에, 애드 익스체인지는 경매방식으로 광고 지면을 구매할 수 있기 때문에 단 한 개의 광고 지면도 구매할 수 있고, 이를 통해 광고가 어떤 매체에 노출되는지를 알 수 있게 해준다.

너무 많은 애드 네트워크와 애드 익스체인지의 등장으로 광고주와 매체사는 어떤 애드 익스체인지를 선택해야 하는지를 고민하게 되었다. 이 때 여러 애드 익스체인지들을 통해 비용 효율성이 가장 높다고 판단되는 광고 지면을 광고주가 쉽게 구매할 수 있도록 도와주는 DSP라는 플랫폼이 등장하게 되었다. DSP는 사용자 데이터를 수집·저장·분석하는 DMPData Management Platform, 데이터 관리 플랫폼와 연동하여 적절한 타깃에게 광고를 노출시킬 수 있도록 돕는다.

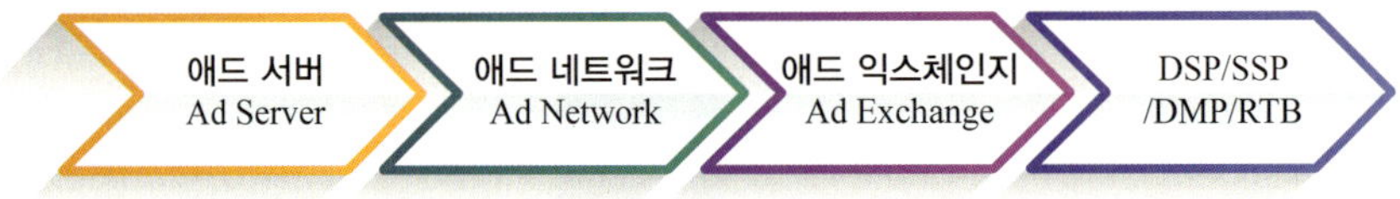

그림 6-2 디지털 광고 플랫폼의 진화

이와 동시에 광고주의 광고지출에 대한 효율성과 투자수익률ROI, 그리고 거래의 공정성을 높이기 위하여 RTBReal Time Bidding라는 실시간 입찰 방식의 거래가 나타나기 시작하였다. RTB란 애드 네트워크에 있는 광고 인벤토리를 통째로 구매해 놓기보다는 순간순간 광고주에게 유리하거나 적합한 인벤토리가 있을 때마다 실시간 경매로 구매하는 형태이다.

즉, 사용자가 웹이나 앱에 접속할 때마다 발생하는 광고 인벤토리를 경매에 붙이는 방식으로서 사용자들의 노출이 발생할 때마다 실시간으로 광고주가 의뢰한 DSP에게 해당 인벤토리의 구매를 물어보고, 해당 매체에의 노출이 적합하다고 판단될 때 경매에 참여한다.

예를 들어 특정 맥주업체가 특정 스포츠 사이트에 광고를 통째로 구매해 놓기보다 그 사이트에 접속한 타깃으로 추정되는 사용자가 접속할 때 실시간으로 구매하게 해준다. 많은 양의 광고를 집행하는 광고주 관점에서 볼 때 RTB는 ROIReturn On investment, 투자수익률를 높여주는 장점이 있다. 경매 하나에 소요되는 시간은 100ms로 매우 빠르며 애드 익스체인지는 짧은 시간 안에 수많은 트래픽을 처리할 수 있다.

RTB는 광고 지면을 비싸게 팔고 싶은 퍼블리셔매체와 싸게 구매하고 싶은 광고주를 모두 만족시켜 주고 서로 윈-윈win-win할 수 있게 해준다.

RTB를 통한 DSP의 역할을 살펴보면 광고주는 DSP를 통하여 특정 웹 페이지나 앱에 접속한 사용자의 정보를 받고, 이 사용자에게 광고를 노출시키기 위하여 광고주를 대신하여 입찰에 참여하며, 입찰을 통하여 광고지면을 구매한 후에 이 유저에게 적합한 광고를 찾아내어 SSP에 전달한다. DSP는 애드 익스체인지 및 애드 서버와 연동하여 방대한 광고 인벤토리에 접근하게 하며, RTB와 같은 입찰 기능을 한다. 또한, DMP를 활용하여 ROI 효과를 극대화하기 위한 타기팅이나 리타기팅 기능과 함께 광고의 추적 및 모니터링 기능 등을 제공한다.

광고 거래가 실시간 경매 방식으로 진행되면서 경매 금액이 가장 높은 광고주를 골라 주는 역할을 하는 SSP 플랫폼이 등장하였다. SSP 플랫폼은 퍼블리셔매체사들의 광고 수익을 극대화하는 것을 도와주는 플랫폼으로서, DSP가 광고주 입장에서 경매를 통하여 가장 비용 효율성이 높은 매체를 구매해 주는 구매플랫폼인 반면에, SSP는 경매 금액이 가장 높은 수요자를 선정해 주는 판매 플랫폼이다.

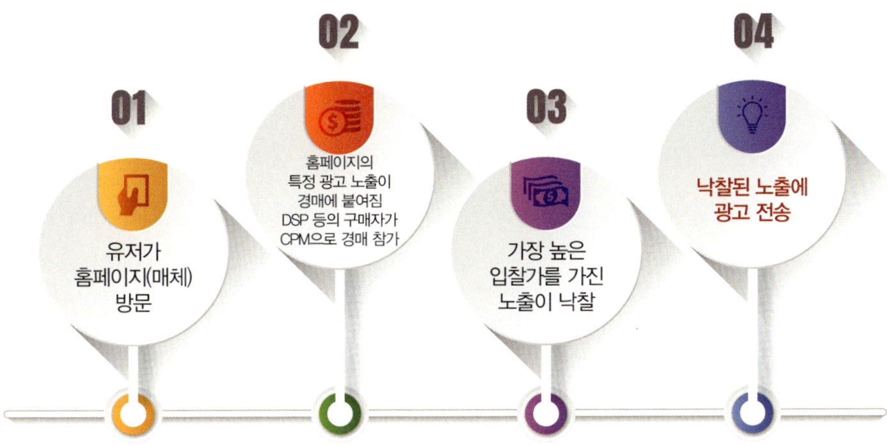

그림 6-3 RTB의 역할

2. 프로그래매틱 바잉programmatic buying이란?

프로그래매틱 바잉은 광고 자동 구매로 번역되며, 자동화된 시스템을 사용하여 광고 인벤토리[1]ad inventory를 사고파는 과정을 말한다.

즉, 광고를 구매할 때 사람을 통해서 이루어지는 것이 아니라 사전에 만든 알고리즘에 따라 플랫폼들을 통해 자동으로 구매하는 것을 말한다. 수집된 사용자 데이터를 이용해서 광고 인벤토리의 구매와 판매 과정을 실시간으로 거래할 수 있도록 자동화한 거래 방식이다.

즉, 프로그래매틱 바잉은 사용자 데이터를 기반으로 광고주가 정확한 오디언스 타기팅을 통해 좋은 광고 영역인벤토리을 확보할 수 있게 해주고, 퍼블리셔매체사가 원하는 광고주를 찾아서 광고위치 혹은 지면에 대한 광고 수익을 높을 수 있도록 해준다,

프로그래매틱 바잉 programatic buying은 DSP, SSP, DMP, 애드 네트워크, 애드 익스체인지 등의 플랫폼과 사용자 데이터를 기반으로 한 자동 인벤토리 매입 시스템으로, 광고주가 미리 기간 단위로 인벤토리를 구매하는 것이 아니라, 광고 인벤토리의 1회 노출을 필요에 따라 실시간으로 구입하여 해당 제품에 관심이 있거나 소비하고 있는 한 명의 타깃에게 노출함으로써 효과적인 광고를 집행할 수 있도록 하는 가장 진화된 디지털 광고 거래 방식이다.

따라서 단순 인구통계학적 정보나 매체 카테고리를 통한 타기팅보다 훨씬 정밀하며, 프로그래매틱 광고 플랫폼을 통해 광고 위치나 영역을 구매하는 경우에 경제적으로 보다 더 합리적이라는 장점이 있다. 또한, 프로그래매틱 바잉은 사람이 해야 할 일을 프로그램이 대신함으로써 마케터는 전략 수립과 크리에이티브에 집중할 수 있는 장점을 제공한다.

프로그래매틱 바잉은 크게 고정 단가 방식과 입찰 방식RTB으로 나눌 수 있다.

---

1 PC나 모바일매체의 스크린 상의 광고영역 혹은 광고위치를 말한다.

고정 단가 방식은 이미 광고의 단가가 퍼블리셔매체에 의해 정해져 있는 것을 말하며, RTBReal Time Bidding는 실시간 입찰 방식이다.

대부분의 프로그래매틱 바잉 시장은 RTB 시스템이 주를 이루고 있다. 미국의 프로그래매틱 바잉 시장의 규모는 전체 디지털 광고 시장의 80% 이상, 유럽 시장에서는 50% 이상, 일본 시장에서는 60% 이상을 차지하고 있으나, 우리나라의 프로그래매틱 바잉 시장은 전체 광고 시장의 10%에도 미치지 못하고 있다. 하지만 국내 시장도 2020년에 이르면 1조 원 규모로 성장할 것으로 전망된다.

3. 프로그래매틱 바잉의 참여자들

프로그래매틱 바잉의 참여자들은 광고주와 퍼블리셔매체사 사이에 광고 거래를 중개하고 도와주는 ad exchange, ad network, DSP, SSP, DMP 등의 자동화된 플랫폼들로 구성되어 있다. 이들 플랫폼들은 RTB 생태계의 핵심 구성요소들이라고 할 수 있다.

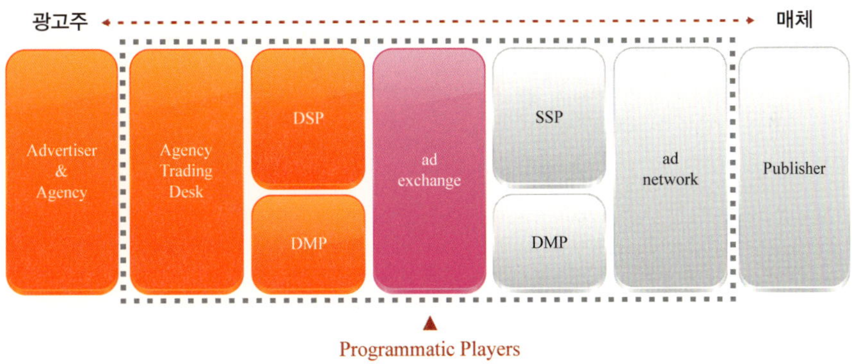

〈출처 : 나스미디어(2016). 디지털 광고의 이해 : 프로그래매틱 바잉을 중심으로〉

그림 6-4 프로그래매틱 바잉의 주요 참여자들

(1) 애드 네트워크

애드 네트워크ad network는 인벤토리가 적은 매체들을 묶어 활용 가능한 매체로 구성된 매체들의 집합체를 말한다.

애드 네트워크는 대형 광고주들에 비해 대부분의 중소형 사이트가 노출량이 일정하지 못하여 인벤토리 부족으로 광고를 판매하지 못하는 경우에 발생한다. 따라서 수많은 매체들을 하나로 묶어 네트워크 단위로 판매할 수 있다. 네트워크 단위의 판매 및 구매는 직접 거래일 때보다 탄력적 운영이 가능하며 거래 유동성이 높아진다.

애드 네트워크는 매체 이용자의 인구통계학적 특성, 지역, 콘텐츠별예를 들어 뉴스 사이트 등로 패키지 형태로 묶어 타깃에게 보다 더 편리하게 광고를 집행할 수 있도록 만들어졌다. 많은 소규모 대행사들은 애드 네트워크를 구성하여 플랫폼화한다.

그림 6-5 애드 네트워크와 매체의 관계

(2) 애드 익스체인지

애드 익스체인지ad exchange는 애드 네트워크 간의 광고 인벤토리를 거래하는 일종의 주식 시장이다. 즉, 애드 네트워크가 점점 늘어남에 따라 이러한 애드 네트워크 간의 거래를 중재하는 시스템이 필요하게 되었으며, 이러한 애드 네트워크 간의 인벤토리거래를 중재하는 시스템를 애드 익스체인지라고 한다.

따라서 애드 익스체인지는 애드 네트워크와 연동되어 있다. 애드 익스체인지는 SSP, DSP, 애드 네트워크의 수가 많아지면서 개별적으로 서로 간에 데이터를 주고받고 하면 복잡해지기 때문에 이를 한 곳에서 연결해 주고 통합해 주는 시스템이다.

그림 6-6 애드 익스체인지와 애드 네트워크의 관계

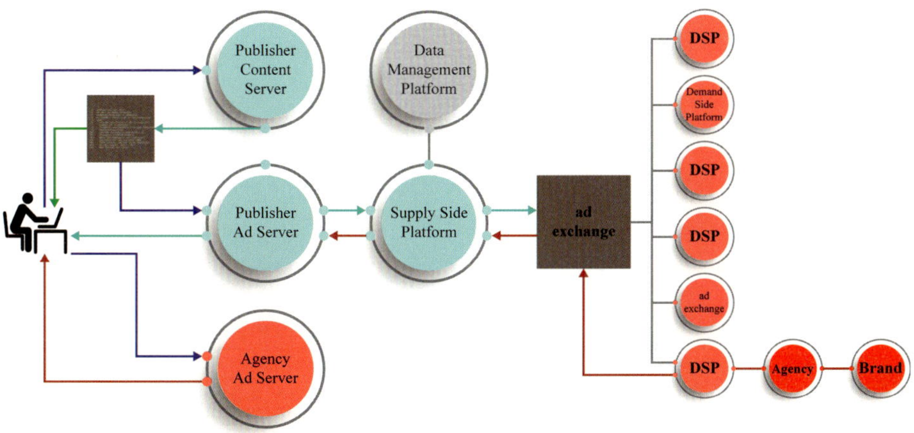

〈출처 :위키피디아〉

그림 6-7 애드 익스체인지와 다른 플랫폼들 간의 관계

(3) DMP

DMPData Management Platform는 다양한 오디언스 데이터를 수집, 저장, 분석하여 광고주에게 정확한 고객 프로파일링을 제공하는 플랫폼이다. 광고주는 해당 데이터를 DSP 및 애드 네트워크 플랫폼의 타기팅에 활용함으로써 캠페인의 퍼포먼스를 증대시킬 수 있다. 즉, DSP가 더 효율적으로 캠페인을 운영할 수 있도록 여러 데이터를 제공하는 플랫폼으로서 광고 인벤토리 구매에 필요한 고객 타기팅 데이터 등을 모아서 통합 분석하고 제공하는 플랫폼이다.

DMP는 DSP가 광고주에게 적합한 인벤토리를 구매하려고 할 때 효과적인 구매를 위해 다양한 데이터를 제공하고, 다양한 오디언스 데이터를 수집 및 분석하여 광고주에게 정확한 오디언스 프로파일링을 제공한다. 예를 들어 DSP에는 기본적으로 성별, 연령, 거주지역 등의 로그인 정보뿐만 아니라 고객이 방문한 사이트, 페이지, 검색 키워드, 둘러 본 상품, 구매한 상품 등이 포함된다.

이런 데이터는 광고주가 자체적으로 확보하거나 외부 데이터 제공자로부터 확보한 데이터를 체계적으로 정리하고, 이를 바탕으로 세분화된 세그먼트 그룹을 조직하여 각각의 유저를 타기팅하는 과정에 활용한다. 광고주는 해당 데이터를 DSP 및 애드 네트워크의 타기팅에 활용함으로서 캠페인의 퍼포먼스를 증대시킬 수 있다.

표 6-1 DMP의 데이터 구조

구분 데이터 종류		분류			
직접수집 정보 (NHN 관계사 및 제휴 데이터)	앱 이용정보	사이트 방문	광고 클릭	유입 후 활동	
	검색 키워드 정보	포털 검색 키워드	쇼핑몰 검색 키워드	자사 사이트 내 검색 키워드	
	커머스 정보	제품명	가격	카테고리명	장바구니 및 상품페이지 뷰
	앱 이용정보	앱 설치유무	통신사	OS / 버전	기기(모델명)
모델링을 통한 정보 (머신러닝, 클러스터링, 세그멘테이션, 텍스트마이닝)	업종 전환예측	행태정보	검색정보		
	쇼핑지수(구매력)	구매횟수	구매금액	구매예측	
	데모정보	성별	나이	결혼유무	
	페르소나	생애주기	소득수준	직업	라이프스타일
	지역	도	시	구	군

〈출처 : ACE Trader(2018). 데이터 테크 기반 광고 플랫폼〉

DMP의 기능을 살펴보면 첫째로 1st-party, 2nd-party, 3rd-party 데이터 제공자들data providers로부터 고객 데이터를 수집·저장하고, 둘째로 DMP 내에서 수집한 고객 데이터를 분석하여 사용자들을 다양한 카테고리로 세분화하며 각각의 세그먼트 그룹을 조직하여 각각의 사용자들을 타기팅하는 과정에 활용한다.

즉, DMP는 고객 상세 데이터웹 사이트 방문 이력, 구매 이력 등로부터 고객의 숨은 가치를 발굴하고, 세그먼트를 형성함으로써 효과적인 타기팅을 도와준다.

예를 들어 여행 사이트로부터 수집된 사용자 데이터를 분석하여 사용자가 자유 여행에 관심을 보이는지 패키지 여행에 관심을 보이는지 등을 분석한 다음에 여행자의 성향에 따라 자유 여행자와 패키지 여행자 등으로 세그먼트 한다. 그런 다음에 각 세그먼트에 맞는 매체를 매칭시킬 수 있도록 DSP에 정보를 제공한다.

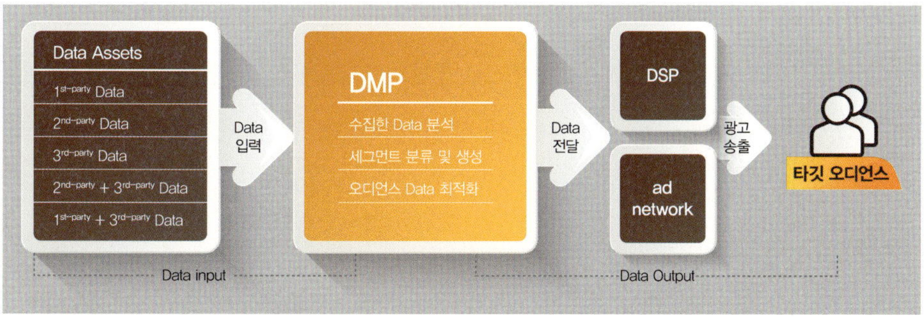

〈출처: CJ E&M Mezzomedia 데이터 마케팅 팀(2017). 숨어 있는 고객 가치도 발굴하는 Data 마케팅.〉

그림 6-8 DMP의 기본적인 기능과 역할

DMP에서 고객 정보를 정확하게 많이 수집할수록 해당 고객의 가치를 정확하게 파악할 수 있다.

셋째로 생성된 고객 데이터를 DSP 및 애드 네트워크로 적용하여 타기팅에 활용될 수 있도록 한다.

DMP를 오디언스 타기팅에 활용하기 위해서는 DSP와 같은 광고 플랫폼과의 연동이 필수적이다. 최근에 DSP가 자체적으로 DMP를 보유하여 정보를 분석하는 경우도 있다.

국내의 독립적인 DMP 플랫폼 사업자로는 디지털 마케팅 솔루션 기업인 메조미디어DMP DATA MAX가 있으며, 오라클Oracle과 어도비Adobe 등의 글로벌 DMP 사업자들도 국내 시장에 진출해 있다. 국내외 기업들은 DMP를 활용하여 새로운 시장을 발굴하고, 정확한 타기팅을 통하여 광고 수익률ROAS을 높일 수 있다.

예를 들어 미국의 Dell 컴퓨터는 DMP를 통해 실시간으로 기존 고객 데이터를 분석하고 세그먼트를 생성한 후 신규 잠재고객을 발굴하여 마케팅에 적용하여 광고효과 상승클릭률 15%, 조회 수 1000%을 달성하였다.

또한, 〈그림 6-9〉에서 보이듯이 미국의 항공사인 WestJet는 고객 인사이트 탐색과 마케팅 계획 수립에 어도비Adobe의 DMP 솔루션을 활용하였다. 자사에서 수집한 고객 행동 데이터를 기반으로 3개의 고객 세그먼트예를 들어 구매한 이력이 있는 고객, 장바구니에 담은 고객, 신규 고객 등를 생성한 후 각 고객 세그먼트에게 맞춤화된 광고를 송출하여 상당한 전환율 창출과 함께 캠페인 비용을 14% 줄일 수 있었다.

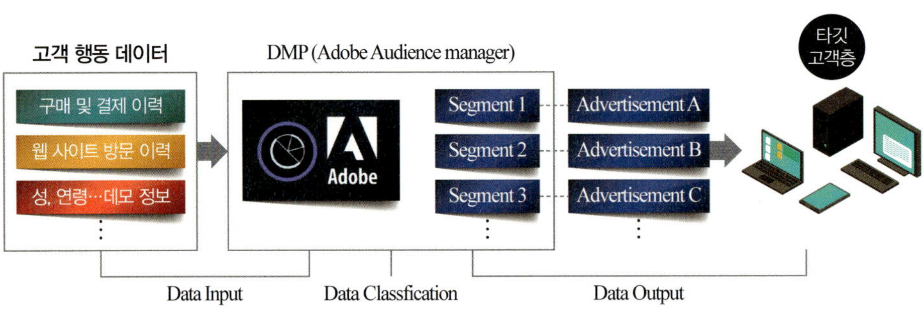

〈출처: CJ E&M Mezzomedia 데이터 마케팅 팀(2017). 숨어 있는 고객 가치도 발굴하는 Data 마케팅〉

그림 6-9 WestJet 항공사의 DMP 활용의 예(Adobe Audience manager)

(4) DSP

DSPDemand Side Platform란 광고주의 타깃에 맞는 광고 인벤토리를 효율적으로 구매 및 집행할 수 있게 해 주는 광고 구매 플랫폼으로서, 광고주들이 인벤토리를 구매하는 과정을 자동화하고, 캠페인 모니터링을 실시한다. DSP는 SSP에 의해 제시된 수많은 매체와 광고 인벤토리들 중 광고주에게 가장 적합한 매체와 광고 지면을 불과 0.1초 이내에 선택하고 자동 구매할 수 있게 해준다.

DSP는 특정 관심사를 가진 유저가 웹이나 앱에 접속하게 되면 빈 인벤토리가 발생하게 되고, 실시간으로 인벤토리의 가치기대 수익를 판단한다. 즉, 이 인벤토리가 타깃에 적합한지를 평가한 후에 구매를 결정하게 된다. DSP는 고객 데이터 분석에 기반하여 원하는 이용자에게만 광고가 송출될 수 있도록 실시간 입찰RTB; Real Time Bidding과 Audience Buying으로 원하는 미디어의 지면만 선택적으로 구매할 수 있게 해준다. 이를 통해 마케터는 광고주 캠페인의 목표를 위해 효율적으로 운영할 수 있다.

DSP는 애드 익스체인지나 SSP 등과 연동하여 광고주를 대신하여 광고주에게 적합한 타깃에게 광고를 노출시킨다.

예를 들어 RTB실시간 입찰 시스템 경매 방식에서의 DSP의 역할을 살펴보면, 첫째로 광고주로부터 광고 요청을 받고 광고주를 대신하여 광고 인벤토리의 구매를 준비한다.

둘째로 DSP는 SSP 혹은 애드 익스체인지로부터 유저가 접속한 웹이나 앱의 광고 지면에 입찰하도록 요청을 받는다. 이 때 SSP 혹은 ad exchange로부터 웹이나 앱에 접속한 유저 정보와 매체정보최저 입찰금액를 받고 입찰을 준비한다. 이 때 웹이나 앱에 접속한 유저 정보와 DMP로부터 받은 타깃 정보를 매칭한 후에 일치하면 입찰을 결정한다.

셋째로 여러 개의 후보 인벤토리들 중 가장 효율이 높은 인벤토리를 자동 입찰하며, 최저 입찰 금액과 매체의 경쟁력 등을 고려하여 입찰가를 정한 후 입찰에 참여한다.

마지막으로 DSP는 입찰금액을 SSP 혹은 ad exchange에 전달한 후 낙찰을 받으면 낙찰 받은 DSP는 다시 SSP 혹은 ad exchange를 거쳐 매체에 노출해야 하는 정보가 담겨 있는 ad server 정보를 전달한다. 이 모든 과정이 끝나면 유저에게 해당 광고를 노출시킨다.

DSP는 광고주들이 광고 위치나 지면을 구매하는 과정을 자동화하고, 그들의 캠페인을 모니터링을 실시한다. 이 과정에서 여러 개의 DSP에서 제안하는 매체의 광고단가예를 들어 CPV 등를 비교하여 가장 비용 효율적인 매체를 선택함으로써 광고주의 예산을 효율적으로 사용하게 해준다.

일반적으로 DSP와 DMP는 붙어 있으며, 이 두 개의 플랫폼이 서로 고객 데이터를 주고받으며 마케팅 퍼널funnel에 따른 다양한 캠페인 목적에 따라 다양한 타기팅을 가능하게 해준다. 마케팅 퍼널의 단계별로 핵심 타깃들에게 맞는 타기팅카테고리, 제3자, 유사 타기팅 등을 통해 인지, 고려, 전환, 충성도 제고 등의 목표에 맞게 캠페인 최적화가 가능하다.

구체적으로 DSP는 SSP로부터 받은 유저 정보로그인 정보 및 쿠키 정보 등를 DMP에 보내어 해당 유저가 적합한 타깃이 맞는지를 실시간으로 확인하는 오디언스 타기팅 기능을 제공하고, 머신 러닝의 CPA 최적화 알고리즘 등을 사용하여 광고주가 설정한 목표 CPA에 도달되도록 입찰가격을 자동적으로 조정하는 기능을 수행한다.

즉, DSP에는 단순히 비용 효율적인 매체만 실시간 경매로 구매하는 것이 아니라 광고주의 예산을 고려하여 광고 캠페인의 KPI 목표 달성에 최적화된 매체들을 선택하게 해주는 알고리즘이 탑재되어 있다.

예를 들어 마케터가 광고예산과 캠페인 목표 달성에 적합한 매체, 게재 위치, 요일, 시간 등을 설정하면 DSP에 탑재된 알고리즘이 자동으로 필터링을 해준다.

또한, 광고 단가 책정이 고정된 과금 체계 방식이 아닌 광고주가 원하는 예산 내에서 캠페인 기간의 설정이 가능한 RTB 방식으로 최적화된 단가를 제공함으로써 동일 예산 내에서 광고 노출을 극대화할 수 있게 해준다. 또한, DSP 플랫폼은 광고 집행 후 성과를 분석하여 리포팅하는 기능도 수행한다.

현재 DSP 서비스는 현업에서 30개가 넘는 국가 및 50개가 넘는 글로벌 매체 업무에 있어서 매뉴얼로 바잉하는 것을 대체하고 있다. 그러나 네트워크 바잉의 특성 상, 충분한 프리미엄 매체 인벤토리의 부족과 실제로 큰 스케일의 광고가 나갔을 때, 어느 매체의 지면에 나갔는지에 대한 명확한 트래킹 시스템이 마련되지 않으므로 브랜드 입장에서는 여전히 의구심 및 불안감이 존재하고 있는 것이 사실이다.

미국과 일본을 비롯한 해외 시장에서는 DSP 플랫폼 사업자들을 중심으로 하는 프로그래매틱 바잉의 점유율이 매우 높고 활성화되어 있으나, 우리나라에서는 국내 인벤토리 모수가 미국과 일본에 비해 크지 않고, 프로그래매틱 시장이 활성화되어 있지 않아서 DPS를 통해 국내 인벤토리를 구매하는 경우는 드물다고 할 수 있다.

국내 DSP 사업자가 보유한 DSP 플랫폼의 커버리지coverage는 국내에서 얼마나 많은 인벤토리를 보유한 애드 네트워크 및 애드 익스체인지 등과 연동되어 있는가에 달려 있다.

예를 들어 모바일 비즈니스 플랫폼 기업인 아이지에이웍스www.igaworks.com는 구글 더블클릭 애드 익스체인지AdX, 모펍트위터, 치타모바일, '스마토Smaato' 등의 대형 글로벌 광고 플랫폼과 연동되어 있고, 스마토Smaato만 전 세계 240개국의 앱과 활성화된 10억 대의 모바일 기기에 접근하여 월 3천억 건 이상의 광고를 노출할 수 있으며, 국내에만 4천여만 대의 모바일 기기에 광고를 노출할 수 있다.

현재 디지털 광고 시장에 프로그래매틱 광고 거래 방식이 확산되면서, 광고주 사이에서 DSPDemand Side Platform에 대한 관심과 효율에 대한 기대감이 점차 커지고 있으며, 글로벌 시장에서 수많은 DSP 사업자가 광고주의 마케팅 예산을 확보하기 위한 치열한 경쟁을 벌이고 있다.

국내 DSP 플랫폼 사업자들은 토종 사업자, 글로벌 사업자와 제휴한 국내 사업자, 국내 시장에 독자적으로 진출한 DSP 사업자 등으로 구분할 수 있다. 국내 DSP 플랫폼 사업자에는 DMC 미디어의 애드 풀ADpool 등이 있으며, MediaMath제일기획 미디어큐브 제휴, TURN대홍기획 제휴은 국내 회사와 제휴를 통해 진출하였다.

국내 시장에 직접 진출한 글로벌 DSP 플랫폼 사업자들은 The Trade Desk, Google Doubleclick Bid Manager, MicroAd Blade 등이 있다. 국내 시장에 진출한 글로벌 DSP 사업자들은 국내에 지사를 설립하지 않더라도, 프로그래매틱 애드 익스체인지 플랫폼을 통해 국내 미디어 지면에 실시간으로 광고를 집행할 수 있다.

또한, 국내 시장에 직접 진출한 글로벌 DSP 플랫폼이나 글로벌 DSP 사업자들과 전략적 파트너십을 체결한 국내 DSP 사업자들은 글로벌 애드 익스체인지들과 연동하여 해외 시장에서 국내 광고주들에게 글로벌 인벤토리의 구매를 가능하게 해준다.

현재 글로벌 모바일 광고 시장 1위 DSP 플랫폼 사업자는 2017년 기준 미국 프로그래매틱 바잉 시장 점유율 34.38%를 차지한 미디어 매스MediaMath의 T1이며, 그 뒤를 이어 2위는 시장 점유율 12.49%를 차지한 Rocket Fuel, 3위는 시장 점유율 11.12%를 차지한 Trade Desk를 들 수 있다.

이들 외에도 글로벌 DSP 사업자 TOP 9에는 DataXu, AOLOne Platform, Turn, AppNexus, Audience Science, Google 등이 포함된다.

(5) SSP

SSPSupply Side Platform는 매체퍼블리셔 측면의 플랫폼인 반면, DSPDemand side Platform는 광고주를 위해 만들어진 플랫폼이다. SSPSupply Side Platform는 퍼블리셔들이 광고 위치나 지면을 팔고, 인벤토리 관리를 쉽게 할 수 있도록 도와준다.

예를 들어 프로그래매틱 바잉에서 SSP는 퍼블리셔의 광고 위치인벤토리 혹은 임프레션impression를 애드 익스체인지에 보내주는 역할을 한다.

SSP는 앱이나 웹 등 광고지면이 있는 매체와 애드 네트워크가 있다면 이를 SSP에 등록하게 되면, SSP는 이런 수많은 광고지면혹은 인벤토리을 통합적으로 관리함으로써 매체들에게 최대한 많은 수익이 날 수 있게 도와준다핵심 지표 eCRM, Fil-rate, CTR 등.

SSP는 퍼블리셔의 이익을 최대화하기 위해 가장 수익이 높은 광고를 송출하는 데 목적을 둔 플랫폼으로서 가장 수익을 높일 수 있는 광고를 채택하여 송출한다.

예를 들어 고객이 매체에 접속하면 매체는 노출될 페이지의 인벤토리를 채울 광고가 필요하다는 호출 코드를 SSP에게 전송한다. SSP는 연결되어 있는 모든 DSP에 광고 게시 요청을 보낸다. 단일 SSP가 모든 DSP의 요청을 수신하게 되며, 최대 응답 시간을 초과한 DSP의 응답은 무시된다. DSP의 응답 중 가장 높은 입찰가를 부른 요청을 수락한다.

SSP는 수락한 광고를 매체에 보내고, 동시에 수락한 매체에 인벤토리가 낙찰되었다는 것을 알린다. SSP로부터 광고를 받은 매체는 해당 광고를 노출될 페이지의 인벤토리에 게시한다.

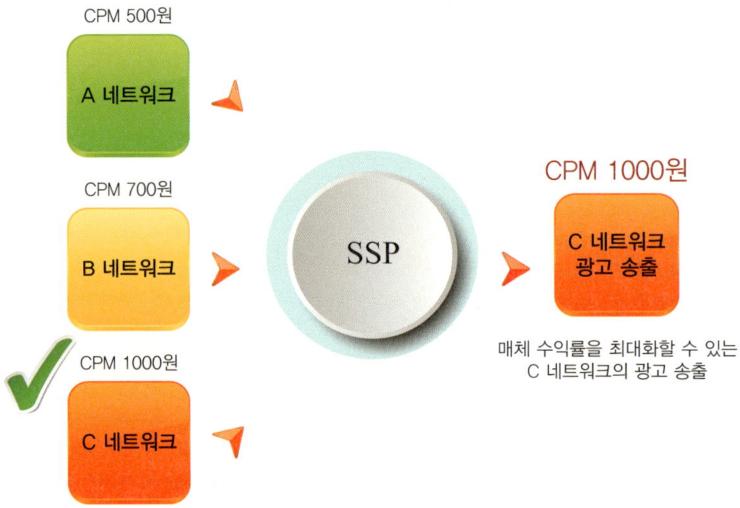

그림 6-10 SSP의 역할

4. 프로그래매틱 바잉의 절차 및 과정

프로그래매틱 바잉의 절차 혹은 과정은 다음과 같다.

① 유저가 특정 웹이나 앱에 접속 즉시 입찰이 시작된다.

② 매체퍼블리셔는 SSP 혹은 ad exchange를 통해 해당 광고위치에 입찰하도록 광고주에게 알림을 보낸다. wmrl

③ 이 때 SSP 혹은 ad exchange는 DSP에 유저 정보와 매체정보최저 입찰금액를 전달하고 입찰을 기다린다.

④ 광고주는 DSP를 통해 웹이나 앱에 접속한 유저의 정보를 받고, 이 유저에게 광고를 노출시키기 위해 입찰에 참여한다. 이때 DSP는 광고주 대신에 자체적으로 입찰을 결정하거나 외부 DMP를 통해 입찰 유무를 판단한다. 입찰을 결정하면 DSP는 입찰금액을 SSP 혹은 ad exchange에 전달한다.

⑤ SSP 혹은 ad exchange는 입찰금액을 비교하여 가장 많은 금액을 제시한 DSP에 낙찰한다.

⑥ 낙찰 받은 DSP는 다시 SSP 혹은 ad exchange를 거쳐 매체에 노출해야 하는 정보가 담겨 있는 ad server 정보를 전달한다. 이 모든 과정이 끝나면 유저에게 해당 광고를 노출시킨다.

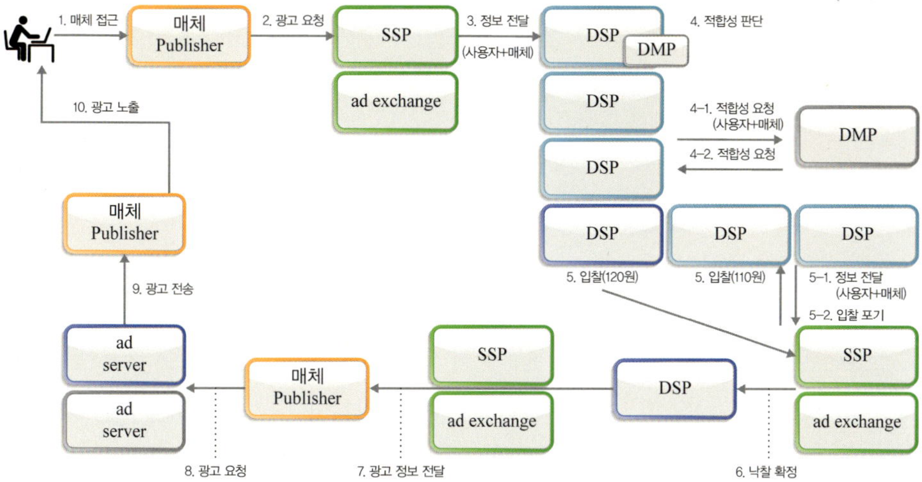

〈출처 : DMC REPORT (2015). 디지털 광고 플랫폼의 트렌드와 전망〉

그림 6-11 프로그래매틱 바잉의 과정

제7장

어트리뷰션(Attribution)

Check Point

이 장에서는 소비자인 고객의 유입경로와 구매전환까지의 프로세스와 접점을 분석하는 어트리뷰션에 대한 내용을 제시하였다.

1. 어트리뷰션attribution이란?

기업은 다양한 유형의 광고와 채널들을 이용하여 광고 캠페인을 진행한다. 이때 광고주와 마케터들은 제품 및 서비스가 고객과 만나는 접점touch point의 중요성에 대해 알게 되고, 퍼널의 각 단계에서 진행한 모든 캠페인이 전환에 미치는 영향을 이해하고자 한다.

따라서 기업이 캠페인 과정에서 당면한 가장 중요한 일 중의 하나는 브랜드와 고객과의 접점touch point에서 발생하는 캠페인의 성과를 측정하는 일이다. 이 과정에서 대중매체를 이용한 광고 캠페인의 효과상표인지도, 호감도, 구매의향 제고 등 측정은 캠페인 종료 후에 소비자들을 대상으로 하는 설문조사와 같은 비교적 단순한 방식으로 이루어지지만, 다양한 디지털 광고 채널들을 이용한 광고 캠페인의 경우에 고객과의 접점에 해당되는 각 채널별로 캠페인의 성과로그인, 웹 설치, 구매, 리텐션 등에 대한 정교한 측정이 이루어진다.

어트리뷰션은 사전적 의미로 '어떤 결과의 원인을 찾는다는 뜻'으로 캠페인의 종료 후에 발생한 성과가 어떤 접점, 즉 채널을 통해 발생한 것인지를 분석하는 과정을 말한다. 구체적으로 광고주와 마케터가 캠페인을 통하여 기대하는 성과를 얻기까지 소비자들이 어떤 경로와 채널들을 거쳐 왔으며, 이 가운데 어떤 경로와 채널들이 성과에 어느 정도 기여했는가를 분석하는 작업이다.

예를 들어 〈그림 7-1〉은 브랜드와 고객의 첫 번째 접점에 해당되는 채널 A에서부터 앱 설치를 거쳐 구매라는 전환에 이르기까지 신규 고객이 유입되는 경로를 나타낸다. 〈그림 7-1〉에서 보이듯이 이 광고 캠페인의 1차적인 목적은 채널 A와 B를 거쳐 채널 C에서 광고 클릭을 통하여 앱스토어를 오픈하고 앱을 설치 및 실행하는 것이며, 최종적인 목적은 회원 가입이나 구매와 같은 전환을 창출하는 것이다.

이 과정에서 신규 고객은 앱 설치에 이르기까지 A, B, C의 세 개의 채널을 거치게 되며, 이 때 신규 고객의 앱 설치가 어떤 채널의 영향을 가장 많이 받았는지를 평가하는 어트리뷰션 과정을 거치게 된다. 즉, 앱 설치 광고를 통한 어플리케이션의 설치는 일반적으로 한 개 이상의 채널 및 광고와 대여섯 번의 클릭 과정을 거쳐 이루어지는데, 어트리뷰션은 앱 설치에 대한 각 채널의 기여도를 어떻게 평가할 것인지를 결정하는 과정이라고 할 수 있다.

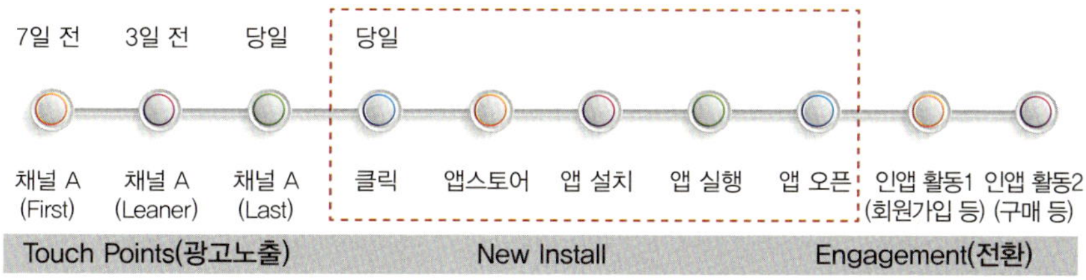

그림 7-1 신규 고객의 유입 경로와 어트리뷰션 과정

2. 멀티 터치 어트리뷰션multi touch attribution

일반적으로 마케터는 광고매체를 운영할 때 2~3개 이상, 많으면 10개가 넘는 매체 혹은 채널을 동시에 운영한다. 이런 상황에서는 사용자가 여러 개의 광고에 반응할 수 있다.

예를 들어 〈그림 7-2〉에서 보이듯이 브랜드 인지에서 관심과 고려를 거쳐 구매 전환에 이르는 것으로 가정되는 고객의 구매 여정에서 고객들은 유료 광고,

유료 검색, 자연 검색, 소셜 네트워크, 레퍼럴refferal 등의 다양한 접점을 거치게 된다. 이 때 고객들은 첫 번째 접점에서 제품을 인지하며, 중간 단계에서 관심과 고려를 갖게 되고, 마지막 접점에서는 최종 구매 전환을 하게 된다.

이처럼 고객이 제품을 인지하는 단계에서 부터 최종적으로 구매에까지 이르는 전환 경로는 다양한 채널들의 조합으로 나타나는데, 멀티 터치 어트리뷰션은 소비자가 구매 전환에 이르기까지 경로에서 접촉한 모든 채널들의 영향력을 측정하는 것을 말한다.

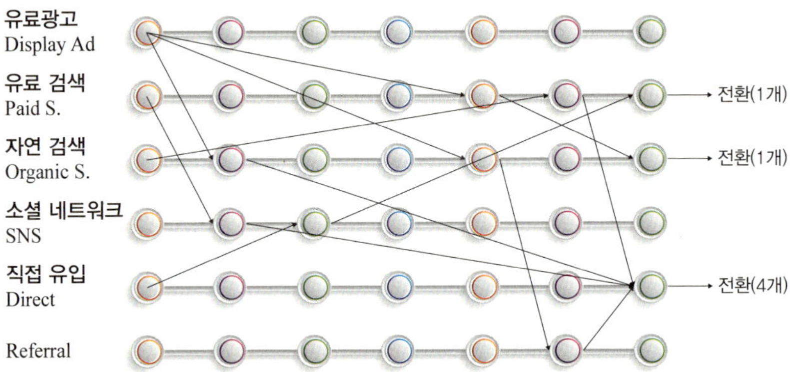

그림 7-2 고객 전환(유입) 경로의 예

멀티 터치 어트리뷰션은 고객의 구매로 가는 여정에 접촉하는 모든 채널들의 영향력을 측정함으로써 미디어믹스에 포함된 각 채널별로 최적화된 예산 배분과 함께 최종 목표인 전환율CVR, Conversion Rate[1]을 높일 수 있게 해준다.

예를 들어 〈그림 7-3〉의 리타기팅 광고 캠페인에서 보이듯이 1차 캠페인에서 매출에 최종적으로 기여한 채널과 광고의 성과만 100% 인정하고, 고객들이 구매 전환에 이르기까지 경로에서 접촉한 나머지 채널과 광고들의 영향력을 무시하게 된다면, 이는 이어지는 2차 캠페인에서 바이럴viral 광고의 배제와 이로 인한 전환율의 감소로 이어질 수 있다.

1 광고를 클릭해 사이트에 들어온 방문객이 특정 행위전환를 하는 비율을 말한다. 전환율 = (전환수/유입수) × 100. 100명 방문에 5명의 전환이 발생한 경우의 전환율은 5%.

이처럼 멀티 터치 어트리뷰션은 마지막 접점에서의 성과만을 측정하는 기존의 성과 분석 관행과 광고 효과 측정 데이터의 한계로 인해 초래되는 문제들을 극복하고 향후 전환율을 높이는 캠페인을 가능하게 해준다.

또한, 멀티 터치 어트리뷰션은 고유 광고 식별 값을 사용하여 매체 내 혹은 매체 간 발생하는 중복 광고 참여자들을 모두 걸러 냄으로써 도달률의 과대평가 overestimation의 문제를 해결하고, 광고를 통해 유입된 이용자가 신규 실행 이용자인지 아닌지를 판단하게 해준다.

예를 들어 'ab01bf…' 라는 고유 광고 식별 값이 성과측정 툴의 SDKsoftware development kit[2]를 통해 한 번 수집되어 어트리뷰션 툴attribution tool에 저장되었다면, 해당 광고 식별 값을 가진 스마트폰은 어떠한 매체에서도 신규 실행자로 인정되지 않는다. 이는 광고 캠페인에 포함된 각 매체별로 청구되는 광고비용의 이중 지불을 방지하고 광고 예산의 효율적인 사용을 도모할 수 있게 해준다.

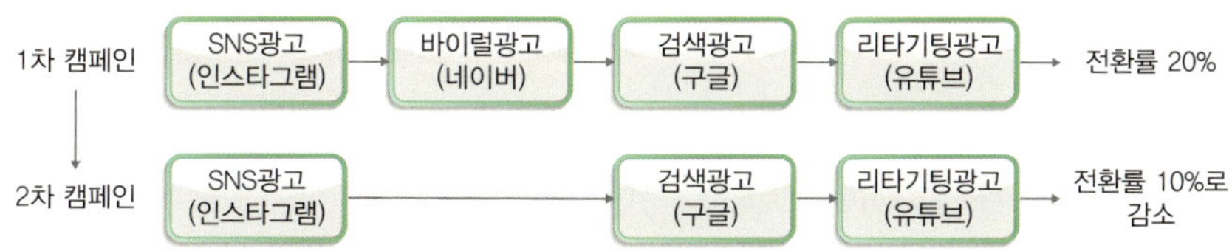

그림 7-3 고객 전환(유입) 경로의 예

3. 어트리뷰션 모델의 유형들

일반적으로 멀티 터치 어트리뷰션의 접점은 크게 First Touch고객과의 첫 번째 접점, 방문 발생, Lead Creation리드 고객이 생성되는 지점, Opportunity Creation고객이 구매를 결정하게 되는 지점, 전환 기회, Customer Close고객이 제품을 구매하는 지점의 네 단계로 구분될 수 있다.

---

2 소프트웨어 개발 키트의 약어이다. 소프트웨어 개발자가 특정 운영체제용 응용프로그램을 만들 수 있게 해주는 소스source와 도구 패키지이다.

그러나 이용자가 구매로 가는 과정 동안 거치는 여러 접점에서 성과에 대한 각 채널의 기여도를 정량적으로 평가하는 것은 현실적으로 매우 어렵다. 이에 따라 캠페인의 성과에 대한 각 채널의 기여도를 정성적으로 부여하는 규칙이 마련되었으며, 이러한 규칙을 설정하는 것을 어트리뷰션 모델성과 기여도 평가 모델이라고 한다.

예를 들어 이용자가 매체 A에서 광고를 클릭하고, 얼마 후에 노출된 매체 B에서도 광고를 클릭한 후 앱을 설치하였다면 앱 설치에 대한 각 채널의 기여도를 첫 번째 접점인 A에게 줄 수도 있고, 마지막 접점인 B에게 줄 수도 있으며, 모두에게 줄 수도 있다.

어트리뷰션 모델은 이처럼 성과에 대한 각 채널의 기여도를 부여하는 규칙이라고 할 수 있다. 어트리뷰션 모델의 적용은 클릭-앱 설치 외에도 앱 설치-구매나 재설치-구매 등과 같이 광고 성과를 어떻게 정의하느냐에 따라 다양한 유형을 적용할 수 있다.

어트리뷰션 모델은 싱글 터치 어트리뷰션 모델single touch attribution model과 멀티 터치 어트리뷰션 모델multi touch attribution model로 구분된다. 싱글 터치 어트리뷰션 모델은 고객 경로에서 한 개의 접점에만 기여도를 부여하는 방식을 말하며, 전체 마케터의 60%가 채택하고 있는 가장 일반적인 방식의 모델이다.

이 모델의 장점은 이해하기 쉽고 적용하기 쉽다는 점을 들 수 있으며, 단점은 제품이 판매되기까지의 짧지 않은 과정 중의 한 가지 접점만이 판매의 공을 세웠다고 인정함으로써 소비자 구매 경로 내의 다른 접점을 고려하지 않는다는 점을 들 수 있다.

따라서 마케터가 한 개의 접점에만 중점을 두고 마케팅을 진행함으로써 비효과적인 마케팅 전략에 투자할 수 있다. 싱글 터치 어트리뷰션 모델은 ‘First Touch’와 ‘Last Touch’의 두 가지 유형이 있다.

그러나 멀티 터치 어트리뷰션 모델은 기여도를 평가할 때 모든 접점을 고려함으로써 전체 퍼널에서 전환으로 이어지는 데이터를 더 많이 제공하여 광고주와 마케터들이 사용자들의 앱 설치 및 구매 전환의 원인을 더 정확하게 파악하도록 해준다.

즉, 어떤 광고가 사용자들에게 보이는지, 그리고 성공적인 전환으로 이어질 수 있는 광고가 무엇인지 등을 알게 해줌으로써 향후 미디어믹스 및 채널 선정에 대한 의사결정 과정에 도움을 준다. 멀티 터치 어트리뷰션을 측정하기 위해서는 광고노출 단계에서부터 사용자 추적이 이루어져야 한다. 그러나 현실적으로 퍼블리셔들의 비협조로 사용자 추적이 힘든 점이 있으며, 3rd-party 트래킹의 대부분이 사용자 동의 없이 이루어지기 때문에 사생활 침해의 소지도 있다는 것이 단점으로 지적된다.

표 7-1 싱글 터치 어트리뷰션 모델 vs 멀티 터치 어트리뷰션 모델

싱글 터치 어트리뷰션 모델	멀티 터치 어트리뷰션 모델
① First Touch ② Last Touch	① Linear Model ② Time Decay Model ③ U-Shaped ④ W-Shaped ⑤ Custom

(1) 싱글 터치 어트리뷰션 모델

1) First Touch 모델

First Touch 모델 혹은 첫 번째 클릭 모델은 고객과 브랜드가 처음 만나는 접점채널에 모든 기여도credit를 부과하는 방식이다.

예를 들어 이용자가 매체 A에서 클릭하고, 얼마 후에 노출된 매체 B에서도 클릭한 후에 앱을 설치하고 신규 실행했다면, 2개의 매체들 중 어떤 매체에 앱 설치와 신규 실행이라는 광고 성과를 인정해 주어야 할까? 앱 설치와 신규 실행

의 기여를 첫 번째 접점인 A에게 줄 수도 있고, 마지막 접점인 B에게 줄 수도 있으며, 모두에게 줄 수도 있다. 이 First Touch 모델은 각각을 첫 번째 클릭이 발생한 광고 채널에 캠페인의 성과를 인정한다.

즉, 여러 번의 클릭을 거쳐 신규 실행이 발생했다면 첫 번째 클릭을 일으킨 매체의 성과로 인정한다.

이 방식은 새로운 리드lead[3]를 창출하는 채널을 별도로 구분하고자 할 때 효과적이다. 그 반면에 이 모델은 제품이 판매되기까지의 짧지 않은 과정 중 첫 번째 접점예를 들어 키워드광고을 통해서 제품을 구매하는 고객이 거의 없기 때문에 전체 캠페인의 성과 측정이 어렵고, 고객을 전환까지 이끌어 내는 전체 프로세스의 가치를 무시한다는 점이 단점으로 지적된다.

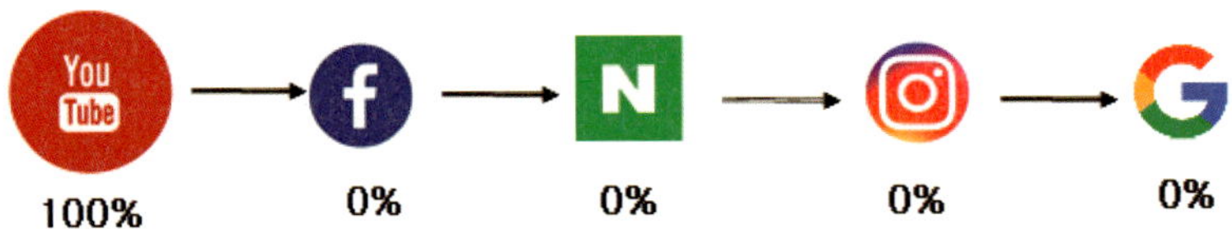

그림 7-4　First Touch

2) Last Touch 모델

Last Touch 모델 혹은 마지막 클릭 모델은 고객과의 마지막 접점, 즉 고객이 제품을 구매하기 바로 전 전환 기회가 발생하는 지점에만 모든 기여도credit를 부여하는 방식이다.

예를 들어 이용자가 매체 A에서 클릭하고, 얼마 후에 노출된 매체 B에서도 클릭한 후 앱을 설치하고 신규 실행했다면, 2개의 매체들 중 마지막 클릭이 발생한 채널에 성과를 인정한다. 이 모델은 어떤 접점이 즉각적인 전환에 기여하는지를 알고 싶은 마케터에게 유용한 모델이다.

---

3 상품에 관심이 있는 소비자, 즉 '관심 고객'을 말하는 용어이다. 리드 제너레이션lead generation, 즉 리드를 많이 만들고 유인하는 것이 단순히 노출이나 도달률을 높이는 것보다 중요하다.

그렇지만, 고객의 구매 여정에서 초기 단계인 인지와 고려에 기여한 채널의 성과를 무시하는 경향이 있다.

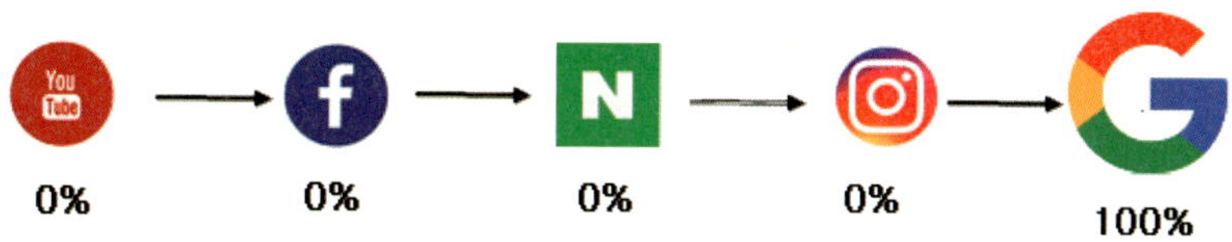

그림 7-5 Last Touch

(2) 멀티 터치 어트리뷰션 모델

멀티 터치 어트리뷰션이 등장하게 된 배경에는 기존 광고효과 트래킹 툴tracking tool을 이용한 광고 성과 데이터의 한계 때문이다.

기존의 광고 효과 트래킹 툴을 이용한 광고 성과 측정은 캠페인에 동원된 여러 개의 채널과 광고들 중 최종적으로 구매 전환이 이루어진, 즉 매출에 최종적으로 기여한 채널과 광고의 성과만 100% 인정하고, 소비자가 구매 전환에 이르기까지 경로에서 접촉한 나머지 채널과 광고들의 영향력을 무시함으로써 측정 데이터가 캠페인에 동원된 다양한 광고 채널의 영향력을 반영하지 못하고 있었다.

이러한 문제를 보강한 멀티 터치 어트리뷰션 모델은 제품 판매가 이루어지기까지 고객이 접촉한 모든 접점에 판매의 기여도를 부여하는 방식을 적용하였다.

이 모델은 브랜드와 고객 간에 모든 접점에서 기여도를 측정할 수 있으며, 전체 미디어 믹스 전략에서 어떤 채널이 성과가 좋은지 혹은 그렇지 않은지 등을 확인할 수 있는 장점이 있다. 따라서 이 모델은 미디어 믹스 전략 수립 시 마케팅 예산을 적절히 할당하는 데에 필요한 인사이트를 제공해 준다. 멀티 터치 어트리뷰션 모델은 그 방식에 따라 Linear, Time Decay, U-Shaped, W-Shaped, Full Path, Custom 등의 몇 가지 유형으로 구분된다.

1) 리니어Linear 모델

이 모델은 전환 경로를 따라 모든 접점touch point에 동일한 기여도를 부여하는 방식이다. 예를 들어 이용자가 매체 A에서 클릭하고, 얼마 후에 노출된 매체 B에서도 클릭한 후 앱을 설치하고 신규 실행했다면, 클릭을 발생시킨 모든 매체에 동일 비율의 성과를 인정한다. 이 모델은 고객의 여정에 기여한 모든 채널들을 알고 싶을 때 사용한다. 그러나 각 채널 접점의 성과 차이에 관계없이 모든 접점에 동일한 기여도가 부여되기 때문에 단일 캠페인 내에서 성과가 좋은 채널을 확인하고 더 좋은 방향으로 최적화하기 어려우며, 각 채널의 성과 기여도에 따라 알맞게 보상을 배분할 수 없다는 점이 단점이다.

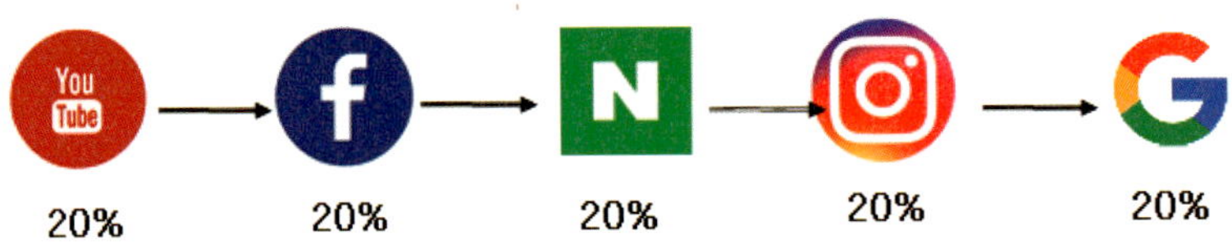

그림 7-6 Linear

2) 시간 가치 감쇠 모델Time Decay Model

이 모델은 리드가 전환에 가까이 이르렀을 때 비례하여 기여도credit를 증가시키는 모델이다. 즉, 판매 혹은 전환과 같은 성과가 발생한 시점과 가장 가까운 접점들에게 대부분의 기여도를 부여하는 방식이다. 이 모델은 판매 주기가 길고 리드의 움직임에 가장 큰 영향을 끼치는 채널을 확인할 때 적합한 모델이다.

그렇지만, 고객 여정의 초기에 고객을 판매 퍼널Funnel로 유입시키는 데 기여한 접점의 성과를 무시하는 경향이 있다.

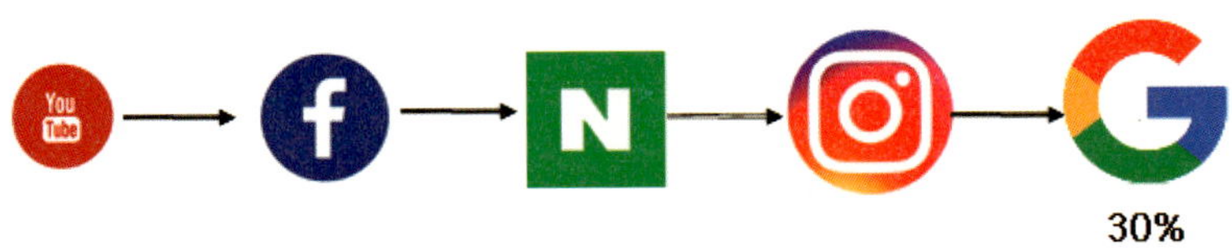

그림 7-7 Time Decay

3) U-Shaped 모델

이 모델은 리니어 모델과 시간 가치 감쇠 모델을 결합하여 첫 번째 및 마지막 접점을 중심으로 최적화하고 중간 접점들 간에 나머지 기여도를 나눠 할당하는 모델로서 위치 기반Position-based 어트리뷰션 모델이라고도 한다.

이 모델은 마케터들이 브랜드 인지도를 생성한 최초의 접점과 구매 전환으로 이어진 최후 접점에 가장 큰 중요성을 부여할 수 있도록 해준다. 일반적으로 첫 번째 혹은 마지막 접점에 각각 40%씩 기여도를 부여하고, 그 사이의 다른 접점들에 나머지 기여도약 20%를 부여한다.

이 모델은 첫 번째와 마지막 접점이 중간 단계의 깔때기보다 더 중요하고 가치가 있다는 것을 전제로 가정한다. 하지만 전환율의 대부분을 첫 번째 접점과 마지막 접점에 할당하기 때문에, 이러한 두 접점이 전환을 위한 가장 강력한 원동력이 되지 않는 경우가 있다는 사실이 간과될 수 있다.

예를 들어 첫 번째 접점이 유료 검색 광고였다면, 전환으로 연결된 이메일에 동일한 기여도를 부여하는 것이 합당하지 않을 수 있다.

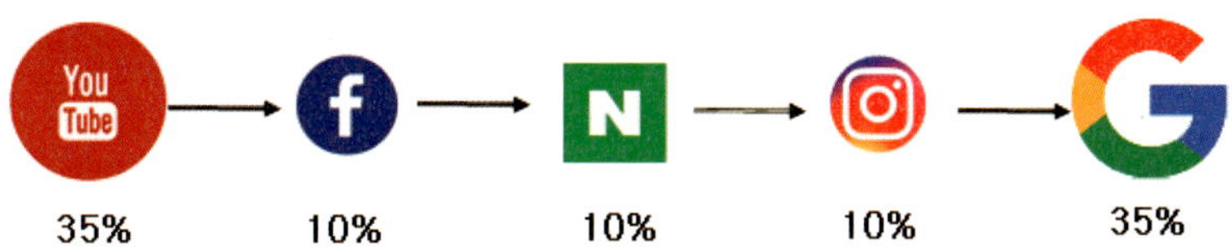

그림 7-8 U-Shaped

4) W-Shaped 모델

이 모델은 U자 모형의 모델처럼 고객과의 첫 번째와 마지막 접점, 그리고 리드 생성을 일으키는 접점에 각각 30%씩을 부여한다.

첫 번째 접점은 방문, 두 번째 접점은 리드 생성, 세 번째 접점은 전환 기회를 각각 발생시킨다. 나머지 10%의 크레딧Credit은 다른 접점에 나누어 부여한다.

이 모델은 B2B 마케터들이 가장 많이 사용하는 모델로서 마케팅 팀에서 세일즈 팀으로 업무가 이관되는 과정이 있는 프로세서에 가장 적합하다.

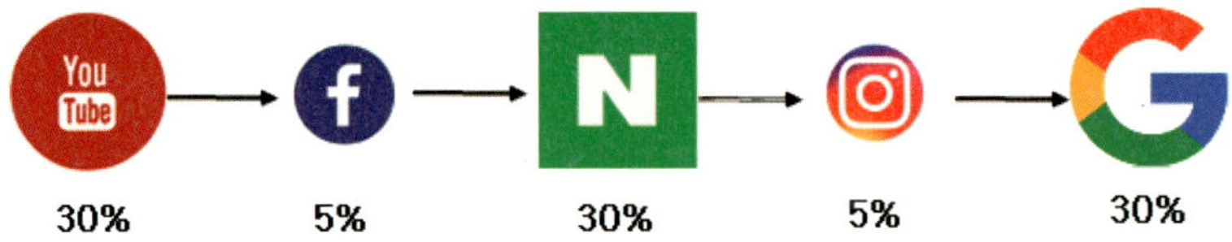

그림 7-9 W-Shaped

5) Custom 맞춤형 모델

이 모델은 광고주 맞춤형 모델로서 광고주의 상황에 맞게 다양한 접점에서 각기 다른 성과 기여도를 부여할 수 있다.

이 모델은 몇 년에 걸쳐 어트리뷰션을 측정해서 나름의 방대한 데이터를 갖고 있는 광고주에게 적합한 모델이다. 이 모델을 만들기 위해 과거 다양한 캠페인들이 어떻게 작동되었고 성과를 내었는지에 대한 깊이 있는 이해가 필요하다.

예를 들어 과거 가장 많은 트래픽을 유도한 콘텐츠의 포맷을 확인할 수 있는 실질적인 데이터들이 있는 경우, 콘텐츠 마케팅 담당자는 e북·웹 세미나·영상과 같은 특정 콘텐츠에 따라 어트리뷰션 점수를 달리 부여할 수 있다.

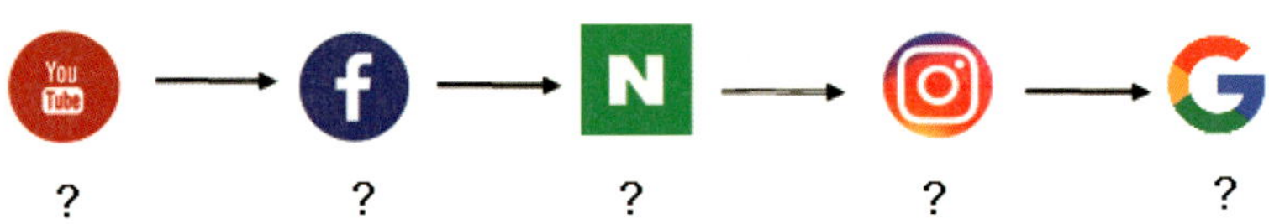

그림 7-10 Custom

4. 어트리뷰션의 측정

일반적으로 어트리뷰션 측정 방식은 광고의 유형이 웹이냐 혹은 앱이냐에 따라서 웹 어트리뷰션 측정 방식과 앱 어트리뷰션 측정 방식으로 나뉜다.

웹 어트리뷰션은 주로 쿠키를 사용하는 반면, 앱 어트리뷰션은 광고 ID·레퍼럴·핑거프린터 방식을 활용한다.

표 7-2 어트리뷰션 측정 방식

웹 어트리뷰션	앱 어트리뷰션
• 쿠키(cookie)	• 광고 ID(ADID) 매칭 방식 • 레퍼럴 방식 • 핑거프린터

(1) 웹 어트리뷰션의 측정 방식

디스플레이 광고 및 검색광고를 위주로 한 웹 광고는 노출과 클릭 등을 통하여 소비자들의 웹 사이트 방문을 유도하는 것이 1차적인 목적이었다. 따라서 웹 어트리뷰션은 광고 노출에서 클릭을 통하여 랜딩 페이지 방문에 이르는 비교적 단순한 과정을 거친다.

웹 어트리뷰션에서 가장 많이 사용하는 방식은 쿠키 값을 활용한 방식이다. 쿠키에는 사용자가 인터넷에서 어떤 콘텐츠를 살펴보았는지, 어떤 상품을 구입했는지 등이 세세하게 기록되며 특정 사이트에 접속하면 그의 행적이 쿠키에 담겨 컴퓨터의 하드디스크에 저장된다.

사용자가 다시 해당 사이트에 접속하면 이 사이트의 서버는 사용자의 컴퓨터에 저장된 쿠키를 불러 그가 누구인지, 어떤 정보를 많이 찾았는지 등을 파악하게 해준다. 쿠키에 담겨지는 정보는 쿠키를 제공하는 웹 사이트의 이름· 쿠키의 이름·존속기간·쿠키 값 등이 있으며, 쿠키 값으로 표시되는 정보는 쿠키 프로그램의 제작자만이 알 수 있으며 사용자는 이를 알 수 없다.

광고주의 페이지마다 심어진 추적 코드인 스크립트혹은 태그를 통해서 내가 보았던 페이지와 제품 등을 쿠키에 저장하고 광고 노출에 사용한다.

예를 들어 하나투어에서 여행상품을 검색하였다면, 그 행동이 쿠키 값에 저장되어 리타기팅 광고로 수집되어 그 사람이 웹이나 앱에 접속할 때마다 항공권 관련 혹은 방콕 여행 관련 숙박 배너가 반복적으로 노출된다. 여기서 쿠키 값이란 웹 사이트 방문기록, IP, 상품구매 내역 등을 말한다.

(2) 앱 어트리뷰션의 측정 방식

모바일 앱 기반의 광고는 앱 설치, 회원 가입, 구매 전환처럼 인게이지먼트를 목적으로 하는 경우가 많기 때문에 어트리뷰션 과정이 웹에 비해 복잡하다. 이는 웹에서 앱으로 넘어오는 순간 쿠키를 통한 사용자에 대한 정보가 단절되기 때문에 해당 사용자에 대한 유입 경로를 분석하기 어렵고, 구글 플레이나 애플 앱스토어에서 발생한 앱 설치를 확인할 수 없기 때문이다.

따라서 모바일 환경에서는 웹에 대응되는 쿠키가 없기 때문에 해당 광고를 보았는지, 클릭했는지, 앱을 설치했는지, 실행했는지, 오픈했는지 등 모든 앱 활동의 추적이 쉽지 않다. 이러한 이유로 모바일 어트리뷰션 툴들은 사용자의 디바이스를 구분하고 식별하기 위하여 여러 가지 방법을 조합하고 광고하려는 앱에 탑재된 SDK에서 보내온 실행이나 이벤트 정보를 광고 클릭과 일치시키는 과정을 통해 어트리뷰션이 이루어진다.

모바일 환경에서는 쿠키와 스크립트픽셀 태그 대신에 구글 레퍼럴Google Referral, 고유 식별자identifier, 핑거프린터와 같은 방식의 조합으로 유저와 디바이스를 인식한다. 앱 광고 성과 측정 방식에는 스마트 기기별 광고 고유 유저 식별자를 통해서 측정하는 방식, 구글 referral 방식, 핑거프린터 방식의 세 가지가 있다.

1) 구글 referral 방식

이 방식은 구글 플레이를 통해서 앱이 설치된 경우에만 어트리뷰션을 할 수 있는 방식으로 가장 신뢰도가 높고 이론상으로 100% 어트리뷰션이 가능하다.

즉, 안드로이드에서 제공하는 구글 플레이를 통해 앱이 설치 혹은 실행되었을 때 구글 플레이에서 제공하는 데이터를 통해 그로 말미암은 경로와 성과를 측정하는 방식이다. 구체적으로 앱이 설치되고 실행되었을 때 attribution analytics가 트래킹을 할 수 있는 파라미터의 식별자를 앱으로 보내고, 앱을 처음 실행하고 해당 레퍼럴과 일치 시 데이터를 받아서 같은 유저라고 매칭이 된 경우에 앱이 설치되었다고 정보를 보내는 방식이다. 정확도는 상당히 높은 편이나, 구글 플레이Google Play를 통해 이러한 과정이 발생하였을 경우에만 측정할 수 있다는 단점이 있다iOS와 같은 다른 앱스토어를 통해서는 사용이 불가함.

2) ID 매칭 방식 : 고유 유저 식별자 기준 GAID, IDFA 이용 방식

앱 광고는 광고 성과 데이터의 측정에서 고유한 한 명의 고유 유저를 기준으로 측정한다.

예를 들어 어떤 유저가 A 매체를 통해 앱을 설치한 경우 이 설치에 대한 기여는 A 매체가 갖고 있으며, 이는 어트리뷰션 툴에 기록된다. 따라서 추후 앱을 삭제하고 B 매체를 통해 다시 앱을 설치하여도 신규 실행new install은 여전히 A 매체의 기여로 남게 된다.

따라서 앱 서비스 이용자소비자가 브랜드와 만나는 접점, 즉 광고 채널에서 남긴 모든 흔적들을 추적하기 위하여 각 서비스 이용자를 식별할 수 있는 고유성을 갖는 최소 단위가 필요하다. 웹에서는 쿠키 등이 있지만 모바일에서는 각 OS 사업자가 디바이스 단위별로 고유성을 갖는 식별 값을 제공한다.

이러한 스마트 기기별 광고 고유 식별자로는 구글의 GAID와 애플의 IDFA가 있으며 이러한 식별자들을 통하여 앱 서비스 이용자들의 행동을 스마트 폰 단위로 분석하고, 데이터를 축적할 수 있다.

즉, 비록 앱 서비스 이용자가 누구인지는 모르지만 이들이 스마트 폰에 남긴 흔적 혹은 기록들은 정확하게 측정할 수 있다. 이러한 각 웹 혹은 앱 서비스 이용자의 디바이스에 대한 식별 값들은 광고 성과 측정 혹은 분석의 최소 단위로 이용된다.

GAIDGoogle Advertising ID는 구글 광고 아이디라고도 불리며 유저를 구분하기 위해 사용하는 값이다. 사용자에 의해 광고 ID는 재설정이 가능하며, 확인하는 방법은 〈그림 7-11〉에서와 같이 설정·구글 설정·광고·내 광고 ID확인의 과정을 거친다. 구글 플레이와 더불어 정확도가 상당히 높은 편이며, 구글 플레이 외에도 이용할 수 있다는 장점이 있으나, 매체가 식별 값을 제공할 수 없는 경우에는 사용이 불가능하다.

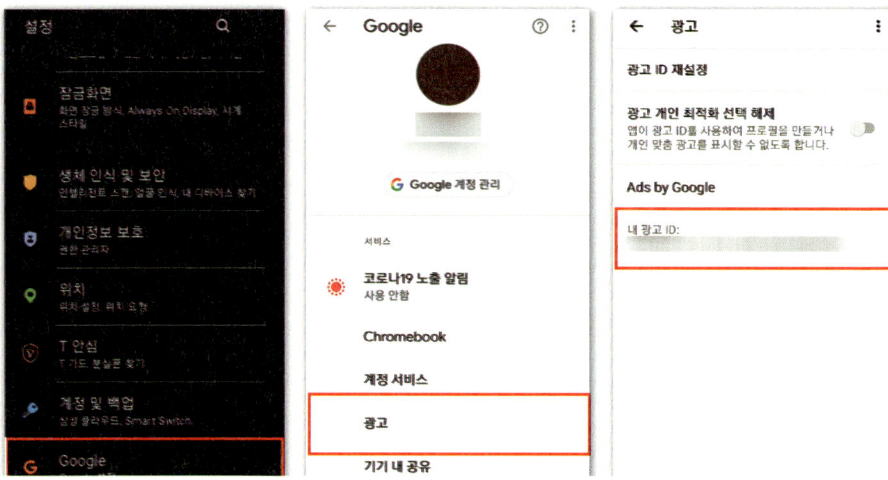

그림 7-11 구글 GAID 설정 과정

그 반면에 IDFA는 GAID와 같은 방식으로 역시 애플 스토어 밖에서 설치된 앱에 대하여 추적한다. 구글과 마찬가지로 모바일 웹에서는 기능하지 않으며, 앱 설치 시 사용자의 동의를 받아야 한다. 또한, 해당 유료 광고를 보여 준 퍼블리셔 혹은 애드 네트워크가 식별 값을 제공하는 등 협조를 해야 한다.

GAID와 IDFA 모두 사용자에 의해 변경 가능성이 있고, 변경 시 정확한 추적이 어려워질 수 있다.

3) 핑거프린트Fingerprint

핑거프린트 방식은 앞선 두 가지 방식 모두 활용이 어려울 경우에 사용된다. IP주소나 디바이스 환경 등 사용자의 앱 이용 환경 중 수집이 가능한 정보를 활용하여 추정하는 방식이며, 이러한 데이터들은 앞선 방식에 비해 간접적인 데이터이기에 정확도가 상대적으로 낮다.

5. 광고 성과 인정기간Lookback window

광고 성과를 인정하는 기간은 온라인 마케팅에 있어서 중요한 요소 중 하나이다. 앱 광고에서는 이를 룩백 윈도Lookback window라고 하며, 설치 광고에 있어서는 이를 링크와 설치의 간격으로 그 기간을 판단한다.

예를 들어 룩백 윈도가 7일이라 가정했을 때 A 매체의 링크를 클릭한 후 7일 이내에 설치가 발생하면 그 설치는 A 매체가 설치에 기여한 것으로 측정, 7일 이후에 설치가 발생하게 되면 이는 자연 유입organic으로 측정된다.

특정 매체에서 마지막 클릭이 발생한 이후 광고 성과를 어느 기간까지 인정할 것인가를 정함에 있어 정답은 없지만, 어트리뷰션 방식과 마찬가지로 매체 운영 전략과 방침에 따라 적절하게 조정하는 과정이 필요하다. 예를 들어 룩백 윈도를 1일로 설정할 수도 있고, 7일 혹은 15일로 설정할 수도 있다.

만약 룩백 윈도가 7일로 설정된 광고가 있다고 가정하고, 매체 A에서 9월 1일에 클릭이 발생한 이후 5일에 신규 실행new install이 이루어졌다면 룩백 윈도 7일 내에 포함되기 때문에 매체 A의 성과로 인정된다. 하지만 10일에 신규 실행이 발생했다면, 룩백 윈도 7일에서 벗어나기 때문에 매체 A의 성과가 아니라 자연 유입organic의 신규 실행new install으로 판단한다.

6. 앱 어트리뷰션 툴attribution tool의 활용

어트리뷰션 툴은 고객의 유입부터 앱 활동까지 측정하고 분석하는 툴이다. 웹 광고의 경우에 쿠키 기반의 측정 도구인 구글 애널리틱스GA로 측정이 가능하나, 웹에서 앱으로 넘어오는 순간 쿠키를 통한 사용자에 대한 정보가 단절되기 때문에 해당 사용자에 대한 유입 경로를 분석하기 어렵다.

또한, 모바일 앱 광고의 경우에는 애플 iOS에 대한 트래킹의 한계, 세션 기준의 트래킹, 전수 데이터가 아닌 샘플링 데이터를 통한 분석, 실시간 데이터 미제공의 이유 등으로 추적이 불가능하다. 따라서 별도의 모바일 앱 어트리뷰션 툴이 필요하다. 현재 국내에서는 앱스플라이어, 애드브릭스, 파이어베이스, 튠, 애드저스트 등 많은 어트리뷰션 툴들이 있다.

일반적으로 앱 광고 사용의 기본 과정은 ① 앱 설치 광고에 노출, ② 광고의 특정 링크를 클릭,③ 앱을 설치하거나 오픈, ④ 앱 구동, ⑤ 앱에서의 활동의 순으로 이루어지는데 본격적인 앱 데이터 측정은 앱 구동부터이다.

따라서 앱의 광고 성과 분석은 앱 설치 및 앱 구동에 이르기까지의 유입 전과 앱 설치 및 실행을 통한 유입 후의 앱 내 활동engagement 관점으로 구분하는 것이 바람직하다. 물론, 특정 링크를 클릭한 경우에 클릭 데이터는 기록되지만 앱을 구동해야 앱 안에 설치되어 있는 SDK가 데이터를 수집할 수 있다앱스토어의 활동은 측정이 어려움.

앱 활동 고객은 신규 이용자new install와 재실행 이용자re-install, re-open로 구분된다.

7. 참고 자료 Appendix : 구글 GA의 어트리뷰션 보고서

다음의 〈그림 7-12〉는 구글 애널리틱스에서 확인 가능한 어트리뷰션 모델 분석 샘플 보고서이다. 〈그림 7-12〉는 Last Non-Direct Click, 즉 직접 유입을 제외한 광고 채널들 중 사용자들이 마지막으로 클릭한 채널들의 전환 수 및 전환율을 보여준다. 사용자들이 거쳐 간 여러 채널들 중 이메일로 유입된 사용자들의 전환량과 전환율이 가장 높음을 알 수 있다. 여기에서 Direct는 URL 등을 통한 직접 유입을 말한다. Organic Search는 자연 검색, Social Network는 페이스 북과 같은 SNS를 통한 유입, Refferal추천은 사이트 내의 블로그, 웹 매거진 등의 다른 사이트를 타고 넘어온 트래픽을 말한다. 그리고 Paid Search는 유료 검색 광고를 통한 유입을 말한다.

Last Non-Direct Click vs Loves Data's Model (Lookback window: 70 days) vs Select model

Primary Dimension: MCF Channel Grouping | Default Channel Grouping | Source / Medium | Source | Medium | Other | Channel Groupings

Secondary dimension | advanced

Conversions & CPA | % change in Conversions

MCF Channel Grouping	Spend (for selected time range)	Last Non-Direct Click		Loves Data's Model		% change in Conversions (from Last Non-Direct Click)
		Conversions	CPA	Conversions	CPA	Loves Data's Model
1. Email	A$0.00 (0.00%)	913.00 (75.58%)	A$0.00 (0.00%)	865.41 (71.64%)	A$0.00 (0.00%)	-5.21%
2. (Other)	A$0.00 (0.00%)	82.00 (6.79%)	A$0.00 (0.00%)	43.03 (3.56%)	A$0.00 (0.00%)	-47.52%
3. Direct	A$0.00 (0.00%)	72.00 (5.96%)	A$0.00 (0.00%)	161.38 (13.36%)	A$0.00 (0.00%)	124.15%
4. Organic Search	A$0.00 (0.00%)	51.00 (4.22%)	A$0.00 (0.00%)	51.85 (4.29%)	A$0.00 (0.00%)	1.67%
5. Social Network	A$0.00 (0.00%)	51.00 (4.22%)	A$0.00 (0.00%)	59.29 (4.91%)	A$0.00 (0.00%)	16.25%
6. Referral	A$0.00 (0.00%)	30.00 (2.48%)	A$0.00 (0.00%)	19.59 (1.62%)	A$0.00 (0.00%)	-34.69%
7. Paid Search	A$49,869.67 (100.00%)	9.00 (0.75%)	A$5,541.07 (13,422.22%)	7.43 (0.62%)	A$6,707.76 (16,248.27%)	-17.39%

그림 7-12 구글 GA 어트리뷰션 보고서

〈그림 7-13〉은 구글 애널리틱스에서 확인 가능한 MCFMulti Channel Funnel 리포트의 예시이다. 사용자가 거치는 다양한 접점디지털 터치 포인트에서의 전환 성과의 분석을 보여준다.

	MCF Channel Grouping Path	Conversions
1.	Organic Search	1,333 (30.39%)
2.	Paid Search > Organic Search > Direct	228 (5.20%)
3.	Organic Search × 2	178 (4.06%)
4.	Paid Search × 2	134 (3.06%)
5.	Organic Search > Direct × 2	134 (3.06%)
6.	Paid Search > Organic Search	105 (2.39%)
7.	Direct × 3	69 (1.57%)
8.	Paid Search > Direct	67 (1.53%)
9.	Referral	43 (0.98%)
10.	Organic Search > Direct × 2	39 (0.89%)

그림 7-13 구글 GA MCF 리포트

제2부

디지털 미디어의 이해와 동향

광고의 종말

End of the Advertising

앞으로의 광고 산업은 과거 50년보다 더 많은 변화를 거치게 될 것이다. '날로 그 영향력이 증대되고 있는 소비자들'과 '자체적인 광고 제작 능력이 강화되고 있는 광고주들' 및 '끊임없이 발전하는 기술' 등으로 말미암아 광고의 판매, 제작, 소비 및 트래킹 방법이 재정의되고 있다. 기존 광고 사업자·방송국·전송 사업자 및 광고 대행사는 소비자와 비즈니스 모델BM, 그리고 비즈니스 인프라를 성공적으로 혁신하지 않을 경우에는 시장에서 퇴출당할 수도 있다.[01]

또한, 관심·창의성·측정 및 인벤토리에 대한 제어권을 차지하기 위한 노력은 광고 가치 사슬의 형태를 바꾸고 힘의 균형을 이동시킬 것이므로 미래의 광고는 과거와 크게 다른 모습을 가지게 될 것이라는 점은 분명하다. 따라서 기존 및 신규 광고주들에게는 현재의 광고 형태가 사라지기 전에 소비자의 미래상에 대비한 계획을 세우고, 민첩한 전략을 수립하여 새로운 능력을 개발하는 것이 중요한 시점이다.

이러한 점에서 기존 광고주나 광고대행사 혹은 소비자 모두 아래와 같은 의문들을 유심히 짚어 볼 필요가 있다고 '광고 산업의 종말'에서 제안하고 있다.

위의 내용을 고려할 때 광고 산업 종사자들은 다음과 같은 내용을 염두에 두어야 할 것이다.

① 광고주들은 기존의 광고 대행사들을 여전히 필요로 할 것인가?

② 그렇다면, 그들에게 어떤 역할을 기대할 것인가?

③ 기존의 방송국들은 인터넷과 모바일 기기 제공업체 및 양방향 홈포털에게 수익의 상당 부분을 내어 줄 것인가?

④ 소비자의 수용성은 미디어예 : 모바일 기기 대 가정용 기기에 따라 다를 것인가?

⑤ 소비자는 콘텐츠를 얻기 위한 대가로서 광고가 갖는 가치를 인정할 것인가?

⑥ 광고 인벤토리는 어느 정도까지 공개 플랫폼을 통해 판매될 것인가?

⑦ 광고 업계의 관련 기업들은 목표 고객에 대한 이해와 도달 능력을 높이기 위해 필요한 고객 분석 정보를 갖고 있는가?

⑧ 기업은 크로스 플랫폼 콘텐츠를 제작하고 마케팅을 하며, 배포하기 위해 적합한 조직을 갖추고 있는가? 02

스콧 갤러웨이 뉴욕대 교수는 '광고는 점차 가난한 사람이 지불하는 세금이 되고 있다.'라고 하면서, '유튜브 레드를 보면 이 말이 이해될 것'이라고 했다. 한 달에 7900원을 내면 유튜브에서 콘텐츠를 볼 때 광고를 보지 않아도 된다.

이 말은 곧 비용을 지불하지 않는다면 광고를 시청해야만 한다는 말이 된다. '안'할 수도 있지만, '못'할 수도 있다.

과거와는 달리, 유튜브 내에서 광고는 비용을 지불하지 않으면 노출되는 환경이지만 광고의 핵심은 소비력이다. 즉, 유튜브에서 광고를 시청하고 있는 사람보다는, 유튜브 레드로 광고를 피해 가는 사람이 실제 소비를 일으키는 타깃 층이라는 것을 인지해야 한다는 점을 유념해야 한다.

당연히 광고주와 광고 제작자들은 대혼란에 빠져 있고, 어디서 접점을 찾아야 할 것인지 매우 혼란스러운 상황이다. 아마도 콘텐츠 마케팅이 등장하면서 방송 광고가 먹히지 않는 사회의 틈새를 콘텐츠로 채우려는 움직임을 이미 우리가 느끼고 있다는 것에서 짐작할 수 있다.

콘텐츠 마케팅은 영국이나 미국 등을 중심으로 소비자와 접점의 퀄리티를 높이기 위한 시도들이 끊임없이 진행 중인 가운데 프로그래매틱 광고나 퍼포먼스 광고가 새로운 Tool로써 진화 중이지만 한국의 콘텐츠 마케팅 시장은 아직 혼재 중이며, 정형화된 규칙이 없다. 광고를 통해 전하고자 하는 메시지, 타깃과 퍼포먼스가 분리된 상태로 광고 단가, 비용 문제가 혼재되어 더 큰 고민을 안겨주고 있는 상황이다.

그렇다면 콘텐츠 마케팅이란 무엇인가? 마케팅을 도모하기 위한 특정한 수단인가?

우리말로 풀어 보면, 콘텐츠 마케팅은 명확히 규정된 오디언스를 모으고 유지하기 위해 가치 있고 관련 있는 꾸준한 콘텐츠를 제작하고 배포하는 전략적 마케팅 행위라고 할 수 있다. 즉, 제품이나 서비스를 부각하여 광고하지 않고, 잠재 고객과 고객이 자신의 문제를 해결할 수 있도록 깊은 관련이 있는 유용한 콘텐츠를 제공하는 것이다.

좀 더 쉽게 설명한다면, **매체를 빌려서 광고하는 방식이 아니라 브랜드가 스스로 매체를 소유하여 마케팅을 하는 것**이다.

전통적인 마케팅은 브랜드가 전략을 수립하고 콘셉트를 선택하고 메시지를 만들고 매체를 임시로 구매하여 자사의 메시지를 알린다. 하지만 콘텐츠 마케팅은 자사의 메시지를 자사 매체에서 알리는 행위를 의미한다.03

결국에 콘텐츠 마케팅은 예상 고객이나 일반 고객에게 판매하지 않고 **소통을 통하여 결국 '더 많이, 더 즐겁게' 파는 기술**이라고 할 수 있다. 정보 범람의 시대와 광고 회피의 시대, 제품이나 서비스 정보를 쏟아내는 대신에 구매자가 더 똑똑한 소비를 하게 하거나 즐거움을 주게 된다면 결국 소비자는 구매와 충성도로 보답한다는 믿음이 콘텐츠 마케팅의 근간이다.

그렇다면, 과연 콘텐츠 마케팅만이 광고를 피해 가는 고객들을 다시 불러 모으는 적절한 대안이 될까?

지금은 자신이 좋아하는 프로그램을 원하는 시간에 볼 수 있는 세상이다.

인터넷으로 모든 정보를 찾아볼 수 있는 상황에서 TV 광고는 보고 싶은 프로그램의 맥을 끊고 끼어드는 귀찮은 존재일 뿐이다. 이러한 상황에서 상품정보를 알리는 게 목적이라면 문제는 더욱 크다. 실제 TV 광고를 통해 정보를 얻는 소비자들은 거의 없다. 소비자들이 광고 자체를 무조건 혐오하는 건 아니지만, 이른바 내가 '고객 모드'에 들어간 그때, 상품 정보를 듣고 싶기 때문이다.

마치 프로그램에 엉겨 붙은 듯한 TV 광고는 그래서 더 성가신 존재이다. 프로그램 중간에 끼어드는 광고를 '**시청을 훼방 놓는 광고**interruptive advertising'라고 비꼬아 부르는 것도 그런 이유에서이다.

소위 '본방 사수' 개념이 갈수록 희미해진 지금은 가족들이 모여서 TV를 함께 보는 게 대표적인 문화 활동도 아니다.

이미 우리는 TV 앞에 앉아서 좋아하는 프로그램을 '**다시보기**' 기능으로 보고 있으며, 주말엔 '**몰아보기**'와 함께 재미있는 부분은 돌려서 또 보기도 하고 반대로 재미없는 부분은 건너뛰기도 한다. 친구한테 메시지가 오면 TV를 잠깐 멈추고 답을 할 수도 있고, 소셜 미디어에 글을 올리며 TV는 그냥 켜 두기만 한 채로 흘려서 듣고 있을 수도 있다. 한 설문조사 결과 응답자의 84%는 광고가 나올 때 할 수만 있다면 광고를 건너뛰고 싶다고 했으며, 60%는 광고를 안 보려고 프로그램을 따로 다운로드 받아서 본다고도 한다.

우리가 알고 있는 TV 광고의 최고봉으로 여겨지는 미국 수퍼볼 광고도 한물갔다는 평가에서 자유롭지 않다. 특히 수퍼볼 광고의 80%가 기업 매출에 별로 도움이 되지 않는다는 연구 결과도 있다.[04]

또한, 스마트폰이나 태블릿 이용자가 늘어난 것도 TV 광고의 효과를 떨어뜨리는 데 대단한 영향을 끼쳤다. TV만 집중해서 보는 시청자들은 광고에서 세 가지 브랜드를 언급하면 그 가운데 평균 2.43개를 기억해 냈지만, 스마트폰이나 태블릿 유저들이 기억해 낸 브랜드는 1.62개에 불과했다는 조사 보고도 있다. 그만큼 광고에 집중을 하지 않는다는 뜻이므로 이제는 광고의 주요 기능 가운데 하나인 정보 전달 기능을 차지하던 TV 광고가 이제는 인터넷에 그 자리를 내주고 있는 현실이다.

2005년만 해도 미국인의 52%가 TV 광고를 통해 상품 정보를 얻는다고 답했지만, 이 비율은 2014년 41% 이하로 떨어졌으며 2019년이 지난 현재 현저히 떨어졌을 것은 자명한 일이다. TV 광고를 대체할 수 있는 새로운 광고 기법이 어떤 것이 될지에 대해 명확한 답은 아직 없지만, 한 가지 각광받는 분야는 이른바 네이티브 광고native advertising이다.

이는 광고주가 아예 프로그램 자체를 후원하고 소비자에게 전하고 싶은 메시지를 프로그램에 자연스럽게 녹여 내는 방식이다. 기존 광고가 제품이나 브랜드를 전면에 내세우고 홍보하는 데 주력한다면, 네이티브 광고는 프로그램 자체의 재미나 채널을 알리는 데 초점을 맞춘다.

브랜드가 너무 드러나지 않는 건 곤란하지만, 절대 전면에 내세우지 않는 네이티브 광고는 미국의 버즈피드를 비롯한 온라인 상에서 특히 그 효과를 입증했다. 이 광고 방식은 앞서 언급했던 콘텐츠 마케팅의 느낌과 유사하다.

또 다른 방법은 시청자들이 TV 프로그램을 영화관에서 영화 보듯이 보고 있다는 점에 착안함으로써 중간 광고를 최대한 자제하고 프로그램 앞이나 뒤에 시청자를 짜증나지 않게 하는 선에서 관심을 유도해 광고를 넣는 것인데, 이 '짜증나지 않게'라는 부분이 광고 자체 이외의 분야에도 영향을 미치고 있기 때문에 광고주와 대행사 등 업계 관계자들에게는 부담이 될 수밖에 없다.

실제 유럽의 음악 스트리밍 서비스 스포티파이Spotify는 광고 모델과 유료 모델 등 두 가지 과금 모델을 소비자에게 제시 한 결과, 다수 소비자가 광고 대신에 요금을 지불하는 프리미엄 서비스를 선택하고 있다.

추가로, 2015년 넷플릭스는 일부 미국 이용자를 대상으로 광고를 테스트했다. 이용자를 장악한 만큼 광고는 넷플릭스에 적지 않은 수입원으로 작용할 수 있다는 예측이 등장했던 시기이다. 스트리밍 관련 뉴스 매체인 익스트리미스트Exstreamist는 넷플릭스 이용자에게 설문조사를 진행하면서 당시의 넷플릭스 요금을 유지하면서 광고에 노출되기를 원하는지 아니면 넷플릭스 이용 요금을 인상할지 등을 물었다.

그 결과는 아래 그림에서 확인할 수 있지만, 다수는 **광고를 보느니 차라리 요금 인상을 선택**하겠다는 결과를 보였다.

유튜브도 앞서 스콧 갤러웨이 교수가 말한 것처럼, 2015년 10월부터 미국에서 유튜브 레드YouTube Red라는 광고 없는 유료 서비스를 제공하기 시작했고, 2016년 오스트레일리아·뉴질랜드·멕시코 그리고 한국으로 그 서비스 지역을 확대해 왔다. 특히 여론조사기관 모닝컨설트 Morningconsult가 2016년 미국 성인 2,201명을 대상으로 조사한 결과를 보면, 미국 유튜브 이용자 중에서 광고 없는 유료 유튜브 서비스에 대한 선호도는 31%에 이르고 있다고 한다. 2019년이 지난 지금은 유료 유튜브 서비스가 증가된 것이 당연한 일일 것이다.

물론, 대부분의 소비자는 아니지만, 광고 대신 돈을 더 내겠다는 **'여유 있는'**이용자뿐만 아니라, 애드블록Adblock 설치를 통해서 데스크톱 브라우저와 모바일에서 광고를 피할 수 있는 이용자 규모는 꾸준하게 증가하고 있다는 사실에 주목해야 할 것이다.05

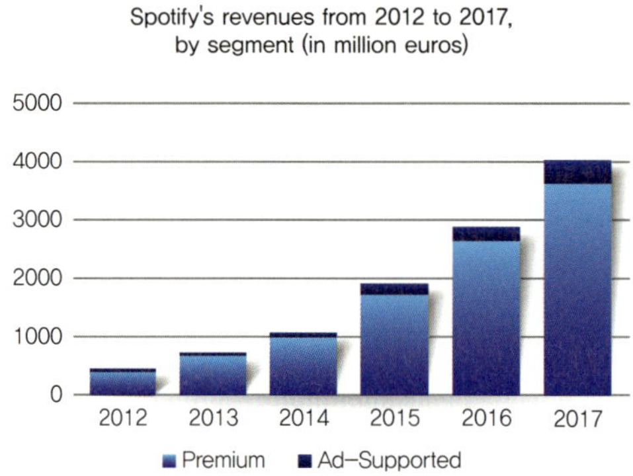

〈출처: Statista〉

그림 1　스포티파이 이용자 다수가 광고 대신 요금을 내는 프리미엄 서비스를 선택

실제 중국의 모바일 이용자의 13%, 인도네시아는 58%가 애드블록을 사용하고 있고, 월스트리트 저널 등은 애드블록으로 인한 광고비 하락에 광고가 없는 '애드프리'Ad-free 버전을, 또한 더 애틀란틱은 월 4.99달러, 잡지 매체인 와이어드는 주당 1달러를 받고 애드프리 버전을 사용 중이다.

그리고 야구 관련 데이터를 제공하는 팬 그래프는 1년에 50달러를 내면 광고가 없는 버전을 이용토록 했는데, 팬 그래프는 월평균 약 100만 명이 웹 사이트를 방문하지만, 그중 20% 정도가 애드블록을 이용하기 때문에 이러한 대안을 냈다.06

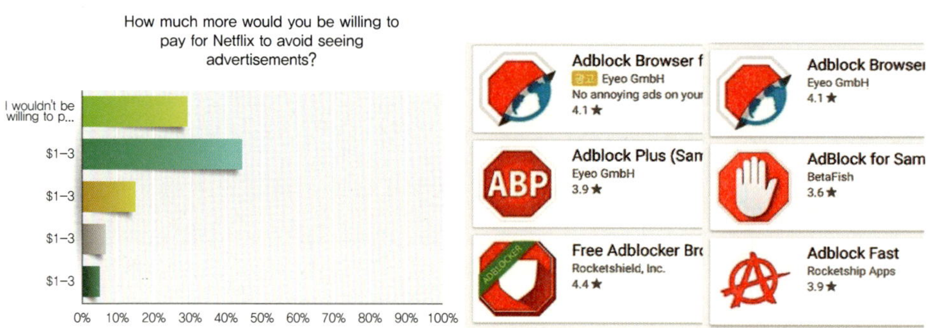

〈출처 : Exstreamist.com〉

그림 2　넷플릭스 이용자 다수가 광고 대신 요금인상 선택-애드블록/애드프리 사례

이에 반해, 한국의 경우에 지상파TV 방송사들이 광고매출 감소의 대응전략으로 중간 광고를 늘려서 질 좋은 콘텐츠를 제공하겠다는 모습이 과연 옳은 것인지, 지금처럼 본격적으로 광고를 회피하는 시대에 맞는 것인지 등을 생각해 볼 필요가 있다.

아울러 최근의 블록체인은 애드테크 플랫폼과 맞물려 비트코인이 아닌 광고코인을 만들어 내고 있다. 이 광고코인은 매체사나 매체대행사를 경유하지 않는 오토메이션 시스템으로서, 사람이 필요 없다. AI기반의 알고리즘에서 광고를 원하는 광고주는 광고를 쇼핑하게 된다.

어떤 미디어가 좋은 효과를 나타내는지, 숫자가 모든 결과를 대변한다. 추측이나 사람의 정리가 아닌 과학적이고 기계적인 매체 바잉 시스템인 프로그래매틱 광고구매 시스템을 기반으로 실시간으로 이루어진다. 이때 광고주는 전 세계의 모든 미디어를 구매할 수 있다.

이런 상황에서 광고코인은 더욱 진가를 발휘하게 된다. 환율이 다르기 때문에 생기는 편차를 완벽하게 제거하게 됨과 동시에 전 세계 광고가 하나의 코인으로 가능해진다. 그간 업계에서는 광고비로 지급되던 약속 어음이라는 제도로 인해 중소기업들이 얼마나 어려움을 심하게 겪었는지 우리는 잘 알고 있기에 광고코인이 전면에 나선다면 이런 문제는 더 이상 발생되지 않을 것으로 보인다.

다만, 광고주의 적극적인 참여가 관건일 것이다. 제작된 광고가 적절한 효과도 없고, 별다른 시장의 움직임도 없는 상황이라면 이 역시 빠른 광고비의 지급만을 필요로 하기보다는 광고주에 대한 서비스 차원에서 고민해 볼 필요가 있다고 '광고의 종말'에서 언급되고 있다.

앞에서 언급된 광고의 종말로 예상되는 여러 상황이나 환경들은 사실 빙산의 일각이다. 실제 데스크톱 인터넷 광고의 분야는 이미 심각한 상황이다. 아직도 표준화에 대한 문제와 광고단가, 광고게재의 실효성, 광고지면의 위치 등에 대한 불합리성, 특정 포털로의 쏠림과 광고효과의 여부는 광고주가 신뢰치 못하게 하고 있다. 소비자 역시 인터넷 화면에서 게재되고 있는 광고의 클릭률 증가에 동참하지도 않지만 이미 무관심하다.

이러한 상황 하에서 광고업계뿐만 아니라 학계와 미디어 등의 매체사와 아울러 유관단체들마저도 심각한 고민을 하지 않을 수 없다.

이미 2017년 국내 광고 시장은 모바일 광고 시장의 성장에 힘입어 2016년 대비 1.8% 성장한 11조 1,295억 원을 기록했다. 이는, 2018년 전년대비 14% 성장한 유튜브와 같은 모바일 방송 다시 보기 등 동영상 콘텐츠 시청이 폭발적으로 증가하고, 2019년 국내외 주요 미디어들이 동영상 서비스를 강화하면서 모바일 동영상 광고 시장이 큰 폭으로 성장한 결과로 분석되는[07] 사실에서 디지털 광고 시장의 성장은 더더욱 광고의 종말에 가까운 모습으로 판단되는 부분이다.

즉, 광고라는 전통적인 방법에 ICT 기술의 접목으로 모바일 혹은 스마트 기기 그리고 애드테크 플랫폼과 고객의 소비행태가 담긴 빅 데이터 등이 자동으로 정리되고 이에 광고제작 자체도 AI에 의해, 집행 역시 애드 네트워크 시스템 내에서 인벤토리 선정과 도달률, 타깃 선정 등 모든 것들이 광고 플랫폼 내에서 이루어지게 될 것이다.

어찌 보면 광고주들을 굳이 만날 이유도 없는 상황이 올 수도 있고, 광고주 역시 집행 예산만 확보되면 애드 네트워크 시스템에서 스스로 인벤토리 구매와 집행이 가능한 시대에 와 있다. 더 이상 광고주의 갑질?이나 대행사의 효과 없는 광고 크리에이티브에의 선택을 강요? 당하는 일 또한 없을 것이다.

이제 스포티파이나 유튜브 레드와 같은 광고 없는 미디어들이 존재하고 소비자들 또한 광고를 회피하는 한 실질적인 광고의 종말 확산은 시간문제일 것이다.

이에 광고의 흔적은 서서히 콘텐츠와 퍼포먼스와 같은 마케팅의 Tool과 또 다른 광고기술애드테크의 개발에 의한 유형 속으로 숨어들게 되는 존재로서만 유지되거나 아마도 광고 산업이라기보다는 특정한 산업군 내에 하나의 콘텐츠로서 존재할지도 모를 일이다.

제1장

미디어테크의 진화

Check Point

이 장에서는 IT기술의 발달과 함께 목적을 달성하기 위해 기술이 중심인 미디어테크놀로지의 변화에 관한 내용을 서술하였다.

1. 미디어테크란

'2017~ 2019년도는 동영상의 시대였다.' 독자 여러분은 이 말에 공감을 하는가?

2017년 미디어 산업에 'MCN' 또는 '미디어 커머스'라는 새로운 산업의 장르가 나타났다. 동영상 미디어의 플랫폼 구분이 모호할 정도로 다양한 형태의 미디어 환경이 조성되었고, 또 그 환경을 바탕으로 새로운 분야로까지 융합·확산되어 왔다. 이 추세가 2018년도에는 어느 정도 자리를 잡았고, 2019년에 이르러 동영상 플랫폼 마켓이 확대된 것은 분명한 듯싶다. 이들은 이미 기존 지상파나 종합편성 채널 등의 힘을 감소시키는 엄청난 파워를 드러내고 있기 때문이다.

특히, 온라인 글로벌 미디어라고 칭할 수 있을 정도로 온라인을 활용한 영화나 영상 등의 선두는 넷플릭스이다. 2017년 초에 전 세계 유료 가입자수 1억 명을 가볍게 넘겼으며, 2018년도에는 오리지널 콘텐츠 제작에 70억 달러, 한화 약 7조 6천억 원 수준의 투자를 했고, 2019년에는 우리가 잘 알고 있는 국내 드라마에도 투자하며 영역확장 그 이상으로 발전하고 있다.

이는 전 세계 미디어 업체들의 오리지널 콘텐츠 제작 의욕을 자극하고 있다.

이러한 투자 배경에는 콘텐츠 미디어라는 단어의 시작점이라고 할 정도로 그 파워가 대단했기 때문이다.

여기에 거대 IT 기업인 애플과 페이스 북마저 미디어 회사를 자처하며 오리지널 콘텐츠 제작 계획을 발표하고 있으며, 투자하고 있다.

애플은 스티븐 스필버그 감독과 리메이크 제작 계약을 체결하면서, 2018년에 오리지널 콘텐츠 제작에만 우리 돈 1조 원 이상을 투자했고, 페이스 북 역시 동영상 전용 탭 '페이스 북 워치'를 공개하면서 애플과 비슷한 규모의 투자를 했다고 한다. 이러한 글로벌 미디어 콘텐츠 환경이 급박하게 전개되는 가운데, 전통적인 미디어 기업을 표방하던 월트 디즈니플러스가 2019년부터 자체 스트리밍 서비스를 내놓으면서, 방송국·영화 제작·뉴스 채널 등을 소유하고 있는 종합미디어그룹 21세기 폭스를 인수했다는 보도도 나왔다.[08] 또한 넷플릭스와 같은 OTT업체인 훌루를 인수하기도 했다.

그러나 사실 이러한 미디어 환경의 지각변동보다 더 쇼킹한 뉴스는 몇 년 전으로 거슬러 올라간다. 그것은 바로 2013년 8월 5일. 아마존 창업자 제프 베조스가 워싱턴포스트를 인수했다는 뉴스였다. 그것도 아마존이 인수 주체가 아니라 베조스 개인 자산 2억5천만 달러로 인수했다는 사실이다.

워터게이트 특종으로 잘 알려진 워싱턴포스트는 그렇게 '아마존 패밀리'가 되었고, 2016~2017년을 거치면서 눈부신 약진을 보여 주며 지금도 진화 중이다. 이러한 사실에 대해 한국의 전통적인 종이신문을 필두로 한 미디어 매체들은 물론이고 방송과 영상을 매개로 하는 지상파 방송사 및 종합편성 채널들은 깊은 자기성찰을 했을 것이다. 혹자는 베조스 개인 자산이기에 수익보다는 장기 전략을 수립할 수 있었다고는 하지만, 억만장자가 투자한다고 다 성공하는 건 아니다.

워싱턴포스트가 성공할 수 있었던 것은 독자가 아닌 고객이란 관점으로 접근한 점과 과감한 IT기술 투자를 기반으로 한 확장 전략 등이 성공 요인으로 작용하였기 때문이다.

이에 비해, 한국 내 미디어들은 독자 위에 군림하려는 자세와 투자보다는 수익을 우선하는 모습을 보이며 진정한 저널과 미디어의 역할보다는 국민의 알 권리라는 점을 마치 자신들의 권리?인 것처럼, 강조하면서 미디어로서 긍정적인 모습보다 부정적인 행태를 보이는 부분이 많아 아쉽다.

미국 노스이스턴 대학 댄 케네디 교수가 발표한 '**베조스 효과**The Bezos Effect'란 논문에는, 베조스가 워싱턴포스트를 인수하고 또 기술 투자를 통해 변신을 꾀했는지에 대해서 허핑턴 포스트처럼 짜깁기한 저널리즘의 득세에 불편한 개인 감정을 보였다. 그는 저널리스트들이 몇 달에 걸쳐서 취재하고 보도한 내용을 '불과 17분 만에' 보도하는 현실에 안타까움을 나타냈다고 한다.

그러나 이러한 개인감정을 배제하고 베조스가 성공한 요인은 '**묶음상품**bundle'에 대한 베조스의 강한 믿음이라고 논문에서 밝히고 있다. 태블릿을 통해 워싱턴포스트란 묶음 상품에 대해 '사람들은 개별 기사에 돈을 지불하진 않는다. 묶음을 구매할 것이라고 말한 베조스의 사업적 직감으로 워싱턴포스트 개별 상품에 머무르지 않고, 아마존 프라임을 비롯한 전체 상품과의 묶음 전략은 제대로 통했으며, '젊은 층은 시큰둥할 것'이란 비판을 잠재우는 결과 등에서 타 분야의 전문적 식견과 경험도 필요하다는 걸 논문에서 밝히고 있다.

결과적으로, 콤스코어 자료에서 2016년 3월 워싱턴포스트의 모바일 방문자는 5천600만 명으로 전년에 비해 61% 증가했다. 더욱 눈에 띄는 것은 밀레니얼 세대[1] 비중이 45% 이상이라는 것에서 가능성을 봤으며, 더 고무적이라고 할 수 있는 것은 뉴욕타임스뿐만 아니라 '트래픽 괴물'로 유명한 버즈피드까지 넘어섰다는 것이다.

1 밀레니얼 세대 : 1980년~2000년 사이 출생자

이는 전통적 미디어의 변화엔 IT기술이 필요하다는 걸 느끼게 한 사례로 남는다.

그렇다면, 이러한 변화가 어떻게 가능했을까?

워싱턴포스트는 뉴욕타임스 외에도 허핑턴포스트·버즈피드·폴리티코 혹은 복스도 경쟁자가 될 수 있다고 판단하여 경쟁의 장을 달리 했고, 디지털 환경에서 웹을 분명한 매체로 봐야 한다는 것에서 변화의 방향을 잡은 후, 젊은 기자들을 활용해 다양한 웹용 콘텐츠를 만들었다.

한편, 종이신문은 여전히 예전의 근엄한 논조를 유지했으나 웹과 모바일 앱에선 **'입소문 전략**viral approach'을 폭넓게 적용했던 것이다. 물론, 웹이나 모바일 같은 디지털 독자를 늘리면 수익은 어찌될까라는 의문이 들겠지만, 우리도 알다시피 광고 수익 모델은 이제 답이 없다는 것은 이미 증명된 바이다. 그렇다면 트래픽을 늘린다고 해서 지속 가능한 수익을 낼 수 있는 것도 아닌데, 워싱턴포스트는 왜 디지털 확장 전략에 공을 들였을까?

워싱턴포스트는 이를 해결하기 위해 디지털 확장 전략에 3단계로 된 **'고객 참여 깔때기**customer-engagement funnel' 모델을 적용했다고 전해진다.

그림 1-1 워싱턴포스트 이미지

3단계 '고객 참여 깔때기customer-engagement funnel' 모델의 맨 위에 있는 것은 ① **우연한 방문자**casual visitors들이다.

이들은 페이스 북이나 트위터 혹은 친구들의 이메일에 있는 링크를 타고 방문한 사람들로 이들 대부분은 대개 기사를 본 뒤에 빠져 나간다. 따라서 기사 밑에 있는 관련 기사 등을 통해 이들을 계속 머무르게 하는 것이 중요하다. 그 아래엔 ② **정기 방문자**가 있다. 그리고 맨 밑에 있는 사람들이 ③ **충성 독자**들이다.

이들이 바로 베조스가 말하는 소위 '워싱턴포스트의 미래'라고 간주되는 사람들이다. 따라서 전체 디지털 트래픽을 늘림으로써 깔때기 맨 윗부분을 넓게 만드는 것이 워싱턴포스트 디지털 확장 전략의 최종 목표였다.

물론, 이들 중 일부를 유료고객으로 전환한다는 목표도 함께 추진했다. 당연한 얘기지만 일단 잠재 독자들로 하여금 버튼을 눌러 볼 마음이 들도록 만들어야 하고, 뜨내기 고객들에게 워싱턴포스트의 진지한 저널리즘 맛을 보여 줘야 한다는 논리다. 바로 여기서 IT기술 기업으로 변신하고 있는 워싱턴포스트의 진가를 알 수 있다. 우선 **A/B 테스트 형태로 돼 있는 밴디토**Bandito가 그것이다.

논문에 따르면 워싱턴포스트는 **한 가지 기사를 총 다섯 가지 버전**으로 만든다.

물론, 제목과 사진 이미지 같은 것들을 다르게 한 다음에 다섯 개 중 어떤 기사가 독자들에게 가장 좋은 반응을 얻는지를 끊임없이 테스트한다. 이런 과정을 통해 클릭, 체류시간, 공유 건수가 가장 많은 기사가 대중을 위한 '마지막 판본' 역할을 하게 된다. 바로 이 과정을 책임져 주는 시스템이 밴디토다.

그리고 두 번째는 록소도Loxodo이다. 워싱턴포스트 본사 건물에 대형 스크린을 설치한 후 빠른 대응방안을 찾기 위한 선행지표lead measures가 중요하다는 차원에서 뉴욕타임스를 비롯해 비즈니스 인사이더나 허핑턴포스트 같은 **다른 언론사 기사를 수집하여, 뉴스회사 브랜드를 떼어 낸 뒤에 500명으로 구성된 포커스 그룹**들에게 보여 준다.

그 후, 이 기사들의 반응을 워싱턴포스트 기사와 비교하면서 대응 방안을 찾는 것, 문자 속보 같은 것들에 얼마나 빨리 대응하는지 측정하는 수단으로 록소도를 활용했던 것이다.

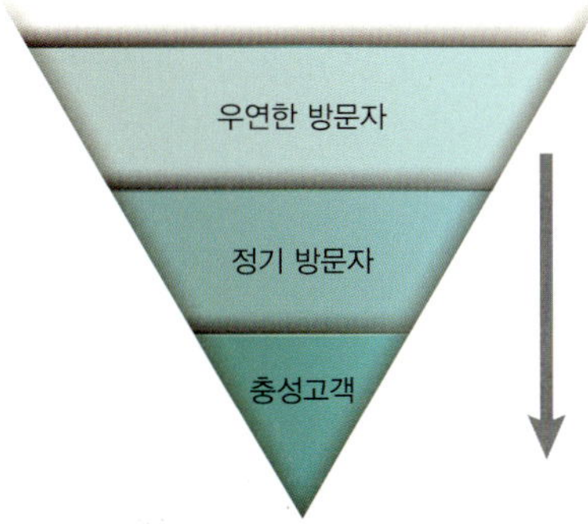

그림 1-2 워싱턴포스트의 깔때기 모델

워싱턴포스트의 또 다른 자랑은 **콘텐츠 관리시스템**CMS **아크**Arc다.

상당수 언론사들의 고민거리 중 하나는 소셜 미디어 활용이다. 특히 페이스북은 인링크 방식의 인스턴트 아티클 서비스를 선보였는데 이것은 독자들 입장에선 굉장히 유용한 서비스다. 모바일 뉴스를 굉장히 빠르고 깔끔하게 볼 수 있기 때문이다.

그러나 언론사에게는 페이스 북 플랫폼 내에 머물러 있기 때문에 플랫폼에 대한 종속의 우려는 결코 무시할 수 없는 요인이고, 광고 차단adblocker이 갈수록 확대되고 있는 점도 있어서 워싱턴포스트와 베조스는 '**바벨**barbell' 전략을 동원한다.

자체 웹과 앱이 워싱턴포스트에 있다면 페이스 북 같은 소셜 미디어가 반대편에 있기 때문에 운동기구인 바벨을 연상한 전략으로 바벨 저쪽에 올라온 고객들을 이쪽으로 옮겨오도록 하는 전략이다. 이를 위해 워싱턴포스트는 인스턴트 아티클에서 기사를 본 고객들에게 이메일 주소를 제공해 달라고 적극 권고하고 있다.

제공 받은 이메일을 통해 다양한 뉴스레터 상품을 제공하기 위해서였다.

앞서 케네디 교수가 남긴 논문을 통해 워싱턴포스트의 효과를 알 수 있었지만, 필자 스스로 케네디 교수의 기억에 남는 말은 '임무를 수행하는 데 있어 기술이 중심이다.' 였는데, 바로 바벨 전략, 아크, 록소도, 밴디토, 깔때기 등을 수행키 위한 IT기술을 활용하여 훌륭한 결과를 만들어 냈다는 점에서 절대적으로 필요한 기술이었다는 생각이 든다.[09]

즉, IT기술 + 미디어 + 비즈니스 = 미디어테크놀로지미디어 테크로의 융합 모델에 대한 '본격적인 연구가 필요하다.'라는 걸 느낄 수 있는 부분이다.

그림 1–3 워싱턴포스트 아크 이미지

물론, 위에서 언급한 월트 디즈니, 애플과 소위 F.A.N.G페이스 북, 아마존, 넷플릭스, 구글으로 불리던 기업들은 이미 상당한 IT기술이 적용되고 있지만 이러한 기업 외에도 미디어 시장에 대한 투자와 IT의 접목으로 새로운 먹거리를 찾는 인터넷·빅 데이터·IOT 등과 연관된 기업들은 많다.

IT기술과 함께한 워싱턴포스트는 2016년 하반기를 기점으로 트래픽 면에서 이미 뉴욕타임스를 앞질렀고, 기술 투자 덕분에 '버즈피드 같은 21세기형 미디어' 부럽지 않은 기반을 구축한 것에서 더더욱 미디어 기업 및 유관 기업들이 자극을 받고 있다.

물론, 국내 미디어들도 IT를 이용한 접근을 충실히 하고 있다.

진정한 IT기술을, 미디어라는 정보의 플랫폼을 통해 어떻게 뉴스&기사 콘텐츠를 전달할지, 또 그것을 이용하도록 유도할지 등에서 성공의 진화를 하고 있는 점은 우리의 2019년, 2020년 이후의 미디어에게 시사하는 바가 크다.

워싱턴포스트가 미디어테크놀로지미디어 테크 모델의 기본적인 유형이라면, 중국의 진르터우탸오今日頭條·오늘의 Top기사는 모바일 뉴스앱이었지만 사업을 시작한 지 불과 몇 년 만에, 중국 시장 1위를 차지했다. 가입자 수로는 대형 언론사는 물론이고 바이두나 텐센트 등 대형 인터넷 기업들을 모두 이겼는데 2016년 6억 명을 넘어선 이후 2018년, 2019년에도 여전히 앞서가고 있다.

터우탸오는 2012년 3월 설립된 北京字節跳動科技 유한공사가 출시한 모바일 뉴스 플랫폼인데, 이 회사를 성공으로 이끈 장이밍張一鳴 최고 경영자CEO는 자사를 '미디어 회사가 아니다' 또는 '미디어의 속성을 가진 기술회사'로 소개할 정도로 IT기술을 적절하게 활용하고 있다.

그리고 특이하게도 기자, 편집자, 주장사설 등이 없는, 이른바 '3무無 뉴스 플랫폼'을 활용하고 있다. 즉, 철저히 개인의 취향만을 고려해 콘텐츠를 분배하는 큐레이션상품 선별·추천 서비스를 한다는 점이다. 이 과정에서 회사의 개입을 절대 불허하는 것은 당연하다.

그래서, 터우탸오를 ① **철저한 개인 맞춤형 서비스**, ② **이를 뒷받침한 인공지능AI 기술**, ③ **협업에 기반한 쇼트클립**short clip·짧은 영상 **강화**, ④ **인재를 비용이 아닌 효율로 보는 인사관리** 등으로 정리해 볼 수 있다.

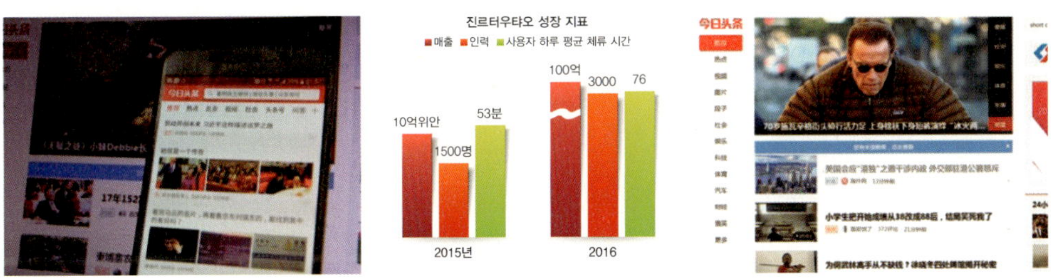

그림 1-4 진르터우탸오 이미지 & 성장 그래프

특히, 터우탸오의 성공 요인으로 공지능AI 기술과 짧은 영상인 쇼트클립이 젊은 세대들에게 필수적으로 소통되는 콘텐츠로임을 파악하여 모바일 앱의 속성과 타깃을 제대로 활용하고 있는 숏폼 콘텐츠를 들 수 있다.

그러나, 콘텐츠를 회사가 선택하지 않는다면 어떤 콘텐츠가 선택될까?

이 질문에 대한 해답으로 수요가 공급을 결정하듯이 독자가 원하는 뉴스를 분배한다고 말하고 있다. 사회·경제 등 콘텐츠 분야를 제외한 전통 매체의 기사와 블로거나 1인 미디어가 올린 글을 구분 없이 배치하는 이유다. 전통 매체 기사를 우위로 치는 종전의 뉴스 앱과는 차별점을 보인다. 여기서 독자는 집단이 아닌 개성화된 독자이며, 남들의 취향보다는 개별 독자만을 위한 맞춤형 뉴스서비스인 셈이다. 즉, '중요한지 아닌지는 독자가 판단할 일'이라는 터우탸오의 **독자 맞춤형 콘텐츠 서비스**는 선택권 과잉의 시대에 큐레이션이 유행인 흐름을 올라탄 덕이 컸다.

미국의 쿼츠나 버즈피드처럼 큐레이션으로 승부를 건 미디어와 유사하다.

물론, 인스타그램이나 틱톡 등 짧은 이미지 영상을 매개로 한 앱들도 미디어의 진화에 톡톡히 영향을 미치고 있다.

이처럼 독자 맞춤형 콘텐츠 서비스가 가능한 것에는 바로 편집국장을 대체한 AI로봇 기술이 있었기에 가능했다. 그것은 학습능력을 가진 로봇이 독자가 자주 찾았던 읽을거리를 분석해 관심이 있을 만한 것을 추정하는 방식인데, 독자가 앱을 많이 사용할수록 독자 취향에 더욱 정확히 접근할 수 있는 구조다.

터우탸오의 AI 전문가 마웨이잉은 작동 후 10초 내 표출 화면을 갱신하며 독자에게 적합한 콘텐츠를 보여 주며, 아울러 SNS에서 친구 추천 글을 읽는 추세가 확산되는 흐름을 간파하여, 위챗이나 웨이보 같은 SNS 계정으로 등록할 경우에 5초 내 사용자의 흥미 DNA를 분석해 정보취향을 추정해 내며, '동영상·사진·문자를 모두 디지털화한 뒤, 언어화해서 로봇이 효율적으로 콘텐츠의 의미를 이해하도록 한다.'라고 말한다.

또한, 터우탸오의 영상 콘텐츠 승부수인 쇼트클립이 성공을 하다 보니 여러 업체들이 쇼트클립에 투자하면서 ① 동영상 재생시간은 '4분'이 최적, ② 맛집, 유행, 라이프 스타일 관련 콘텐츠가 주류, ③ 동영상 제목 길수록 재생 횟수가 높아짐, ④ 공유 횟수, 답글, '좋아요' 등의 클릭 횟수가 중요하다는 것이 핵심 포인트로 되고 있다.

그러나 터우탸오의 가장 큰 문제는 불법 복제 근절이다. 1인 미디어를 적극 수용한 대가로 불거진 불법 복제 문제는 터우탸오가 해결해야 할 과제지만, 불법복제는 비단 터우탸오뿐만 아니라 모든 미디어들이 심각하게 해결해야 될 문제이면서 지적재산권과도 직·간접으로 연계된 것이라 모두의 문제이기도 하다.

앞서 워싱턴포스트와 터우탸오의 성공 핵심을 독자가 아닌 고객의 시선에서, IT기술 투자를 기반으로 한 확장 전략들로 꼽고 있다는 점에서 독자는 무엇을 느끼고, 한국의 미디어들은 어떤 생각을 할지가 궁금하다.

혹시 독자의 생각을 무시한다거나 국민의 알 권리라는 것을 빙자한 남의 기사를 실어 나르는 택배회사 정도로 생각하지는 않는지…, 솔직히 광고매출과 같은 수익을 위한 갑 매체와 을 매체와의 콘텐츠 판매의 지나친 요구로 TV 화면의 블랙아웃, 시청자와는 상관없는 중간 광고나 특정 이슈에 대안없는 마녀사냥식의 기사 몰이 등 독자들보다는 그들 미디어의 생존을 우선시한 처사는 공공연히 접해 왔던 일이다.

국민들 모두가 보도나 기사에 대한 혐오증, 즉 뉴스 콘텐츠에 대한 블랙컨슈머로 만들 생각인지도 모르겠다. 우리는 미래의 미디어가 어떻게 변하게 될 것인지에 대한 힌트를 이미 전 세계에 커다란 영향을 미치고 있는 인터넷이 보여주고 있다는 것을 잘 알고 있으며, 워싱턴포스트나 터우탸오의 경우도 그러한 기술을 적극 활용한 경우라는 것도 잘 알고 있다.

불과 몇 년 전만해도 신문 매체나 라디오, TV 등의 미디어를 전용 기기나 채널을 통해서만 뉴스를 접할 수 있었지만, 인터넷 혁명이 이들 미디어를 전 세계에 효과적으로 전달하기 시작하면서 스마트폰·태블릿 PC·전자책 등과 같은 미디어를 손쉽게 소비할 수 있는 스마트 기기의 보급이 한국의 전통적인 미디어를 위협하고 있다는 것도 우리는 잘 안다.[10]

그리고 무엇보다도 미디어 관련 기술의 변화는 소셜 미디어social media의 급부상이다. 소셜 미디어란 사람들을 커뮤니케이션으로 엮어 내는 서비스인 소셜 네트워크 서비스와 미디어가 결합된 용어로 개인이 미디어의 저작과 유통 및 소비의 중심에 있게 되면서 스마트폰의 보급과 함께 페이스 북, 트위터, 카카오톡, 인스타그램, 유튜브 등과 같이 다양한 형태의 서비스로 진화 중이다.

이와 같은 미디어의 큰 변화는 우리 사회 전반에 큰 영향을 미치게 됨과 동시에 한 사람 한 사람이 모두 미디어라는 생각으로 새로운 미래의 미디어에 대해 많은 관심을 갖게 해주고 있다. 우리 것, 전통적인 것도 좋겠지만 정신과 문화는 유지하되, 새로운 변화를 수용하는 것은 미래를 위해 꼭 필요하다.

정보의 신속한 전달은 미디어의 속성에서 빠지지 않는 핵심이기에 그렇고, 더욱이 개인의 역량을 쉽게 꽃피울 수 있는 미디어의 시대가 도래했는데도 이를 소홀히 하다가 자신의 경쟁력을 퇴보시키는 우를 범하지 않았으면 한다.

지금은 누구나 1인 미디어라는 생각으로 미래의 미디어 기술을 다양한 방식으로 접할 기회가 많다. 왜 MCN 같은 방송이 생겨났는지, 넷플릭스와 워싱턴포스트는 왜 IT기술을 투자 기반으로 했는지 등에 대해 기존 미디어들은 더 깊은 고민이 필요하다. 단순히 정보를 알리고 미디어 내부 목표인 시청률을 시청자에게 강요하지 말고 이제 스스로 마케팅의 관점에서 미디어 비즈니스 모델을 구해야만 될 듯하다.

2. 유튜브와 크리에이터

(1) 유튜브YouTube

독자 여러분은 최근 뉴스나 정보를 어느 매체를 통해 보고 듣는가?

이러한 질문에 나이 혹은 개인의 라이프 스타일에 따라 다른 대답이 나오리라고 예상된다. 얼마 전까지만 해도 '미디어'라고 하면 대부분 'TV'와 '인터넷'을 떠올렸지만 지금은 젊은 층을 중심으로 '스마트폰'과 '유튜브'가 미디어라는 인식이 매우 뚜렷해진 것으로 나타나고 있으며, 그 연령층은 점차 넓혀져서 중년과 실버 층도 참여하는 추세이다.

이는, 각종 조사 결과치를 보지 않더라도 젊은 세대들이 TV를 잘 보지 않는다거나 스마트폰을 통한 유튜브 영상이나 여타의 1인 영상들을 즐겨보고 있다는 것을 실제로 지하철을 타 본 사람은 잘 알고 있으리라고 예상된다. 대부분의 젊은 층들은 스마트폰을 통해 영상을 보거나 각 인터넷 플랫폼들의 별도 채널로 구성된 영상 혹은 유튜브 내에서 즐겨 구독하는 영상을 본다. 그리고 가까운 친구나 지인 그리고 커플끼리 메신저를 보내거나 이모티콘을 통해 끊임없이 그들만의 대화를 하고 있다.

그렇다면 당신은 유튜브를 미디어라고 생각하는가?

시장조사 전문기업 엠브레인 트렌드모니터가 스마트폰을 보유한 전국 만 19세~59세 성인 남녀 1,000명을 대상으로 '미디어 이용행태' 및 '뉴스 소비'와 관련한 설문조사를 실시한 결과, '스마트폰'을 중심으로 미디어 환경이 급변하는 특징이 두드러지고 있는 것으로 나타났다.

우선 요즘 사람들은 '미디어'라고 하면 주로 TV60.5%, 중복응답와 인터넷52%을 먼저 떠올리는 것으로 조사되었다. 미디어는 TV방송이라는 인식이 강하던 과거에 비해 인터넷 플랫폼의 영향력이 매우 커졌다는 것을 느낄 수 있는 결과치다.

그 다음으로는 방송43.7%과 유튜브31.7%, 스마트폰30.9%, 언론사27.4%를 미디어라고 인식하는 대중들도 많았다고 한다. 즉, 과거와 같이 TV가 모든 미디어의 정보를 전달해 주는 매체라는 인식이 줄어들고 있다는 것이다. 자신도 모르는 사이 급속히 변화된 미디어 환경에 적응되어 있는 것을 발견할 수 있을 것이다.

2009년 12월 아이폰이 국내에 들어온 이후에 스마트폰의 비중은 급격히 높아졌고 다양한 앱의 기능으로 소비생활에 엄청난 편리함을 가져왔다. 스마트폰은 개개인이 활용 중인 미디어로 변모하였고 상호간의 네트워킹으로 엮여 지구촌에 살고 있는 모두가 소셜 미디어에 모여 수많은 정보를 실시간으로 나누고 있다.

이와 더불어 상품을 판매하는 모바일 쇼핑과 온라인 커머스로의 발전에도 스마트폰의 영향력이 대단히 커져 있고 동시에 무선 인터넷 시장 영향력의 신장은 과거 정보 전달의 선두주자라는 TV가 점점 미디어로서의 기능이 쇠락하고 있음을 반증하고 있다.

또한, 신문 등과 같은 인쇄 미디어들도 그 역할이 축소되거나 무선 인터넷 속으로 들어오면서 유튜브 내 각 방송국 TV채널로 별도의 방송을 하거나, 신문의 경우는 무선으로 접속되는 스마트폰 미디어로 변신했다.

특히 엠브레인 조사에서 가장 눈에 띄는 부분은 '유튜브'와 '스마트폰'의 존재감으로, 달라진 미디어 환경의 모습을 단적으로 보여 주고 있다. 다른 연령대에 비해 20대가 유튜브20대 40.4%, 30대 27.2%, 40대 32.4%, 50대 26.8%와 스마트폰20대 40.4%, 30대 28.8%, 40대 24.8%, 50대 29.6%을 미디어라고 생각하는 경향이 두드러진다는 것이다.

이미 20대에게는 유튜브40.4%와 스마트폰40.4%이 TV51.2%와 인터넷49.6%만큼이나 영향력 있는 미디어로 자리매김한 것으로 보인다.[11]

또한, 일상생활에서 가장 자주 이용하는 미디어 기기 역시도 단연 스마트폰 93.9%, 중복응답이었다. 2013년 조사에 비해서도 스마트폰을 미디어 채널로 자주 이용하는 사람들13년 81.9%→19년 93.9%이 훨씬 많아졌는데, 그만큼 스마트폰이 현대인들의 생활 필수품이라는 사실을 실감케 하는 대목이다.

물론, TV13년 77.3%→19년 78.2%와 PC13년 80.4%→19년 76.9%의 사용 빈도도 여전히 높았으나, 스마트폰으로 보다 많은 정보와 콘텐츠를 소비하고 있다고 볼 수 있다. 50대의 경우에만 TV86%와 스마트폰89.6%의 이용빈도가 비슷한 수준이었다.

그런가 하면, 예전에 비해 책/서적13년 14.5%→19년 4.9%과 신문13년 10.2%→19년 3.5%을 자주 이용한다는 응답은 더욱 줄어들어, '활자매체'의 시대가 막을 내렸다는 것도 느낄 수 있는 조사 결과라고 할 수 있다.

다만, 이러한 상황에서도 라디오13년 11.1%→19년 10.8%의 영향력은 예전과 크게 달라지지 않은 수준에서 유지되고 있음을, 엠브레인측은 말한다. 가장 대표적인 미디어 콘텐츠로는 '뉴스'를 꼽을 수 있는데, 2명 중 1명50.9%이 대부분의 뉴스를 스마트폰을 통해 보거나 듣는다고 응답할 정도였고, TV와 신문이 아니라 스마트폰으로 뉴스를 보는 것이 이제는 가장 일반적인 뉴스 소비방식인 것으로, 역시 예전보다 스마트폰으로 뉴스를 보는 습관13년 36.4%→19년 50.9%이 강해진 것과 함께 스마트폰으로 보거나 듣는 뉴스가 가장 빠르다는 생각62.6%도 확연하게 느낀다는 것이다.

또한, 10명 중 8명은 '미디어에 노출되는 뉴스를 무턱대고 믿지 않는다.'라고 답을 했다는 부분에서 그 동안 국민의 알 권리를 빌미로 무분별하게 구독자의 감성을 자극하거나 제대로 증명되지 않은 정보가 결국 미디어 뉴스 스스로의 발목을 잡은 것은 아닌가 생각한다.

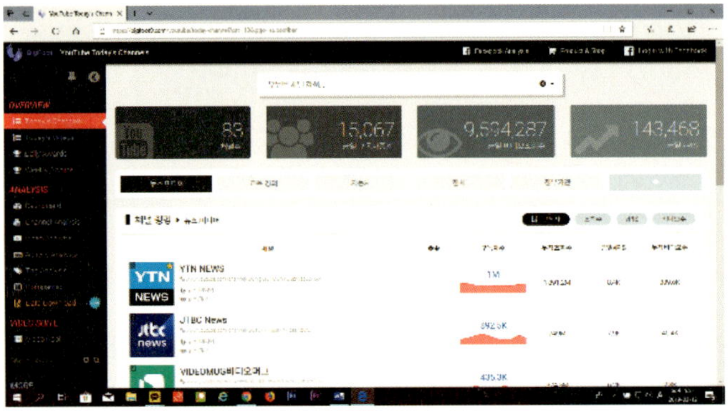

〈출처 : https://bigfoot9.com/youtube/today-channel?cat=10&pgo=subscriber〉

그림 1-5　소셜 분석 플랫폼 빅풋

위 사진은 '빅풋-유튜브 오늘의 채널https://bigfoot9.com'이라는 사이트로 페이스 북 페이지와 유튜브 채널 등을 분석하고 그 성과를 측정하는 소셜 분석 플랫폼으로 경쟁사 분석은 물론이고 방대한 양의 데이터를 기반으로 한 서비스를 한다.

최근의 페이스 북이나 유튜브가 미디어라는 이름에 걸맞을 정도로 그 영향력을 보이고 있다는 점에서 앞서 말했듯 TV라는 미디어가 과거에 비해 그 의미가 매우 약해진 것을 보여 주고 있다.

세대별·타깃별 시청자들의 생각이나 행동은 앞서 나가고 있기 때문에 이제 기존의 TV방송사와 활자매체들은 유튜브 내 채널로 개인이 운영하는 수많은 채널들과 경쟁을 벌여야 하는 것은 물론, 기존의 TV방송사들이 규정해놓다시피 한 방송 미디어 용어들 역시도 유튜브 내에서 활용되는 언어를 이용해야만 할 정도가 되었다.

또한, 엠브레인 조사에서도 전체 응답자의 절반 이상53.2%은 유명 방송사TV보다는 '신뢰하는 사람'이 생산하는 뉴스를 더 신뢰한다고 말하는 것에서 이제는 기존의 미디어 자체의 파워보다는 소위 '미디어 마사지'라는 의미로 신뢰도를 높였거나 개인의 지성으로 신뢰도를 높여 온 분들에게서 호불호가 나뉜다는 것을 알아야 한다.

물론, ‘팟캐스트’나 ‘유튜브’를 통해 특정 분야의 전문가들이 전달하는 깊이 있는 뉴스와 특정 정보를 소비하는 사람들이 많아진 것과 궤를 같이 하기도 하지만 ‘주류 언론’에 대한 불신은 그들 스스로 반성해 보아야 하는 부분이기도 하다. 현재 우리나라 주류 언론3대 지상파TV 및 종편 그리고 유수의 일간 미디어 등에서 나오는 뉴스가 신뢰할 만하고13.5%, 공정하다8.1%는 인식을 찾아보기가 어렵다는 다소 낮은 데이터 결과가 이를 말해 주고 있다.[12]

이처럼 낮은 데이터가 무엇을 말하고 있는지를 우리는 잘 알고 있다.

미디어의 신뢰성은 미디어의 목숨과도 같다. 그러나 일부의 미디어들은 그동안 힘에 편승하거나 대기업이나 특정 정부의 논리에 부합하고 혹은 강자편에 서서 대변하기도 한다는 것을 대중은 이제 알아버렸고 따라서 그동안 진실성을 대변해 온 저널리즘의 역할은 사라진 것 같아서 안타깝다.

물론, 미디어 또한 자본이나 금전적 수익에 의한 비중을 무시하지 못한다는 측면에서 일견 이해도 되지만, 그렇다고 해서 유튜브의 미디어 플랫폼으로서의 역할에 대해 단순히 ‘가짜 뉴스’라고 한다거나, ‘콘텐츠가 선정적이다’ 라고만 주장할 문제는 아닌 듯싶다. 이미 5060 세대의 인터넷 이용률도 10년 전보다 크게 높아져서 50대와 60대의 인터넷 이용률은 2008년 각각 48.9%, 19%에서 2018년도에는 50대 98.7%, 60대 88.8%가 인터넷을 이용하고 있다.

이는, 과학기술정보통신부와 한국인터넷진흥원이 전국 25,000가구와 만 3세 이상 가구원 59,970명을 대상으로 한 ‘2018인터넷이용실태조사’에서도 나타나고 있다.

조사 결과, 전체 국민 대비 인터넷 이용자 비율은 91.5%4,612만명로 전년보다 1.2% 포인트 증가했으며, 평균 인터넷 이용시간은 주 16시간 30분, 인터넷 이용빈도는 하루 1회 이상이 95.3%였다. 특히 성별·연령별 이용률 격차가 대폭 감소해 남녀노소 구분없이 인터넷을 이용하고 있는 것으로 나타났다.

연령대별(%)

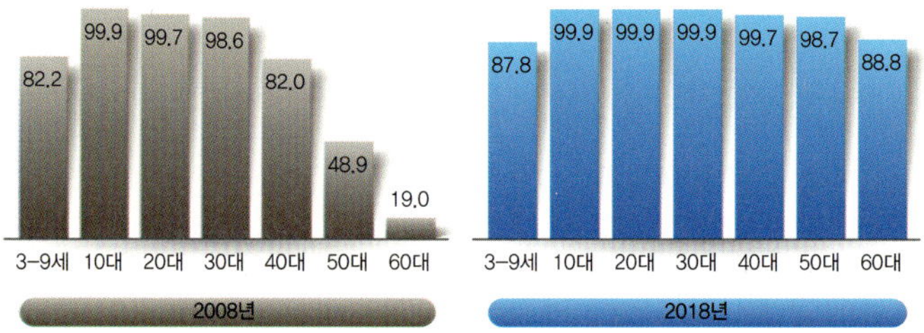

〈출처 : 과학기술정보통신부〉

그림 1-6 연령별 인터넷 이용률 추이(%)

연령별 이용률에서 50대가 2008년 48.9%가 인터넷을 이용한다고 답했으나, 2018년에는 98.7%가 이용하는 것으로 나타나 10년 사이에 49.8% 포인트가 증가했으며, 60대도 2018년 88.8%로 높아졌다는 것은 곧바로 인터넷을 이용하는 목적이 커뮤니케이션94.8%, 정보수집93.7%, 게임·영화 등 여가활동92.5% 등으로 이어지며, 이메일16.2%·쇼핑10.6%보다 메신저 서비스 디바이스로 스마트폰을 이용하고 있다는 것을 알 수 있었다.

즉, 스마트폰을 미디어로 인식하고 있다는 측면에서 기존의 거대 미디어들은 무조건적인 인터넷 미디어들에 대한 단순한 그들의 생각을 바꿀 때가 되었을 것이다. 또한, 이러한 미디어가 특정의 프로그램을 위해 시청자들의 생각과는 상관없는 그들만의 주장만 담긴 콘텐츠로만 방송을 하게 되면 신뢰는 바닥칠 수밖에 없다는 생각은 이젠 상식이 된 것 같다.13

다만, 이 결과치가 2018년 기준이라는 사실을 생각해 볼 때 2020년 상반기인 지금은 인터넷을 이용하는 비중이 훨씬 더 늘어났을 것이라는 점도 염두에 두어야 할 것이다. 사실 유튜브는 미디어라고 해야 하는지, 플랫폼으로 자리매김해 두어야 하는지 그 정체성이 다소 모호한 부분이 있는 미디어라고 할 수 있다.

어찌 보면 콘텐츠를 모아 놓은 하나의 거대한 분화구 같아서 그 영향력은 마치 화산이 뜨거운 용암을 뿜어 올리는 듯하다.

즉, 유튜브는 개인들의 일상이 담긴 영상스토리나, 세계 곳곳에서 벌어지고 있는 특정의 사건과 지성의 현장 및 범죄의 구석구석을 순식간에 보여 주는 동시에 곧바로 구독자수, 조회수로도 영향력이 증명되고 있다.

유튜브는 특성상 현장의 신뢰성이 느껴지는 뉴스인 한편 개인의 재미난 일상을 담은 영상을 통해 구독자에게 긍정적인 기쁨을 주기도 한다. 범죄의 현장을 낱낱이 영상으로 보여 줌으로써 대규모 사건을 해결하기도 하고, 대학교 강의실이나 대규모로 운집해 있는 야구장, 콘서트장 또는 정치인의 연설을 하는 곳곳의 상황을 생생하게 라이브로 보여 주면서 신뢰성 여부를 판가름하게 한다.

때문에, 녹화되고 미리 편집된 영상으로 전달되어 생동감이 떨어지는 기존 미디어의 정보에 귀를 기울이지 않는 건 요즘 세태를 볼 때 어찌 보면 당연한 결과로도 보인다.

게다가 '악마의 편집'일 수 있다는 인식으로 인해 기존 언론의 편집이 과연 '진실'일까라는 의문을 갖는 시민들이 늘어나면서 기존 언론이 제공하는 정보를 믿지 않는다.

이처럼 언론의 역할이 급격하게 변해가는 과정 중에 변화하지 못한 기존 언론은 불신의 상징으로 남는 경우도 있다. 생생한 라이브로 전해지는 유튜브가 더 이상 언론의 보완재가 아니라 대체재로서 자리 잡고 있는 이유인 것이다.

이렇듯 여러 의미를 살펴볼 때 이제 유튜브를 언론의 다른 이름이라고 할 수 있다. 이제 세상의 새로운 사실은 기존의 언론뿐만 아니라 유튜브도 전달한다. 그동안 언론이 현실세계를 게이트 키핑 했듯이 유튜브가 현실을 투영하고 있다.

누구나 접근할 수 있고 정치와 자본 권력으로부터 자유로워 보이는 탓에 유튜브는 '대안'처럼 활용되며, 2019~2020년의 현재, 이미 주류 언론을 앞서고 있다.

'대부분의 뉴스를 거의 항상 신뢰할 수 있다.' 단위 : %

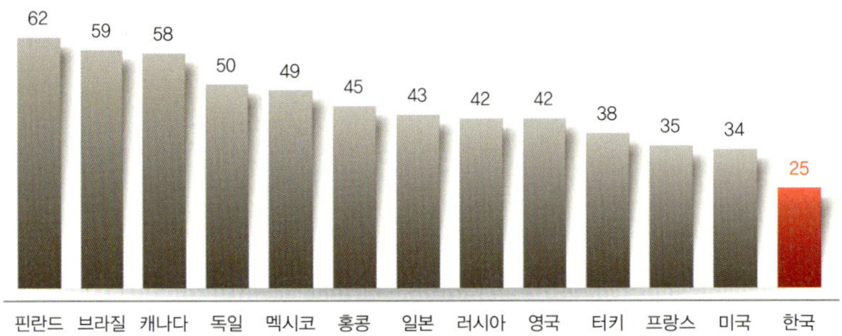

〈출처 : 로이터 저널리즘 연구소〉

그림 1-7 주요 언론의 뉴스 신뢰도에 대한 자료

그러나 기존의 미디어 또는 언론들은 유튜브가 대안이 되고 있다는 사실을 놓칠 때가 많다. '회사에서는 유튜브에 대해 많이 강조하지만 보조적인 수단으로만 생각한다.'라는 어떤 미디어 회사 간부의 말에서 아직도 세상 변화의 흐름을 느끼지 못하고 화려했던 과거의 미디어 전성기에 젖어 추억만 곱씹고 있는 것은 아닌지 모르겠다.

최근 들어 기존 미디어들도 속속 유튜브에 뛰어들고는 있지만 구독자 수로 볼 때 아직은 미미한 느낌이다. 게다가 독자들은 종이신문 대신에 스마트폰을 보기 때문에 신문을 유튜브로 옮겨야 한다고 생각하는 기자들도 있다. 이들이 이해하는 유튜브는 '신문 읽어주기' 수준의 정보 전달하기 정도에 그치고 있다. 바로 이것은 유튜브가 아예 다른 미디어처럼 움직인다는 걸 제대로 못 느끼고 있는 것이다.

유튜브는 기존의 신문이나 방송을 그대로 대안의 역할도 하지만 또 다른 정보를 통해 구독자에게, 시청자에게 미디어 소비를 다양하게 느끼도록 즐거운 콘텐츠도 함께 담고 있다.

즉, 정제되고 걸러진다는 명분으로 표현이 제어되고 진실된 정보가 제대로 전달이 되지 못한다는 불신에 빠진 기존 미디어에 비해 훨씬 여과 없는 모습과 어떤 정보라도 막힘없이 지구촌 전체에 그 정보를 공유하고 같이 웃고 울 수 있는 도구는 유튜브가 유일무이한 미디어이자 플랫폼으로서의 역할을 자임하고 있는 것이다.

하지만 미디어로서 이런 유튜브는 결코 안전하지 않다는 학자들의 생각들도 있다. 최근 일부 언론학자들은 소셜 미디어와 유튜브 같은 플랫폼이 수용자의 '**확증편향**confirmation bias'을 강화시킨다는 연구 결과를 많이 제시하고 있다. 잘 알려졌다시피 확증편향이란 선입관에 맞는 근거만 수용하고 유리한 정보를 선택적으로 취하는 것을 말한다. 충분히 이해되는 말이다.[14]

유튜브의 기본 알고리즘은 이용자의 관심사를 파악해 비슷한 콘텐츠를 집중적으로 추천하는 것이다. 따라서 소셜 미디어가 콘텐츠를 제공하는 방식이다.

음악에 관심이 많은 독자가 음악 채널을 자주 본다면, 유튜브는 '다음에 볼 영상'으로 독자의 취향에 맞는 다른 음악 콘텐츠를 추천해 준다. 그가 만약 특정의 다른 장르의 음악이나 또 다른 음악 관련 뉴스를 찾으려면 상당한 노력을 기울여야만 한다. 유튜브에서 같은 검색어로 검색하더라도 우선적으로 배열되는 채널은 '내가 좋아할 만한 것'으로 독자의 검색 행태를 분석하여 맞춤형으로 진행된다는 측면에서 확증편향이라는 연구자들의 얘기들도 있으나, 우선적으로 기존 미디어들이 독자 맞춤형의 정보 상품을 제공해 오지 못했던 측면도 있었다는 사실도 인지해야만 할 것이다.

그것은 마케팅의 단순한 상식이기도 하다. 정보를 소비하는 독자들이 식상해하는 것을, '굳이 골고루 섭취해야만 영양분이 제대로 몸 안에 퍼져서 건강해진다는 논리'로 정보 상품을 팔기엔 이미 기존 미디어는 신뢰를 잃고 있다는 걸 간과해서는 안 될 것이다.

그것은 위에서 언급된 조사 결과 이외에도 여러 자료에서 이미 직·간접으로 나타나고 있다는 것을 잘 알 수 있다.

다만 유튜브 스스로 자정의 기준이나 미디어 리터러시정보를 이해하고 비평이 가능한 능력와 같은 기능을 갖추도록 제안하고 싶다. 우후죽순으로 생겨나고 있는 정치·시사 채널과 소위 전문가라는 이름으로 개인 채널을 열어 자신의 이름을 브랜드 강화를 위한 수단으로 활용하는 정치인들이나 전문가들의 지식의 수준에 깊이가 어디까지인지, 그들은 과연 그들이 주장하는 만큼의 경험이 있고 또 실행을 해봤던 것인지, 도무지 그들의 화려한 언변만 가지고서는 판단이 안 되는 부분이 많은 것 또한 사실이기에 미디어 리터러시 기능처럼 유튜브 내에도 필요한 장치라고 여겨진다.

앞서 몇몇의 원인이 아니더라도 미디어는 당연히 자본이 필요하다. 그래야 정보를 얻기 위한 기자들을 뽑고 또 그들을 양성하고 세상 곳곳에서 일어나고 있는 정보들을 수집·가공하고 편집하여 하나의 정보 콘텐츠 상품으로 생산할 수 있기 때문이다. 이는 너무나도 당연한 일이고, 일상화된 일이기에 미디어는 광고에 의한 생존을 할 수밖에 없다.

즉, 광고 수익은 정보 콘텐츠 상품을 생산할 수 있는 자원이자 기자들의 취재에 대한 대가를 지불하는 도구이다. 바로 이러한 이유 때문에 광고를 많이 하는 대기업의 생각이나 혹은 정치권력 또는 사회 내 힘의 균형에 기울어지는 모습을 취하는 경향이 생기고 이것이 독자들로 하여금 불신하고 신뢰성이 없는 미디어라는 생각을 하게 한다고들 말한다.

과연 그럴까? 그것은 미디어 스스로 말하는 핑계는 아닐까? 미디어 스스로 자정의 노력은 해 본적이 있던가?

노력은 했다고는 하지만, 가시적인 성과보다는 미디어 본래의 정체성인 진실성에서 솔직하지 못한 이중적 잣대를 취해 온 것과 여러 가지 이유로 스스로 신뢰성을 잃게 한 것에서 어떤 대답을 할지가 궁금하다. 이는 미디어도 유튜브도 마케팅의 논리에서 벗어날 수 없고 미디어를 접하는 독자는 제품을 구입하는 소비자와 차이가 없다는 것을 깊이 있게 연구해 봐야 할 것이다.

정답을 찾는 길은 의외로 단순하므로 각자의 핑겟거리를 만들어 너무 멀리 돌아가지 않기를 기대해 본다.

(2) 크리에이터1인

1) 1인 미디어

1인 미디어는 개인 혼자서 콘텐츠를 기획해 제작하고 유통시키는 것을 말한다.

1인 미디어는 인터넷을 통해 누구나 스타가 될 수 있고 누구나 기자와 PD가 될 수 있으며, 방송국을 운영할 수 있다는 가능성을 제공한다. 1인 미디어는 인간의 소통 욕구와 표현 욕구를 나름의 방식으로 충족시키고 반영하는 현대의 문화적 표현 양식이다.

1인 미디어는 디지털 콘텐츠 창작 환경이 구현됨에 따라 인터넷상에서 개인화된 서비스인 미니 홈피나 블로그와 같은 정보 기반의 서비스와 트위터 및 페이스 북 등 소셜 미디어를 포괄하는 개념이다. 1인 미디어 가운데 1인 방송은 텍스트가 아닌 오디오와 영상을 통한 콘텐츠를 제공하는 서비스를 의미한다.

웹캠을 통한 동영상 방송과 오디오만을 제공하는 팟캐스트podcast 방식이 있다. 애초 인터넷이 대중화되면서 개인 홈페이지와 웹진webzine이 붐을 이루었으나, 이후 포털과 결합된 블로그 서비스가 시작되면서, 이것이 개인 홈페이지의 약점을 보강했다. 포털에서 제공하는 블로그 서비스는 별도로 웹 프로그래밍을 익히지 않아도 기본 툴을 이용해 손쉽게 콘텐츠를 생산·가공할 수 있게 했다.

따라서 이용자들은 홈페이지 서버를 관리한다거나 웹 디자인을 해야 하는 기술적인 문제에 큰 신경을 쓸 필요 없이 콘텐츠 내용에 집중할 수 있게 되었다.

이후 인터넷과 디지털 기술의 발달로 네트워크의 용량이 커지고 디지털 카메라의 보급으로 영상 콘텐츠 제작과 편집이 수월해짐으로써, 1인 미디어의 핵심 콘텐츠가 텍스트나 정지 이미지 혹은 오디오 콘텐츠에서 동영상 콘텐츠 중심으로 급속히 바뀌었다. 동영상 콘텐츠의 파급력과 영향력이 텍스트나 오디오 콘텐츠보다 훨씬 크기 때문이다.

따라서 현재 1인 미디어의 대세는 동영상 콘텐츠다.

1인 미디어의 등장으로 그 동안 기존 대형 미디어만 방송할 수 있다는 통념이 해체되고, 누구나 방송 콘텐츠를 제작해 유통할 수 있게 되었다. 1인 미디어의 장점은 개인이 인터넷상에서 네트워크의 주체적 구성원으로 콘텐츠를 생산하고 유통할 수 있다는 것이다.

즉, 개인이 미디어에 대해 단순 소비자가 아니라 생산자로서 혹은 생산적으로 참여하는 것이 가능해졌다.

직접 콘텐츠를 제작해 소셜 미디어를 통해 유통할 수도 있고, 굳이 콘텐츠를 직접 만들지는 않더라도 '좋아요'를 누른다거나 슈퍼 챗super chat 혹은 별풍선을 제공함으로써 또는 실시간 채팅을 통해 방송에 참여할 수 있게 되었다. 1인 미디어에서 진행자는 시청자들의 피드백에 즉시 반응하고, 시청자들은 게임·뷰티·패션·먹방·쿡방 심지어 정치에 이르기까지 다양한 콘텐츠 가운데 자신이 친밀한 소재에 대해 높은 채널 충성도를 보인다.

이렇듯이 1인 미디어는 창작자와 시청자의 친밀한 쌍방향 통신을 통해 소비자의 참여와 소통 욕구를 충족시키고 방송에 반영함으로써 레거시legacy, 전통 미디어에서 얻기 힘들었던 정서적 유대감을 제공한다. 1인 미디어는 수평 연결 구조로 사용자와 네트워크를 강화해 방송 접근성을 높였으며, 그 결과 더욱 참여적이고 개방적인 미디어 환경을 구현해 냈다.

2) 크리에이터

유튜브에서는 일반적으로 동영상을 생산하고 업로드하는 창작자를 '크리에이터'라고 칭한다. 직역하면 '창조주'라는 뜻으로도 읽힐 수 있는 '창작자'라는 뜻이다. 1인 방송 제작자에게 크리에이터라는 명칭을 쓰는 것은 단순히 동영상의 창작자일 뿐만 아니라 자신이 만든 동영상을 매개로 자신들의 팬 커뮤니티를 만들어 가는 커뮤니티의 창조자 역할도 동시에 감당하기 때문이다.

한편, 국내의 아프리카TV에서는 방송을 하는 창작자를 'BJBroadcasting Jockey'라고 일컬어 왔다. 게임 전문 MCN인 콩두 컴퍼니Kongdoo Company는 내부적으로 1인 창작자를 '크루crew'라고 명명하고 있다. 또 다른 국내 MCN 쉐어하우스Sharehows에서는 크리에이터라는 이름 대신으로 '하우스메이트housemate'라는 용어를 사용한다. 그렇지만 일반적으로 가장 많이 통용되는 1인 창작자들의 명칭은 크리에이터다.[15]

수많은 크리에이터 가운데 연예인 못지않게 높은 인기를 누리며 영향력을 발휘하는 창작자들이 나타나게 되었고, 이들은 수많은 시청 소비자들을 충성 고객으로 두게 되었다. 이들 충성 고객들은 유튜브와 같은 동영상 플랫폼에서 자기가 좋아하는 크리에이터의 콘텐츠를 '**구독**subscription'하는 형태로 소비한다.

즉, 특정 크리에이터의 새로운 콘텐츠가 업로드가 될 때마다 사용자들은 알림을 받고 그 콘텐츠를 시청한다.

크리에이터들이 만든 콘텐츠를 많은 사람들이 구독 시청하면서 이들이 만든 동영상 콘텐츠에 대한 가치가 상승해 수익이 발생하면서 크리에이터는 어엿한 하나의 직업으로 자리 잡게 되었다. 아마추어 창작자가 '프로'가 된 것이다.

크리에이터들의 1인 방송을 수익 산업으로 만든 것이 MCN인데, 인기 크리에이터들은 이미 영향력 있는 셀러브리티celebrity 유명인이다.

유튜브의 크리에이터들 중에서 게임 중심의 입담꾼인 스웨덴 출신의 청년 '퓨디파이PewDiePie'나 코미디 영상물을 제공하는 '스모시Smosh' 그리고 온라인 화제 영상으로 콘텐츠를 엮어 가는 '파인브라더스Fine Brothers'는 연간 수익이 한국 돈으로 100억 원이 넘는 것으로 알려져 있다.

국내에서도 게임 방송으로 유명한 '대도서관'이나 초등학생들 사이에서 대통령의 영향력을 행사한다고 해서 '초통령'으로 불리는 '양띵' 외에도 '악어', '김이브', '도티' 등 유명 크리에이터들은 매달 천만 원 이상의 수입을 올리고 있다고 한다.

또한, 다른 나라에 비해 정치 유튜버가 활발히 활동하는 우리나라의 경우에는 선거 방면에서도 적극적으로 활동하고 있는 현실이다.

크리에이터가 기존의 VJVideo Journalist와 다른 점은 VJ는 콘텐츠의 1인 제작에만 머물렀지만, 크리에이터는 콘텐츠 제작뿐만 아니라 디지털 네트워크를 이용해 제작한 콘텐츠를 업로드 해서 유통하는 일까지 담당한다. 크리에이터들은 초기에는 주로 사용자들과 함께 게임이나 스포츠를 보면서 해설이나 멘트를 더해 시청자들에게 재미를 제공했지만, 지금은 게임을 넘어서 먹방·쿡방·영어 강의·뷰티·개그 등 소소한 일상의 친근한 소재를 가공해 다채로운 서비스를 제공하고 있다.

소비자의 미시적인 취향에 맞추어 차별화된 콘텐츠를 제작하는 것이다.

또한, 자신들의 콘텐츠를 특화해 스스로가 브랜드가 되어 전문 방송을 자처한다.

이에 크리에이터들은 그들의 충성스러운 팬을 기반으로 유지되고 있으며, 개별 프로그램보다 개인의 브랜드 가치로 소비자들을 확보하고 있다. 비록 1인 미디어에 불과하지만, 충분히 의미 있는 숫자의 시청소비자들에게 영향력을 미치고 있기 때문에 자신의 콘텐츠에 상업적인 광고도 유치할 수 있다. 크리에이터가 그들이 만든 콘텐츠와 미디어의 영향력으로 새로운 비즈니스의 가능성과 모델을 창조하고 있는 것이다.[16]

1인 방송의 최대 장점은 기존 방송에 비해 다양하고 혁신적인 콘텐츠 제작이 용이해 시청 소비자에게 폭넓은 선택의 기회를 제공할 수 있다는 것이다.

크리에이터들은 일상적인 대화를 나누며, 친근한 소재를 재미있게 가공해 보여 준다.

레거시 미디어에서는 평균적인 시청자의 요구를 바탕으로 대중적인 콘텐츠를 제작할 수밖에 없지만, 1인 방송에서는 좀 더 미시적으로 소비자의 취향에 맞춘 다양한 콘텐츠를 제작함으로써 이용자의 세분화 된 니즈를 충족시킬 수 있다는 측면을 장점으로 볼 수 있지만, 이런 수익의 비즈니스적 측면이 강조될수록 광고와 연계한 콘텐츠의 왜곡 가능성은 커진다.

또한, 수익 아이템에 집착하면서 선정적이고 부적절한 발언이 여과 없이 노출될 수 있다. 실제 수익성에 매몰된 일부 1인 방송은 상업적으로 매우 자극적인 소재와 내용에 집착하는 예도 있다. 크리에이터의 성향에 따라 저급한 언행이 사용될 수 있고, 이것은 규제의 빌미를 주어 콘텐츠의 위축 가능성을 초래하기도 한다.

지금도 많은 크리에이터들이 동영상 플랫폼에 진입하고 있으며, 사용자들의 관심은 소수의 인기 창작자들에게 집중되어 있고, 초반에는 10~30대의 젊은 세대 중심이었으나, 현재는 연령대가 높아졌고 기존 미디어에 비해 소비자와의 거리 역시 좁아지고 있는 환경이라 동영상 마케팅을 펼칠 마케터들이 주목하고 있다.

제2장

동영상 플랫폼

Check Point

'기반 OS'나 '기술 환경' 등 동영상 플랫폼에 관한 내용을 살펴보고, 인스타그램 · 유튜브 등을 이용하거나 동영상 툴을 제작하고 광고를 주문한 기업과의 콜라보를 통한 동영상 마케팅의 효율성에 관한 광범위한 내용을 제시하였다.

1. 동영상 플랫폼이란

지금 세계는 '동영상 천국'이라고 불릴 정도로 동영상으로 커뮤니케이션 한다. 동영상만이 소통의 수단인 것처럼 영상을 우선시하는 베이스를 바탕으로 글자와 로고 또는 상징적 이모티콘 등은 보조수단이 되어 가고 있다. 즉, 긴 글을 쓰거나 책을 읽는 일들은 드물어지고 영상에서 보여주는 시각적 모습에 공감 혹은 불만의 댓글을 달면서 소통하는 형상이다.

지난 2018~2019년은 'Video World'라고 불릴 만큼 인터넷 동영상에 대해 뜨거운 관심이 가득찬 시기라고 할 수 있을 것이다. 따라서 영상과 함께 각종 콘텐츠가 넘쳐나는 '콘텐츠 홍수' 시대를 살아가는 대중에게 고정된 화면 속의 단편적 이미지는 더 이상 매력적으로 다가오지 않는다. 그 대신, 오늘날의 대중은 연속적 움직임이 있는 동영상 콘텐츠에 점점 더 매료되어 가고 있다.

실제로 네트워킹 솔루션 제공 업체 시스코Cisco가 내놓은 자료에서, 2019년 전 세계 인터넷 트래픽의 77%가 인터넷 동영상 시청에서 발생할 것으로 예상되고, 연평균 31%라는 고공행진을 이어 가고 있으며, 오는 2021년에는 전체 인터넷 트래픽의 81.4%를 차지할 것으로 전망하고 있다.

이처럼 인터넷 동영상 수요의 증가는 유기적 관계에 있는 인터넷 동영상 광고 시장의 부흥을 이끌고 있다. 글로벌 마케팅 컨설팅 업체인 매그나글로벌Magna-global에 따르면, '전 세계 인터넷 동영상 광고 시장은 지속적으로 초고속 성장을 이어 가며, 오는 2022년 600억 달러 규모에 이를 것'으로 전망한다.

이렇듯 몇몇 통계 수치들로도 알 수 있듯이 인터넷 동영상 광고는 브랜드와 마케터에게 있어 '선택적 수단이 아닌, 성공적인 마케팅을 위한 필수적 수단'으로 자리매김하고 있다.

그러나 늘 그렇듯 그저 '남들이 다 하는 진부한 전략'으로는 성공을 거둘 수 없다. 과열되는 경쟁 속 우위 선점을 위한 필승 전략은 실제 오디언스의 시청 행태에 대한 심도 있는 이해로부터 출발해야 한다.[17]

매월 세계 인구 19억여 명이 유튜브에 로그인하고, 인스타그램과 페이스 북, 그리고 카카오와 함께 유사한 소셜 미디어에 접속해 영상을 본다. 유튜브를 기준으로 세계 인구를 대략 75억 명 정도로 추산한다면 20억 명을 훨씬 상회25~30%하는 세계 인구가 영상 속 모습에 감동하거나 눈물을 흘리고 기뻐하기도 하며, 또한 불만도 쏟아내고 범죄를 저지르는 영상도 같이 본다는 것이다.

심지어는 국내의 '보배드림' 같은 인터넷 커뮤니티의 경우는 뺑소니 차량도 영상으로 정밀 분석하여 범인을 잡아내거나 결정적인 단서를 경찰에 제공하기도 한다. 이렇듯 영상 미디어는 이제 우리의 생활 깊숙이 자리 잡고 우리를 점점 중독시키고 있다.

아이들은 초등학생이 되기도 전에 장난감을 갖고 노는 영상을 제작해 유튜브에 올리고, 가족과 친구들을 영상으로 불러들인다. 비단 아이들뿐만 아니라 이미 전 세대를 대상으로 확산되고 있다.

다양한 산업에도 영향을 끼치는 것은 물론이고, 1인 영상유튜브을 토대로 1인 크리에이터로 성장하여 우리나라에서도 연봉이 수십억 원에 이르는 보람티비,

대륙남, 신의한수 같은 1인 영상 인플루언서유명인가 셀럽연예인보다 더 이름 있는 직업으로도 자리 잡아 가고 있는 현실이다.

또한, 한국을 알리는 외국인들도 많아지는 가운데, 마치 세계적으로 유명한 게이머와 같은 유형이기도 하지만, 단순히 게임에만 국한하기보다는 산업 전 분야로 확산되는 미디어 커머스, 즉 영상을 바탕으로 한 비디오 커머스 유형으로 발전하고 있다.

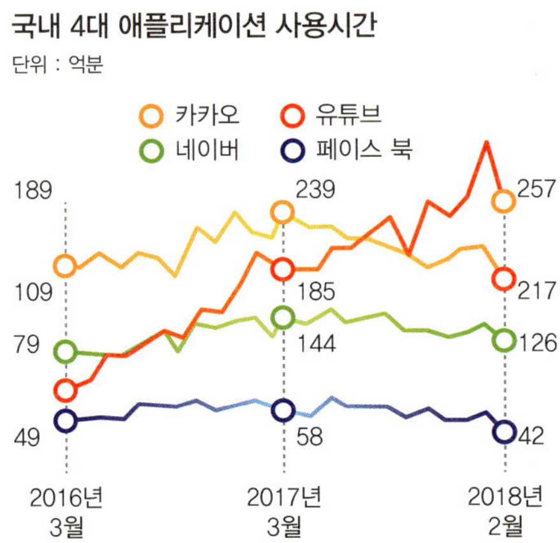

그림 2-1 유튜브 사용시간

특히 우리 국민의 절반 이상이 동영상 사이트 '유튜브'를 이용하는 것으로 나타나, 갈수록 유튜브로 이용자가 쏠리고 있다. 통계·분석업체인 닐슨코리안 클릭에 따르면 구글 유튜브의 지난 2018년 6월 월간 순이용자모바일, MAU는 2,500만 명에 달했다.

이는 2017년 동기대비 이용자가 200만 명 이상 늘어난 수치이고, 역대 최고치다. 그 반면에 같은 기간 네이버TV 이용자MAU는 390만 명, SK브로드밴드의 '옥수수'는 350만 명으로 각각 20만 명과 10만 명이 감소했다. 유튜브 이용 연령층도 넓어지고 있다. 2017~2018년까지만 해도 주 이용자층이 10대~20대였지만, 지금은 50대 이상 이용자들도 크게 늘었다.

국내 유튜브 이용자 2,500만 명 가운데 50대 이상 이용자가 40%이며, 숫자로는 700만 명에 이른다. 이는, 2017~2018년과 비교하면 180만 명 이상이 늘어난 규모다.

유튜브는 이와 같은 세력 확장에 힘입어 1인 방송뿐만 아니라 지상파 및 종편 콘텐츠 시장까지 이미 장악하는 현상으로 나타났다. 최근에는 방송 제작사들이 아예 유튜브에 맞춘 영상을 제작·공급하고 있다. 어찌 보면 기존 방송사들의 콘텐츠가 시청자의 생각을 반영하지 못한 이유도 있을 것이지만, 포털 업계 한 관계자는 '키즈 세대나 1020세대는 당연하고 이젠 실버 세대까지 유튜브를 일상적으로 보고 있다.'라고 하면서 '앞으로 5세대5G가 본격화되면 고화질·고용량 콘텐츠도 유튜브에서 우선 소비될 공산이 크다.'라고 말한다.[18]

유튜브가 이처럼 강력한 영상 플랫폼으로 성장할 수 있었던 데는 수많은 유명 유튜버들의 힘이 컸다. 창의적이고 재미있는 콘텐츠가 지속적으로 공급되니 자연스럽게 시청자가 많아졌다.

유튜브가 유튜버들의 수익 창출을 돕는 다양한 지원책을 내놓는 이유도 있다. 유튜브의 수잔 워치츠키 CEO는 '차세대 미디어 기업을 만들어 가고 있는 건 바로 유튜버들'이라고 말했다. 닐 모한 유튜브 최고 제품책임자CPO 역시도 블로그에서 새로운 기능을 발표하며 '유튜버들은 유튜브의 심장박동heartbeat'이라고 말한다.[19]

그래서 많은 이들이 최근 전업 유튜버Youtuber로 직업을 바꾸는 사례가 늘었다. 유튜버크리에이터란 유튜브Youtube에 창작 영상을 올리는 이들을 말한다. 영상 조회 수가 일정 수준을 넘으면 광고 수익을 받을 수 있다. 업계 최고 유튜버들 연봉이 10억 원을 넘는 것으로 알려지면서 화제가 되기도 했다. 물론, 이러한 영향력으로 유튜버들의 수익은 더욱 더 증가할 것이다. 유튜브가 광고뿐만 아니라 다른 곳에서도 수익을 올릴 수 있게 다양한 지원책을 펴고 있기 때문이다.

이는 수잔 워치츠키 CEO가 지난 2018년 초에 발표한 '유튜버를 위한 다섯 가지 우선 목표' 중 '유튜버들의 성공을 지원하겠다Supporting your success.'라는 항목에서도 나타나 있다.

1년이 지난 2019년, 2020년에도 동일 적용되리라고 기대하면서, 결국 유튜브의 이러한 지원정책이 다양한 상상력을 동원한 영상 크리에이터들로 하여금 마음 편히 참여하게 하는 접근성과 동시에 유튜브로 고객의 시선을 붙잡아 두는 핵심이기도 한 것과 기존 방송사들이나 케이블 혹은 국내 네이버 및 SK 브로드밴드 등 외에도 많은 국내기업들이 콘텐츠의 힘을 자랑하는 유튜브에게 무너지는 원인이 되기도 한다.

또한, 앞서 언급된 유튜브는 동영상을 모아 놓은 플랫폼이라는 것도 우리는 잘 안다. 즉, 플랫폼이란 기차역에서 기차를 기다리는 플랫폼처럼 기반 혹은 특정 목적의 어떤 장소와 같은 존재다. 그래서 플랫폼 미디어라는 말처럼 동영상이라는 주제를 통해 서로 소통하는 네트워크 플랫폼인 것이 유튜브라는 것을 잘 알고 있다.

여기에 우리가 익히 잘 알고 있는 아마존이나 구글과 같은 거대 플랫폼 기업이 유통·광고·콘텐츠 등 여러 분야의 시장을 장악하면서, 플랫폼 비즈니스가 더욱더 주목을 받고 있는 이유가 바로 그렇다. 이에 따라 플랫폼에 대한 수많은 연구와 분석이 등장하고 있지만, 보다 종합적인 관점에서 플랫폼을 바라봐야 할 필요성도 커지고 있다.

다른 한편으로는, 플랫폼의 파괴적 혁신에 대해 기존 기업들Incumbents이 위협을 느끼고 있는데, 이들 기존 기업은 플랫폼에서의 사업 기회를 탐색하며 자체 플랫폼을 구축하거나, 다른 플랫폼과 협력하는 등 전략 마련에 고심하고 있다.[20]

이처럼 플랫폼의 개념과 배경을 종합한 결과 나타나는 5대 특징으로 ① **비즈니스 경계 파괴**, ② **생태계 기반**, ③ **네트워크 효과**, ④ **승자독식 수익 구조**, ⑤ **양면**다면 **시장 구조** 등을 들 수 있다.

아울러 플랫폼 확산의 영향을 특히 크게 받을 산업 분야로 모빌리티유동성·유통·소비재·금융·헬스케어를 언급하는데, 이 분야의 각 산업별 플랫폼 비즈니스에서 벌어지는 경쟁 구도와 사업 환경, 플랫폼 사업 시 고려해야 할 7단계 전략으로 ① Questioning(플랫폼 사업에 대한 고민), ② Competition or Cooperation(경쟁 및 협력), ③ Platform Type(구축 플랫폼의 형태와 성격 결정) ④ Connect(고객 접점 만들기), ⑤ Value(플랫폼 핵심 가치 창출), ⑥ Monetization(플랫폼 수익화), ⑦ Retention(고객 묶어두기)를 제시하기도 한다.

독자분들도 잘 알겠지만, 유튜브는 영상이라는 분야에서 전 세계적으로 플랫폼을 구축한 하나의 사례일 뿐인데도 이미 우리가 그 파워를 대단하게 느끼고 있는 것처럼, ICT와의 융합은 기존 디지털 마켓과는 현저히 다른 결과들도 만들 수 있음을 이해해야 한다.

2. 미디어 커머스와 소셜 커머스

위에서 말한 유튜버들의 활동이 두드러지고 있다면, 이 동영상을 베이스로 한 미디어들과 결합된 커머스commerce, 이른바 미디어 커머스비디오 커머스라 부르기도 함 시장으로도 확산의 속도가 빠르다. 종전의 PPL간접광고을 넘어서는 수준으로 진화했다.

2010년에서야 방송법 개정에 의해 PPL이 허용되었지만, 뉴스나 시사 프로그램을 제외한 오락과 드라마 및 교양 분야에만 적용되었고, 또한 PPL이 프로그램 시간의 5%를 넘기지 않아야 하며, 간접광고로 노출되는 상표나 로고 등 상품이나 서비스를 인식할 수 있는 표식의 크기는 화면의 4분의 1을 초과할 수 없었고, 대사를 통한 상품의 직간접적 언급 등 부적절한 노출 효과도 허용하지 않았다.

기존과는 달리, 상품의 직접 노출은 가능해졌지만 제품 표현에 대한 제약도 컸다. 그럼에도 일정한 파급 효과 덕에 PPL 시장은 꾸준히 보존돼 오던 중 온라인 콘텐츠의 활성화 및 MCN다중채널방송이 등장하면서 미디어 커머스의 보다 발전적인 활로가 형성되었다.

즉, 이 MCN과 앞서 언급한 1인 크리에이터들과 만나면서 다양한 콘텐츠를 담은 방송 영상의 유형으로 진화되었고, 아프리카TV와 판도라TV의 유명 크리에이터들이 기존 MCN에서 유튜브영상 미디어로의 진출과 다양한 유형의 소셜 다중방송이 유·무선 인터넷 동영상과 함께 스마트폰으로 링크되면서 확산 속도는 걷잡을 수 없을 정도다. 요즘은 동영상 커뮤니케이션을 하지 않으면 마치 시대에 뒤떨어진 사람으로 치부되는 분위기로 이어지고 있다.

특히 MCN을 활용한 커머스는 **'기존의 홍보 파급력을 그대로 가져가되, 보다 자유로운 표현 기법이 가능하다는 점'**이 더욱 각광을 받는 이유였는데, 예를 들어 MCN 웹 드라마에서 '○○화장품 효과 진짜 좋다' 와 같이 상품 홍보를 최대화하는 대사를 적용할 수 있지만, 지상파나 케이블의 경우에 이런 식의 대사는 징계 대상이 된다는 점에서 그 효과가 매우 크고, 더욱이 이렇게 만들어 낸 콘텐츠의 파급력이 적지 않다 보니 사업자들이 MCN을 활용한 커머스에 눈을 돌릴 수밖에 없게 된 것이다.

소셜 커머스 티몬에서 상품 소개를 위해 제작한 웹 드라마의 편당 누적 조회수는 최대 1000만 건이나 되는 사례에서 보듯이 이러한 영상들이 유튜브라는 글로벌 영상 미디어를 만나게 되면 확산 속도는 폭발적이다. 과거 싸이의 '강남스타일' 등 한국의 K-POP 시장이 오늘날 엄청난 파괴력을 가진 이유가 영상 속의 음악을 토대로 한 뮤직비디오가 세계 시장 진출을 하게 된 큰 원동력이 된 것이기도 하다.

다만, 미디어 커머스의 정확한 의미는 아직 확립되지 않았지만, 정동훈 교수는 '미디어 커머스 자체가 최근 등장한 분야다. 어떤 곳에선 미디어 커머스를 두고MCN 3.0이라고도 부른다.'라고 하였다.

MCN이 1인 방송의 역할을 했는데 여기에 커머스가 접목된 것으로 보면 된다. 개인 방송이 나타나면서 그들이 콘텐츠에서 보여주는 화장품이나 먹거리 등이 기업 입장에서 마케팅을 하기 좋은 수단이 된 것이다. '일종의 PPL에서 발전된 형식으로 파트너십을 맺게 된 것' 이라며 'MCN 쪽에선 돈을 벌어서 좋고 기업 쪽에선 새 마케팅 수단이 생겨서 좋아진 상황이다.'라고 말한다.[21]

이러다 보니 기존의 광고 마케팅 활동이 다양한 동영상이거나 또는 1인 크리에이터유튜버들과 제휴 또는 스마트폰을 기반으로 한 소셜 미디어페이스 북, 인스타그램, 카카오 등에 맞춰진 유형으로 변화될 수밖에 없는 상황이다.

〈그림 2-2〉는 인스타그램의 월간 가입자 수치를 표시한 그래프인데, 2012년 페이스 북이 인스타그램을 약 10억 달러에 인수한다는 뉴스가 있었고, 사진을 공유하는 SNS라고 하는데 어떤 가치를 지니고 있을까 하고 의아해하던 분들이 있었다. 그러나 2018년 기준 인스타그램의 가치는 약 1,000억 달러에 이른다고 한다. 원화로 환산하면 약 110조 원이다. 참고로 네이버의 2019년 11월 시가총액은 27조 원 남짓이었다.

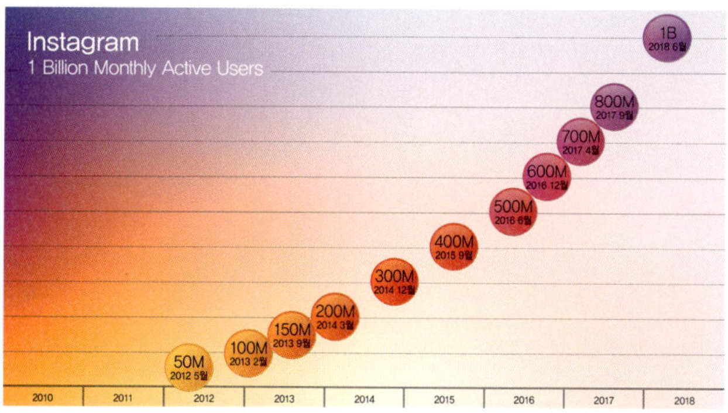

그림 2-2 인스타그램 가입자 그래프

SNS는 콘텐츠 플랫폼이라고 할 수 있다. 유저가 콘텐츠를 생산하고 소비하기 좋도록 그 무대를 제공하는 서비스라는 의미다. 그러므로 유저가 쉽게 콘텐츠를 작성할 수 있도록 콘텐츠 작성에 대한 접근성을 높이는 것은 서비스 활성화에 매우 중요한 요소이다. 바로 인스타그램은 정사각형의 형태로 사진 한 장 찍어서 올리기만 하면 되기에 사진 찍기에 익숙한 사람이라면 누구나 쉽게 참여가 가능한 SNS가 되었다.

콘텐츠 작성에 대한 접근성이 높다는 것은 기업의 입장에서는 바이럴 마케팅에 대한 환경이 갖춰지고 있다는 의미가 된다. 브랜드를 체험한 고객이 그 경험을 지인들에게 알려줘야 하는데 블로그 포스트를 작성해서 올리는 것은 콘텐츠를 활용할 수 있는 일부에게나 가능한 일일 뿐, 일반 대중에게는 어려운 일이다.

하지만 사진 한 장 찍어서 올리는 일이라면 너무나 손쉬운 일이기에 인스타그램을 통해서 바이럴 루프loop[1] 현상이 나타나는 것이다. 즉, 이 현상이 나타난다는 표현은 브랜드를 체험한 고객이 다른 고객에게 알리고, 그 고객이 체험하여 또 다른 고객에게 알리는 현상을 말하는 것이다.

꼬리에 꼬리를 물듯이 특정 브랜드나 특정 장소의 사진 한 장이 인스타그램을 통한 바이럴 효과 때문에 '사진에 찍혀야 산다' 라는 표현이 등장하기도 하고 'Insta-worthy'와 같은 신조어가 탄생하기도 하였다. 상품이든 인테리어든 사람들이 사진을 찍어 인스타에 올리기 좋도록 만들어야 한다는 의미를 담고 있다.

이러한 풍토는 기업의 업무 프로세스에도 영향을 끼친다. 고객의 수요를 읽고 그 수요에 적합한 상품을 개발하며 이 상품을 알리기에 좋은 미디어를 선택하는 것이 일반적인데, 인스타그램이라는 미디어를 통해 홍보가 될 수 있도록 비주얼을 보강한 상품을 개발하거나 이벤트를 기획하는 형태로 프로세스가 역으로 변하기도 하는 것이 지금의 마케팅 유형이다.

1 바이럴 루프loop : 한명의 소비자가 또 다른 소비자를 불러들여 스스로 네트워크를 만들고 확장하는 것

다시 말해, 한 장의 이미지가 광고주에게 미치는 영향으로 말미암은 효과가 엄청난 것은 인스타그램 주가가 1,000억 달러에 이르게 할 정도로 고객의 콘텐츠에 대한 접근성이 좋아 바이럴 마케팅에 매우 적합한 미디어 커머스로 자리를 잡아 가고 있는 것이다.22

그러나 항상 새로운 마케팅 활동에는 부작용이 있기 마련이다.

앞서 다양한 영상을 매개로 한 미디어 플랫폼 중에서도 일부에선 유튜브 동영상 접속률이 너무 높기 때문에 타 미디어들이 오히려 제대로 활용되지 못하는 유튜브 쏠림에 대한 지적도 있지만, 현시대는 동영상 커뮤니케이션이 대세인 것만은 확실하다. 이것은 결국 고객 개개인의 콘텐츠 접근성이 손쉬워야 하는 것도 필요하고 기업 역시도 고객의 행태를 예의주시하고 마케팅 활동을 펼쳐야 한다는 것을 조금이나마 느꼈으면 한다.

한 보고서에 따르면 구매 정보를 얻기 위해 유튜브 영상이나 SNS를 이용하는 사람은 전체 고객의 90.4%에 달한다고 한다. 사람들은 상품을 구매하기 전에 인터넷이나 SNS에서 상품 평을 리뷰하는 경우, 인플루언서크리에이터들의 영향력이 확대된다. 크리에이터인플루언서가 소개하는 제품은 실제 사용해 보고 추천한다는 인식과 함께 인플루언서를 활용한 광고는 유명인의 사용 후기에 가깝다.

즉, 제품 구매 의사결정에 큰 영향을 끼칠 가능성이 높다. 기업은 과거처럼 제품 판매보다는 브랜드와의 관계 맺기와 브랜드에 대한 호감도가 높아진다면 이후에도 구매로 이어질 가능성에 투자한다.23

그래서 특정 브랜드를 '팔로우follow' 한다든지, '좋아요'를 누른다든지, 리트윗retweet을 하는 행위는 기업의 브랜드 마케팅의 성공으로 해석되는데, 이런 방식엔 문제가 있다는 지적이다.

사회적으로 문제가 된 드루킹 사례에서 알 수 있듯이, SNS '팔로워'나 '좋아요'는 매크로 프로그램을 이용해 얼마든지 조작이 가능하다. 지윤성 팩트체커 saxoji@newstof.com는 다양한 근거 자료를 통해 67% 정도가 가짜 인플루언서라고 말한다. 물론, 해외에 비하여 조작 패턴이 복잡하거나 정교하지 않으며, 그들이 올리는 게시물들에 대한 관여도 지수의 시계열 패턴만 봐도 1차적인 선별이 가능하다고 한다.

따라서 마케터들은 늘 그렇듯 성공의 뒤에는 또 다른 어두운 면이 있다는 것을 알고, 가짜 동영상이나 가짜 뉴스, 이제는 가짜 인플루언서크리에이터들로 말미암아 사회적 문제가 될 수도 있다는 점을 인지한 마케팅을 필요로 한다.

3. 동영상 마케팅

독자 여러분이 신제품을 개발한 중소기업인이라면 가장 빠른 제품 홍보를 위해 어떤 방법을 택할 것인가?

과거 '2013년 4월, 10년 만에 가요계로 돌아온 조용필은 19집 앨범 '헬로'의 쇼케이스를 네이버 뮤직을 통해 인터넷으로 생중계했다. 당시 10대 아이돌 그룹에서나 볼 수 있는 파격 행보였다. 1시간여 동안 전 세계로 생중계된 이 날의 쇼케이스는 25만여 건의 동시 접속자 수를 기록했다. 이는 5만 명을 수용할 수 있는 잠실 주경기장을 가득 채우고 5차례 공연한 것과 같은 수치다.

이후 '가왕' 조용필부터 갓 데뷔한 신인가수들까지 가요계는 'SLS 마케팅'에 푹 빠졌다. 이 외에도 이미 알려진 바와 같이 SLS로 재미를 톡톡히 본 대표적인 가수는 싸이였다. 뒤를 이어 소녀시대, 빅뱅, 트와이스, 최근의 BTS에 이르기까지 동영상 마케팅은 실로 대단하다. 독자들도 알다시피, 불과 몇 년 전 세계를 휩쓴 싸이의 '강남 스타일'의 경우 유튜브라는 동영상 플랫폼이 없었다면 '강남 스타일 신화'는 탄생될 수 없었을 것이다.

이 사실을 누구보다 잘 알게 된 싸이는 2012년 가을부터 SLS를 적극 이용했다. 스마트폰이 세상에 나오고 그것을 기점으로 소셜 미디어가 대중화되면서 유튜브라는 동영상 플랫폼은 자연스럽게 스마트폰의 앱을 통해 싸이와 이후 BTS의 음악을 전세계로 알리고 있다. BTS의 경우, 24시간 만에 조회 수 4,500만 뷰라는 경이적인 수치를 보여 줄 만큼 동영상 마케팅은 중요하다.

이제 이러한 효과를 알고 데뷔하는 모든 가수들이나 연예인들은 또 다른 형태의 SLS를 경험하고 시도하고 있다. 개개인이 하나의 사업자이자 상품인 스타들은 자신의 1인 영상과 방송을 주된 이미지 업 채널로 활용하고 있는 시대가 된 것이다. 광고에 민감한 기업이 이를 놓칠 리 없기에 기업도 SLS를 중요한 광고 마케팅의 도구로 혹은 기업 이미지를 높이는 홍보의 툴로써 자리를 잡아 가고 있다.

그렇다면 이 소셜 라이브 서비스SLS란 무엇인가?

SLS를 제대로 풀어 보면 Social Live Service의 약어로 라이브 영상을 카카오톡, 트위터, 유튜브 등의 SNS를 통해 전달될 수 있는 플랫폼을 의미한다.

따라서 SLS 마케팅이란 '소셜 라이브 서비스Social Live Service', 즉 인터넷과 소셜 네트워크 서비스SNS를 통해 전 세계 누구에게나 방송을 시청하고 공유할 수 있는 '실시간 생중계 플랫폼'을 이용한 동영상 마케팅을 말한다.

다시 말해서 영상 콘텐츠를 인터넷 환경에 배포함으로써 상품이나 서비스 또는 기업 가치를 끌어올릴 수 있는 활동을 말하는 것이다. 그렇다면 '과연 이것으로 마케팅 활동이 가능할까?' 라는 의문도 생기겠지만, 스마트 기능을 바탕으로 한 이 시대의 KEY는 영상이다.

이른바 영상을 플랫폼으로 자라난 세대, 즉 라이브 제너레이션Live Generation이 새로운 소비시장의 타깃으로 성장하고 있고 무엇보다도 다양한 스마트 소셜 미디어의 출현으로 영상 콘텐츠의 중요성과 필요성이 동시에 작용하기 때문에 그 마켓은 더욱 확산될 수밖에 없으리라고 생각된다.

영상세대의 심리는 '보여주면 믿는다.' 그것도 **'생중계로 고객의 마음을 사로잡는 다는 것'**에서 출발한 것이 바로 소셜 라이브 마케팅 전략이다. 이것의 장점은 생생한 현장의 상황을 본인의 시선으로 느끼고 신뢰감이 생기면 구매로 이어질 수 있다는 것, 그리고 그 장소에 가지 않고도 현장상황을 볼 수 있다는 점과 함께 자신의 의견을 실시간으로 개진할 수 있어서 종전의 One Way Communication이 아닌 쌍방 간의 의사소통이 가능한 Two Way Communication을 자유자재로 할 수 있다는 점에서 더욱 신뢰감이 생길 수밖에 없는 것이다. 이것이 라이브 마케팅의 기본 개념이다.[24]

라이브 마케팅이 있다면 '동영상 마케팅은 또 무엇인가?'라고 의문을 가질 수 있지만, 사실 그 개념은 거의 동일하거나 특별한 차이가 없다. '앱러빈'의 유준범 이사는 '기본적으로 영상 소재가 캠페인에 많은 영향을 준다. 게임 플레이 영상의 경우, 손가락 아이콘으로 게임 플레이 가이드라인을 제시했을 때 광고 효율이 좋아진다. 한국 클라이언트의 경우, 배너 광고 때부터 이어오던 관습 때문에 주관적인 판단으로 광고 소재를 자주 교체하는 경향이 있는데, 좀 더 데이터 기반으로 의사결정을 진행해야 한다. 중요한 ROASReturn on Ads Spending; 광고비 투자수익률 기반으로 성과 기준을 잡아야 하는 것이다.

동영상 광고가 브랜딩을 위한 수단으로 사용되기 시작했지만, 모든 캠페인은 퍼포먼스를 주요 KPI핵심성과지표; Key Performance Indicator - 목표를 성공적으로 달성하기 위해 핵심적으로 관리해야 하는 요소들에 대한 성과지표로 생각하기 때문에 앞으로 데이터의 중요성은 더욱 커질 것으로 생각된다.'라고 말한다.

이 말은 앞서 조용필이나 싸이의 입장에서 다시 해석해 보면, ① **조용필은 인터넷 생중계로 25만여 건의 동시접속자를 기록했고,** ② **싸이 역시 2012년 10월 5일 서울시청 앞 공연에서 무려 145개국 160만 건에 달하는 조회 수를 기록한 결과**에서 핵심성과지표KPI인 관객을 사로잡을 그리고 영상으로 만날 수 있는 툴, 즉 인터넷 생중계와 동영상 라이브 스트리밍 플랫폼 유스트림을 이용한 시도였다.

다시 말해 캠페인은 퍼포먼스가 중요하므로 참여치 못하는 고객들을 위한 배려인지는 알 순 없지만, 고객들의 동영상 시청 행태에서 얻은 데이터를 고려했다고 여겨진다. 특히 시청 앞에 실제로 모인 관객이 8만 명이었으니, 싸이는 이날 서울광장 12배 규모의 콘서트장에서 전 세계 팬들을 모아 놓고 공연한 것과 같은 효과를 거둠과 동시에 8만 명이 한자리에서 자신에게 열광하는 모습을 세계에 홍보한 것이다.

결국 SLS나 동영상을 이용한 마케팅 활동은 큰 차이가 없지만 2017년 여름과 2018년 그리고 2019년까지 소셜 관련 마케팅 도구와 미디어들이 너무 다양화되어 영상을 접하지 않고는 어떤 내용을 이해할 수 없을 정도로 영상의 홍수 시대였다.

물론, 미래는 어찌 될지 알 순 없으나, 지금의 시대는 영상으로 커뮤니케이션을 하는 시대인 것만은 확실하다. 그러나 모든 걸 영상 속에 녹여 내지 못하는 것들도 분명히 있다. 그러므로 신제품을 개발한 중소기업인이라면 어떤 유형의 영상을 만들고 마케팅을 해야 할 것인지 항상 고민해야 할 것이다.

흔히 볼 수 있는 영상 패턴의 광고에는 어마어마한 댓글과 '좋아요'가 달린다. 대부분 반응이 꽤나 호의적이다. 짧으면서도 설득력 있는 영상을 본 소비자들은 처음 보는 브랜드임에도 불구하고 구매를 다짐하거나, 소셜 미디어의 경우엔 지인들에게 브랜드를 알리는 것을 허용하도록 요구한다. 따라서 이런 방식을 중소기업이나 스타트업 회사들도 많이 선호한다.

그 동안 유통업자나 회사들은 영상 제작자에게 일정 비용을 지불하고 광고 제작을 의뢰하는 것이 일반적이었다. 그러나 최근에는 영상 제작업자가 물건을 직접 유통하면서 제품을 가장 잘 표현할 수 있는 영상을 만들어 판매를 극대화하고 있다. 이것이 바로 요즘 스타트업 및 유통업계에서 주목하고 있는 '비디오 커머스' 혹은 '미디어 커머스'의 동영상 제작 방식이다.

과거 전통적인 영상 콘텐츠 제작 대행은 수익성이 낮았다. 주목을 받고 있는 MCNMulti Channel Network 역시 사정은 크게 다르지 않다. 유튜브 광고를 통해 한 달에 수천만 원을 버는 사례가 있기는 하나, 이것도 일부 스타 콘텐츠 크리에이터에 한하므로 페이스 북에 수백만 구독자를 보유하고 있는 모바일 영상 콘텐츠 스타트업의 수익성 문제는 여전히 숙제로 남아 있다.

또한, 광고만으로 회사를 유지하기에는 콘텐츠 제작 원가가 높은 데다 기업과 콜라보레이션collaboration을 통한 SNS 마케팅 영상 제작도 지속적인 광고주 확보가 아직까지는 어렵다. 광고주가 원하는 콘텐츠는 파급력이 약하고, 대중의 입맛에 맞는 콘텐츠는 광고주의 요구를 충족시키기 어렵다는 것도 풀어야 할 숙제다. 영상은 잘 만들 자신이 있지만, 만족할 만한 수익 모델이 없는 이들에게 바로 미디어 커머스는 급부상하고 있는 사업 아이템인 것이며 제품을 직접 확보한 다음에 영상 콘텐츠 마케팅을 통해 판매 이익을 취한다.

그래서 신제품을 개발한 중소기업은 영상을 잘 만들면서 고객 플랫폼을 확보하고 있는 영상제작 업체와의 콜라보가 중요하다. 영상의 파급력과 비례해 이익이 커지는 구조인 것이다. 한 모바일 영상 콘텐츠 기업 관계자는 '예전에 피부관리 팁Tip 영상을 만들었는데, 이 영상에 등장한 제품이 불티나게 팔렸다.'라고 말한다.

즉 '영상은 아무런 대가 없이 만들었지만, 제품을 유통한 업체는 큰돈을 벌었다.'라고 말했다. 특히 몬캐스트 설립자이자 메이크어스 이사였던 남대광 대표는 퇴사 후 블랭크TV를 설립하고 남성 화장품 브랜드 '블랙몬스터'를 런칭해 3개월 만에 15억 원의 매출을 올렸다. 그리고 담배 냄새를 확실히 잡아 줌으로써 이성에게 호감을 일으킨다는 '섬유 향수'와 수압을 높여주고 물을 정수해 주는 '샤워 꼭지'로 대박행진을 이어 갔던 적도 있다. 그리고 설립 초기부터 커머스로 방향을 잡은 '우먼스톡'도 동일하다.

SNS 플랫폼 대신 자체 애플리케이션앱과 포털 제휴에 주력해 자생력과 파급력을 동시에 노렸던 이들도 대부분 제품 영상을 제작해 자세히 소개하기도 했다. 비단 스타트업뿐만 아니라, 기존 유통 강자들도 미디어 커머스 시장에 관심이 많았다.

그런데 티몬은 '티비ON'을, CJ오쇼핑은 '겟꿀쇼'를 선보였고, 이외에도 수많은 스타트업과 기존 유통 강자들이 너도나도 경쟁에 뛰어들었으며, 또한 다른 업체들과의 경쟁과 단순히 영상에만 의존치 않는 새로운 방식인 블록체인 플랫폼과도 접목하는 사례에서처럼 이들이 미디어 커머스에 주목하는 이유는 높은 구매 전환율 때문이다.

어떤 광고보다 노출 대비 많은 구매를 이끌어 낸다는 것이 영상 콘텐츠가 가진 잠재력이다. 30초 안에 승부해야 하는 TV CF보다 더 많은 정보를 제공하면서, 텍스트나 이미지에 비해 전달력이 훨씬 강력하다. 하지만 영상을 통해 제품을 홍보하는 방식이 TV홈쇼핑에서 플랫폼을 바꾸고, 플랫폼에 맞는 영상을 제작하는 것 이외에 별로 다를 것이 없다고 주장하는 사람도 있는데, '부풀려진 것과는 달리, 실제 판매량은 대단히 저조했다.'라는 영상 콘텐츠 업자의 사례도 있기 때문이다.

이에 남대광 블랭크TV 대표 역시 '영상은 홍보나 마케팅 수단일 뿐이며 결국 제품 자체가 좋아야 성공한다고 생각한다.'라고 말한다는 점을, 신제품 개발에 제품광고나 홍보를 필요로 하는 대표는 새겨들어야 할 것이다. 아울러 앞서 언급된 미디어 커머스는 광의의 의미를, 영상 콘텐츠에 포커스를 맞춘 비디오 커머스 등은 아직 구체적인 개념이 정립되진 않았지만, 미디어 커머스 스타트업을 지향하는 관계자들의 말을 종합하면 가격과 품질 경쟁력을 갖춘 좋은 제품 확보가 하나이며, 다른 하나는 제품의 가치를 효과적으로 전달할 수 있는 영상 콘텐츠 아이디어라는 의미로 개념을 이해하면 될 것 같다.

그래서 우리도 알고 있는 페이스 북의 광고 영상이 검증된 포맷이지만 갈수록 신선함과 설득력이 떨어진다는 지적이 있다. 이제 새로운 영상 포맷이 필요한 시점임을 '미투' 전략에만 의존하지 않았으면[25]하는 바람을 가져 본다.

즉, 제품의 가치를 효과적으로 전달할 수 있는 영상 콘텐츠 아이디어가 필요한 신제품을 개발한 중소기업인이라면 세세하게 여러 부분을 되짚어 보면서 집행해야 되지 않을까 싶다.

독자들이 잘 아는 공중파 광고에까지 나오는 유튜브 최고령 1인 방송 창작자이하 크리에이터 박 할머니의 뷰티·여행 이야기를 모르는 분은 거의 없을 듯싶다. 박 할머니의 시청자는 10대부터 중장년에 이어서 고령층까지 그야말로 남녀노소 모두의 엄청난 인기를 받고 있다. 할머니의 콘텐츠는 파스타를 먹기도 하고 네일아트를 받기도 하고 아이돌 화장을 따라 하기도 한다.

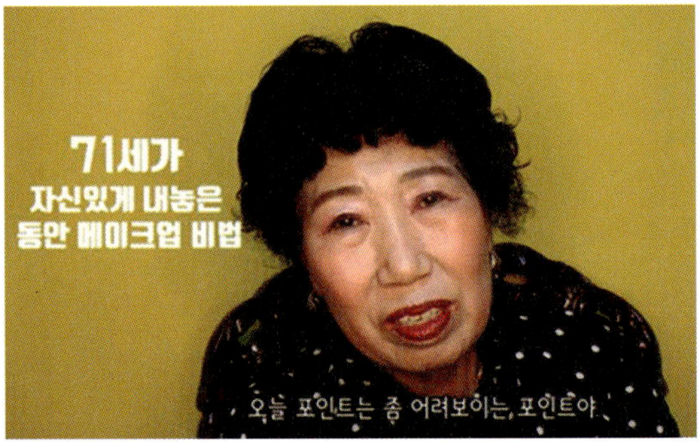

그림 2-3 유튜버 박막례 할머니

애초에 다양한 콘텐츠 속 주제는 '생전 처음 하는 일'이었다. 그 중에서도 박 할머니는 손녀가 찍어 올린 호주 여행기가 소위 '대박'을 치면서 일약 스타덤에 올랐다. 지금은 유명 홈쇼핑의 쇼 호스트로 출연도 하고 기업으로부터 협찬과 광고가 쇄도하는 스타 크리에이터로 성장했다.

이 박막례 할머니의 경우는 바로 앞서 언급된 '① 가격과 품질 경쟁력을 갖춘 좋은 제품 확보, ② 제품의 가치를 효과적으로 전달할 수 있는 영상 콘텐츠 아이디어'라는 부분에서 ②번에 해당하는 사례라고 볼 수 있다.

그리고 비슷한 시기에 유튜브 채널에서는 3세 '서은 이야기'가 있었다. 키즈카페나 수영장에 간 이야기, 심부름 간 이야기, 장난감을 갖고 노는 일 등 아이의 놀이를 다룬 4분여짜리 영상이 주요 콘텐츠였는데, 서은양의 부모는 부부의 맞벌이로 말미암은 애정 결핍을 육아일기로 채우기 위해 1인 방송을 시작했다고 한다. 당시 또래 아이들이나 부모들이 영상을 보면서 '최연소 유명 크리에이터'로 입소문을 탔다. 자연스레 일정 수입을 확보하며 아이와 함께 있는 시간도 늘었고 4분짜리 영상으로 두 마리 토끼를 잡은 셈이다.

이 외에도 키즈 콘텐츠가 인기를 끌면서 유튜브는 어린이 동영상 애플리케이션인 '유튜브 키즈'를 국내에 별도 출시하면서 기존 게임과 뷰티 및 먹방음식을 먹는 방송등에 편중됐던 1인 방송 콘텐츠의 다양화도 이뤄졌다. 이 여파로 초등학생들의 장래희망은 전문 유튜버 크리에이터로 성장하고 싶다는 말이 나올 정도였다.

2019년부터의 콘텐츠들은 정치·시사·상식 등 지식 탐구와 취미 등의 자기 계발 영역으로 범주를 확대하면서, BJ의 전유물이었고 유명 크리에이터들의 활동무대인 1인 방송 콘텐츠 시장에 기존의 스타급 연예인들이 도전하고 있다. 이에 기존 크리에이터들의 원성도 있지만, 연예인이라는 스타성을 바탕으로 인터넷 방송으로 세력을 확장하면서 일부 팬덤과 함께 대중들은 환호하고 있는 추세이다.

그리고 양방향적인 소통과 함께 또 마이너 플랫폼인 인터넷 방송에서 친숙하고 편안한 모습을 보여준다는 것도 '대중이 열광한다.'라는 차원에서 참여 중이기도 하다.[26]

물론, 위의 사례 외에도 여러 사례들이 있지만, 신제품을 개발한 중소기업인이라면 가장 기본이 되는 '① **가격과 품질 경쟁력을 갖춘 좋은 제품 확보와 생산에 주력해야 하는 것은 당연한 것이고, ② 제품의 가치를 효과적으로 전달할 수 있는 영상 콘텐츠 아이디어**'를 개발하고 구성하는 크리에이터들 또한 새로운 미디어비디오 커머스 시장을 여는 입장에서 질 높은 영상 콘텐츠를 제작해야만 상생은 물론이고 SLS 혹은 동영상 마켓의 확장성을 기대해 볼 수 있을 것이다.

이러한 확장성은 무엇보다도 바로 동영상 광고시장으로 이어지게 되는데, 독일 시장조사 기관인 스타티스타Statista에 따르면, 전 세계 디지털 동영상 광고 시장은 2015년 160억 달러약 19조 원에서 2021년까지 연평균 17% 증가해 2021년에는 450억 달러약 51조 원에 이를 것으로 예상하고 있다. 이렇게 디지털 동영상 시장의 확대는 MCN 산업의 확대도 있지만, 1인 미디어동영상 채널을 묶어서 활동하는 것을 의미한다.[27]

즉, 크리에이터를 채널단위 혹은 1인 미디어로 이해한다는 차원에서 유튜브 등 사용자 제작 콘텐츠UCC 플랫폼에 동영상 콘텐츠를 유통하고 여기에 광고를 유치해 콘텐츠 제작을 지원하는 등 매니지먼트와 마케팅을 대행하는 네트워크 사업으로의 확장성도 있다. 쉽게 말하면 크리에이터들의 기획사 & 에이전시 같은 개념이다. 물론, 콘텐츠에서 나온 수익은 크리에이터와 유통 플랫폼 사업자나 MCN 사업자 등으로 분배되므로 이 역시 상생의 의미를 포함한다.

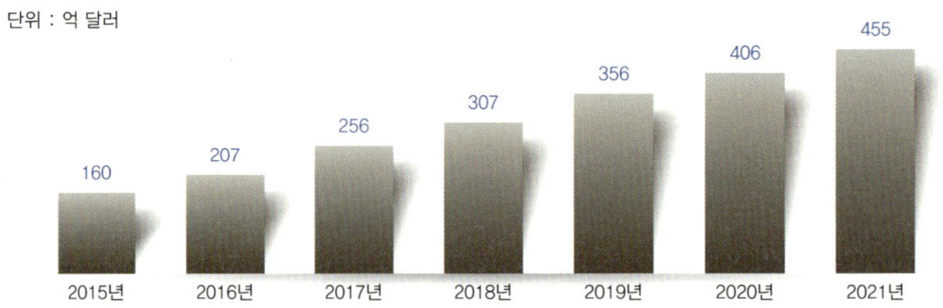

〈출처 : 스타티스타(Statista)〉

그림 2-4 전 세계 디지털 동영상 광고시장 규모 전망

미디어의 확장성을 바탕으로 동영상 콘텐츠 마켓은 2017년도에 태풍처럼 다가왔고, 페이스 북만 봐도 현재 대부분의 콘텐츠가 동영상으로 이루어져 있다. 또한 인스타그램 역시도 점점 동영상 콘텐츠가 늘고 있다.

실제 몇몇 동영상 마케팅 통계 자료를 보면, Cisco 1984년 미국 정보통신 회사는 2019년도까지 동영상 콘텐츠가 차지하는 인터넷 트래픽이 세계적으로 80%를 넘게 될 것이고 미국은 85% 이상이 된다고 발표했으며, Forrester미국 시장 조사 회사에 의하면 동영상을 포함해 이메일을 보내는 것은 클릭 점유율이 무려 200~300% 효과가 더 있으며, 이메일 마케터들은 1분의 동영상이 대략 1.8million180만 글자의 효과와 비슷하게 낼 수 있다고 하는데, 제임스 맥퀴비 James McQuivey 박사의 다양한 조언을 참고하라고 한다.

이 외에도 Youtube에서 동영상 소비자가 매년 100% 이상 증가한다고 말하고 있으며, ComScorce에서는 소비자들이 온라인에서 동영상 비디오를 시청한 후 약 64% 정도 상품 구매율이 더 높다고 발표하기도 했다. 그리고 Visible Measures미국 광고전문지는 동영상 광고를 보는 20%의 시청자가 10초 이내에, 또한 45%의 시청자가 1분 이내에 광고를 멈추며, 60%의 시청자가 2분 이내에 동영상 광고를 각각 멈춘다고 했다.

Jun Group미국의 광고회사의 경우에 동영상 콘텐츠를 만들 때는 15초 또는 그 이내에 만드는 것이 30초~1분짜리 광고보다 대략 37%나 더 효과가 있다고 판단했다. 신제품 런칭을 위한 동영상 마케팅 영상제작을 의뢰할 중소기업 회사나 또한 의뢰 받은 크리에이터와 유통 플랫폼 사업자 및 MCN 사업자 역시도 이러한 조건을 참고한다면 적절한 동영상 콘텐츠를 제작할 수 있을 것이다.

결국, 이러한 기관들의 발표 내용은 동영상에 대한 소비자들의 선호와 마켓의 확장 그리고 마케팅의 효과인 구매 등에 동영상 콘텐츠 마케팅의 필요성을 강하게 증명하고 있다는 점을 여러분들도 잘 알고 있을 것이다.

그리고 실제 동영상을 시청하는 소비자들은 왜 많은 양의 글을 읽는 것보다 동영상이나 비디오 보는 것을 더 좋아할까? 이유는 간단하다.

앞에서 이미 언급했던 것처럼 SLS나 동영상은 생생한 현장의 상황을 본인의 시선으로 느끼고 신뢰감이 생기면 구매로 이어질 수 있다는 것, 그리고 그 장소에 가지 않고도 현장상황을 볼 수 있다는 점과 함께 자신의 의견을 실시간으로 개진할 수 있어서 더 더욱 신뢰감이 생길 수밖에 없는 것이며, 이러한 것이 라이브 마케팅의 기본 개념이기도 하지만, 2014년 당시 유튜브의 하루 시청자가 대략 40억 명 정도였음을 감안할 때 현재 그 인원은 상상을 초월할 정도로 증가했음을 체감으로 예측해 볼 수 있을 것이다.

또한, 구글 다음으로 세계에서 가장 큰 동영상 검색 엔진이며, 독자 여러분의 홈페이지 등에 동영상을 활용하면 구글 페이지에 링크될 확률이 높다는 점에서도 비디오나 동영상[28]이 좋아할 만한 이유가 될 것이다. 그래서 중소기업의 마케터들은 마케팅 효과를 높이기 위해서는 '가격과 품질 경쟁력을 갖춘 좋은 제품 확보와 생산에 주력'하고 '데이터를 기반으로 한 의사결정'과 'ROAS광고비 투자수익율 기반의 성과 기준'에 의한 KPI핵심성과지표의 틀을 통해 '제품의 가치를 효과적으로 전달할 수 있는 영상 콘텐츠' 를 제작한다면 훌륭한 성과를 거둘 수 있을 것이다.

물론, 이러한 방향성 외에도 트래킹Tracking을 분석해 보면 어떠한 분들이 이메일을 검색했는지, 어디까지 봤는지 혹은 재생시켰는지, 몇 번이나 재생했는지 등에 대한 여러 통계 자료들을 획득할 수가 있기에 2차로 마케팅 전략을 수립하는 데도 도움이 된다는 것에서 동영상 마케팅 전략은 필연적이 될 수밖에 없을 것이다.

다만 최근 ICT를 바탕에 둔 여러 전략들이 일종의 유행처럼 이해되는 경향이 있지만, SLS & 동영상과 같은 유형의 Tool들에 제대로 시스템을 정립시켜 둔다면 장기적으로 마케팅 전략의 퀄리티quality를 확보할 수 있는 훌륭한 도구가 될 것이다.

4. 인플루언서

셀러브리티Celebrity 혹은 셀럽Celeb이란, 대중들로부터 주목을 받고 영향을 끼치는 사람으로서 유명인有名人이라는 단어로 더 많이 사용하던 용어다.

이 용어는 부와 명성을 가진 사람이나 특정한 분야에서 엄청난 인기와 영향을 끼치는 사람을 뜻하는 동의어로 자주 사용되는데, 요즘은 대세大勢라는 용어로 지칭하기도 한다. 유튜버 혹은 크리에이터 등으로 부르기도 하는데 특정 분야에서의 영향력으로, 소지하고 있는 물건이나 행동들은 화제가 되어 크고 작은 유행을 일으키는 등 대중적·문화적 영향을 끼치기도 한다.

따라서 이러한 영향들 때문에 이들에게는 일반인보다 더 조심성이 요구되기도 하지만 특정 분야주로 스포츠와 연예 관련분야에서 성공적인 경력으로 명성을 얻은 사람들이 자신의 분야에서의 성공과는 달리 자신의 부를 과시하는 사치스러운 생활이나 엄청난 재산 공개로 언론의 관심을 끌고 심지어 범죄와 같은 악행을 저지르며 눈살을 찌푸리게 하는 경우도 종종 있다.

세계적인 셀럽으로는 팝 스타와 배우 그리고 스포츠 스타들이 있고, 미국의 할리우드 배우나 미식축구·농구·프로야구 선수들의 영향력이 미치지 않는 곳이 없을 정도로 그 범위가 점점 넓혀지고 있는 가운데 우리나라에서도 이미 유명 연예인이나 스포츠 스타들을 셀럽으로 여기는 분위기이다. 이처럼 셀럽들의 영향력 때문인지, 최근 '타인에게 영향력을 끼치는 사람Influence + er'이라는 뜻의 인플루언서라는 신조어가 등장했다.

인플루언서는 디지털 미디어인 스마트폰과 SNS가 발달함에 따라 각 SNS 채널별로 수만 명에서 수십만 명의 팔로워follower를 보유하고, 트렌드를 선도하거나 타인에게 영향을 끼치는 사람들이 등장했는데, 이들은 기존의 셀러브리티처럼 유명하지도 않고 연예인처럼 외모나 퍼포먼스로 인기를 얻지 않았음에도 불구하고 사람들에게 큰 영향력을 끼치기 시작했다.

이러한 인플루언서들의 영향력을 활용한 마케팅을 인플루언서 마케팅이라고도 일컫는데 중국에서 크게 이슈가 된 바 있는 왕홍마케팅 역시 이러한 인플루언서 마케팅의 하나라고 볼 수 있다. 패션이나 메이크업 스타일 등 일상생활 하나하나가 팔로워들에게 영향을 미치는 유명인사를 뜻하는 '왕홍網紅'은 경제 유발효과가 몇 년 전만 해도 연간 1천억 위안18조 원에 달했을 정도였다.

한국에서도 모두 관련 사업에 뛰어들었는데 롯데백화점의 서울 소공동 본점에서 인플루언서 여성 의류 브랜드숍 '아미 마켓'을 선보여 2017~2018년 당시 월평균 1억 원 이상의 매출을 올렸다. 아미 마켓은 개장 당시 '바이미나'·'에스실'·'컬러풀디엔에이' 등 3만 명 이상의 팔로워를 가진 인플루언서들과 함께 시작했으며 현재까지 수십 개 이상의 인플루언서 브랜드를 선보였다.

현대홈쇼핑의 인터넷 쇼핑몰 현대H몰의 경우도 인플루언서들의 패션·잡화 브랜드를 한 곳에 모은 온라인 매장 '훗Hootd'을 열었는데, 이곳에는 여성의류·핸드백·보석류·화장품·건강식품 등을 판매하며, 훗에 입점한 인플루언서는 팔로워 수만 140만 명에 이르렀고, 이에 따라 현대H몰은 훗에 입점한 인플루언서 브랜드를 20개까지 확장하기도 했다. 신세계백화점 역시 화장품 편집숍 '시코르'를 열어 170만 명에 달하는 뷰티 유튜버 이사배를 초청해 메이크업 쇼를 하고 이를 페이스 북 신세계 공식계정을 통해 실시간 중계하기도 했다. 이 외에도 인플루언서들은 백화점 문화센터에서도 환영을 받았다.

〈출처 : 연합뉴스〉

그림 2-5 롯데백화점 본점의 인플루언서 매장 '아미마켓'

신세계백화점 아카데미는 '박스미'·'김뽀마미'·'심으뜸' 등 SNS에서 30만 명 이상의 팔로워가 있는 스타 강사들의 다이어트, 운동 관련 특별강좌를 마련해 인기를 끌었으며, 롯데백화점 관계자가 '패션 트렌드의 중심이 되는 20~30대가 다른 미디어 채널보다도 인스타그램 등 SNS의 영향을 많이 받으므로 유통업계가 인플루언서들을 자사 채널로 끌어와 젊은 고객 수요를 확보하고 있다.'라고 말한 것[29]을 볼 때 백화점이나 여타의 유통업체들이 인플루언서 마케팅을 앞을 다투어 진행을 하는 이유는 새로운 고객을 확보하는 데 있어서 용이하다는 의미일 것이다.

미국의 유명한 포브스지는 당시 2018년을 지배할 영향력 있는 마케팅 트렌드로 '인플루언서 마케팅'을 꼽을 정도로, 인플루언서 마케팅은 단순한 '입소문' 마케팅을 넘어서 마케팅 트렌드의 주류로 자리 잡았다고 보아야 할 것이다. 2017년 미국 내 광고주들이 소셜 채널 중 인스타그램 인플루언서 마케팅에만 약 10억 달러약 1조700억 원 가량을 투자할 정도이니 이에 대해 반론을 제기할 여지는 별로 없어 보인다.

인플루언서는 이미 고정적인 팔로워를 보유하고 있어 다른 소비자들을 끌어들이기 쉬운 사용자이다. 따라서, 인플루언서를 통한 마케팅은 상대적으로 짧은 기간에 처음부터 큰 규모의 잠재 고객 확보가 가능하다.

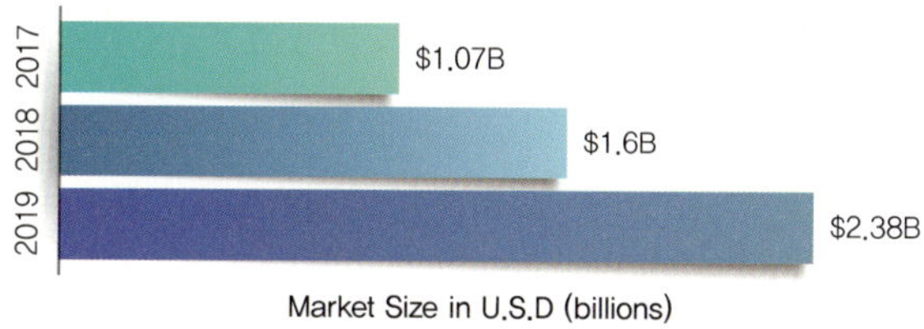

〈출처 : http://mediakix.com/2017/03/Instagram-influencer-marketing-industry-size-how-big/#gs.uuxr8dy〉

그림 2-6 2017-2019 인스타그램 시장 성장 예측

기업이 인플루언서를 매개로 덜 직접적이면서도 친숙한 방식으로 잠재 고객과 소통할 수 있기에, 다양한 규모의 인플루언서를 통한 '자연스러운 침투' 마케팅은 기업들에게도 매우 중요한 마케팅 방법론으로 받아들여지고 있다.

특히 미디어 콘텐츠와 해시태그를 통해 유입과 접근이 쉬운 인스타그램은 그 특성상, 인플루언서를 통한 마케팅이 비교적 초기에 도입되어 가장 효과적인 인스타그램 마케팅 방법 중 하나로 자리 잡았다. 알고리즘의 변화로 유기적 도달률이 유의미하게 떨어지고 있는 현 상황에서, 인스타그램에서의 인플루언서 마케팅의 중요성이 커지고 있는 이유로도 이해가 될 것이다.

좀 더 구체적인 이유를 찾아보자면, **첫 번째 이유는 밀레니얼 세대의 인스타그램 체류시간과 가입자 증가 때문**이라 할 수 있다. 구매 잠재력이 높은 세대인 밀레니얼 세대http: //goo.gl/1uSoJk가 페이스 북을 이탈하여 인스타그램으로 이동하고 있다.http://goo.gl/y i1feA. 특히, 밀레니얼 세대의 소비력이 매우 높은 만큼 향후 시장에서의 성패는 '밀레니얼 세대'를 '누가, 어떻게' 확보하느냐에 달렸다.

두 번째 이유는 인스타그램이 소비자의 구매에 주는 영향력 때문이라고 할 수 있다. 밀레니얼 세대의 경우, 인스타그램에서 특히 더 많은 패션·뷰티 콘텐츠를 소비하고 있고 실제 구매에 영향을 받고 있다.

특히, 인스타그램 유저들은 자신이 팔로잉을 하는 인플루언서의 취향을 추종하면서 그들의 관심사와 라이프스타일을 모방하려는 경향이 강하다. 따라서, 인스타그램에서의 인플루언서 영향력을 통해 진행하는 인플루언서 마케팅의 투자대비 수익률이 높아지는 것은 어찌 보면 당연한 결과라고 할 수 있다. 실제로 2017년도 미국 광고주를 대상으로 한 조사 결과에 따르면 **인플루언서 1인에게 1달러를 투자했을 때 수익이 평균 6.5달러, 즉 6.5배의 투자대비 수익**ROI을 거두었다[30]고 한다.

ROI 목표치를 달성하기 위해서는 무엇보다도 정확한 KPI의 설정과 어떤 식으로 효과를 측정하는지가 매우 중요하기에, 합리적인 목표 설정과 실행 방법을 구체화하는 것이 필요한데, 이때 인플루언서 마케팅이 효과가 있다는 것을 미국의 광고주들이 느끼고 있기 때문이다.[31]

그러나 팔로워 수가 많다고 해서 모두가 유명한 인플루언서는 아니다. 이 분야도 나름의 팔로워 규모별로 나뉘어져 있고 소위 전문 분야별로도 나뉘어 각각의 전문성을 입증하고 있으며 종전의 유명한 연예인이나 셀럽들이 여기저기 전문성과 상관없이 유명세에 기대를 거는 제품 광고나 TV 영상광고와는 분명히 차별성이 있다.

독자 여러분들도 한 번쯤은 동영상을 틀 때나 어떤 사이트를 클릭할 때 물밀 듯이 광고들이 재생되어 피로감과 짜증을 느낀 경험이 있을 것이다. 디지털 플랫폼에 넘쳐서 흐르는 수많은 광고에 지친 소비자들은 광고 자체에 대한 관심과 신뢰도가 이미 매우 낮다. 조사에 따르면 92%의 온라인 소비자가 친구나 지인의 추천을 신뢰하고 의존하는 반면, 소셜 플랫폼에서 접하는 광고를 신뢰하는 이들은 반에도 못 미치는 36%에 불과하다고 한다.

이는, 식상한 광고의 효과적인 대안으로 인플루언서 마케팅을 선택하는 또 하나의 이유가 될 것이다. 이는 마케터들이 이제는 소비자들에게 일방적으로 메시지를 강요하고 주입하는 것이 아니라, 소비자들이 생활 속에서 자연스럽고 흥미롭게 브랜드의 메시지를 접하고 이에 공감하게 해야 한다는 시사점을 던져준다.

Intuit의 Scott Cook은 '우리가 어떤 브랜드인지 소비자에게 알려주는 시대는 이제 지났다. 소비자들 사이에 공유되는 이야기가 곧 그 브랜드의 이미지가 되는 것이다.'라는 말에서 팔로워 수가 많은 인플루언서는 곧 해당 브랜드의 이미지를 만들고 또 추종자들이 그의 말에 동의하고 있다는 것을 알 수 있다.

이는 곧 백화점, 유통업계, 여타의 채널들이 유명한 인플루언서들과 협업을 원하는 이유이기도 한 것이다. 그러나 이 인플루언서에도 규모와 효율을 얻기 위한 비용적인 측면이나 효율성을 기하는 선택의 기회들이 있다는 것도 알아야 한다. 그것은 소위 인플루언서의 규모별로 분류된 메가, 매크로, 마이크로, 나노 인플루언서로 나눌 수 있다.

일반적으로 유명 연예인, 운동선수, 작가 등 대중에 이미 이름을 널리 알리고 있는 사람은 '메가Mega 인플루언서'라고 할 수 있다. 흔히 말하는 '셀럽'에 해당하는 이들로서 수백만 명의 팬을 아우른다. 그러나 단기간에 제품과 브랜드 인지도를 높이기에는 쉽지만, 광고주 입장에서는 비용 부담이 크다.

다음으로는 '매크로Macro 인플루언서'인데, 특정 타깃 층에 영향력을 행사할 수 있는 각 분야 전문가를 뜻한다. 특정분야에 전문적인 식견의 교수, 기자, 게임이나 뷰티전문 크리에이터 등이다. 이들은 수만~수십만 명에 이르는 가입자나 팔로워를 확보하고 있는 온라인 커뮤니티·페이스 북 페이지·블로그·유튜브 채널 등 운영자들도 여기 속한다.

그래서 매크로 인플루언서는 연예인처럼 직접 협찬 문의가 오는 경우도 많다고 한다. 세 번째 단계는 흔히 1만 명 미만의 팔로워를 보유한 사람으로서 '마이크로Micro 인플루언서'라고 부른다. 셀럽들보다 소통이 잘되기 때문에 팔로워는 보다 쉽게 친밀감을 느끼고 충성도도 높다.

마이크로 인플루언서의 특징은 본업이 따로 있고 마케팅은 부업이라는 점이다. 거액의 비용이 필요한 메가·매크로 인플루언서와는 달리, 광고비가 저렴하고 제품할인이나 선先경험을 제공하는 것만으로도 섭외가 가능하다. 그리고 마지막으로 '나노Nano 인플루언서'는 1,000명 미만 팔로워를 갖는 개인 블로거나 SNS 이용자다. 제품이나 브랜드에 대해 이야기할 의사는 있지만 파급력은 미미한 사람들이다. 단, 할인 등 프로모션에 민감하게 반응하고 시간이 지날수록 영향력이 커질 가능성이 있기 때문에 주목할 필요가 있다.

안수현 SMC E&M 대표는 '팔로워 100만 명을 보유한 인플루언서를 1명 섭외하는 비용 대비 팔로워 1만 명을 가진 마이크로 인플루언서 100명 섭외할 때 드는 비용은 3분의 1 수준에 불과하다. 기존 광고 제작자들이 생각하지 못했던 획기적인 콘텐츠를 큰 돈 들이지 않고 여러 개 만들어 낼 수 있다는 장점이 있다.'라고 설명하는 말에서 앞서 필자가 말한 비용 대비 효율성이 있다는 점을 염두에 둬야 할 것이다.

한편, 인플루언서뿐만 아니라 개념이 유사한 크리에이터라는 직종 역시도 유튜브 같은 영상매체를 활용하는 전문가들이고, 스마트 디바이스인 디지털 미디어인 유튜브 채널과 페이스 북, 인스타그램, 트위치 등을 다양하게 활용하는 직종이 서로 혼용되어 하나의 산업으로 자리 잡아 가고 있다.

앞서도 인플루언서 마케팅에 대한 트렌드를 짚어 본 바, 그 가능성에 대해 어느 정도 이해력이 생겼다면, 이 인플루언서 마케팅 활동을 어떻게 펼쳐야만 보다 더 효율적인 결과를 얻을 수 있을까? 또한, 일반 회사들이 광고와 같은 소비자와의 커뮤니케이션 활동을 인플루언서들에게 맡기면 되는 것인지? 사실 지금도 인플루언서 마케팅은 계속 진화 중이다.

늘 그렇듯 트렌드의 변화는 마치 생물처럼 움직인다. 그렇기에 인플루언서 마케팅 활동이 시의적절한 듯싶지만, 4차 산업혁명에서의 IT산업과 융합되는 다양성을 고려한다면 섣불리 참여하거나 그렇다고 멀리하기도 모호한 시각이 있다. 그러나 대내외적 세계 경제 흐름이 미국의 금리인상 혹은 인하 등의 변동은 동남아 지역 같은 신흥국 또는 중진국에게 자칫 유동성 위기라는 변수 등을 고려하여 적절하고 면밀한 활동을 단기간 내에 시행하는 것도 나쁘진 않을 것으로 보인다.

그래서, 김민석미디언스대표; www.mediance.co.kr은 인플루언서 마케팅 전개시 효율을 얻을 수 있는 몇 가지 방안들을 인스타그램 플랫폼으로 정리했는데, 인스타그램 인플루언서 마케팅 KPI는 어떻게 설정하는가?

인스타그램 인플루언서 마케팅에서 점차 '인게이지먼트좋아요, 댓글가 중요해지고 있다는 점'이나 '인스타그램 인플루언서 마케팅은 어떻게 효과를 측정하는지' 등에 대해 설명하고 있다.[32]

인스타그램 인플루언서 마케팅 KPI는 인플루언서 팔로워 수를 노출로 설정하는 CPMCost Per Mile 방식이 있다. 인플루언서들이 팔로워 수에 따라 보상을 받는 것으로서 기존 DADisplay Ads의 방식과 같다고 말한다.

또한, 2017년 까지는 노출CPM 위주의 인플루언서 마케팅이 이슈가 되었다면, 2018년에는 인게이지먼트 CPECost Per Engagement가 중요하다. 그 이유는 인플루언서의 평균 인게이지먼트는 2.5%팔로워/좋아요+댓글로 보는데, 평균 이상의 인게이지먼트가 나왔다면 성공한 인플루언서 마케팅 캠페인이였다고 평가할 수 있기 때문이다.

물론, CPCCost Per Click, CPICost Per Install, CPSCost Per Sales 등의 퍼포먼스 지표를 KPI로 설정할 수도 있겠지만, 어디까지나 현실적 적용에는 차이가 있을 수 있다. 그래서 인스타그램 인플루언서 마케팅은 어떻게 효과를 측정하는지가 중요하다. 실제 인플루언서 마케팅 후 퍼포먼스 효과를 측정하기 위한 인스타그램에서 제공하는 직접적인 분석 툴은 아직까지는 없지만, ① A라는 서비스는 고가의 상품을 렌탈해 주는 서비스, ② 이 서비스를 라이프스타일에 영향력 있는 B 인플루언서와 인플루언서 마케팅을 진행, ③ 마케터는 인플루언서 마케팅 효과 측정을 위해 모든 디지털 마케팅을 잠시 홀딩, ④ 파워 인플루언서인 B인플루언서가 미디어 포스팅을 진행한 3일 동안 국내 대표적인 포탈인 네이버의 검색 쿼리 10배 이상 증가, 해당 서비스 가입자 수의 증가 등이 있다.

즉, B 인플루언서가 올린 인스타그램 미디어를 보고, 많은 팔로워들이 A서비스를 검색해서 가입한 경우처럼 마케터가 가설을 설정하고 간접적인 방법으로 효과를 측정하는 사례를 예로 들고 있다.

이처럼 인플루언서들은 인스타그램의 인플루언서 마케팅이나 또 다른 SNS 내에서의 인플루언서 마케팅 활동에서 브랜드를 대신하여 잠재 고객의 신뢰를 얻는 데 도움을 주는 존재이므로 스스로의 존재에 대해 신뢰구축을 위한 노력도 필요하지만 이에 앞서 마케터나 광고주 역시도 꼼꼼히 들여다보아야 한다.

이미 2020년에 이르고 있는 시대의 트렌드가 모든 형태의 마케팅을 대변하는 것이 아니기 때문이다. 그러기에 공정위가 인플루언서 마케팅이 일반인이 쓴 후기 형식을 가장한 기만광고일 가능성이 높다는 데 있어서 실태조사를 한다고 발표했다.

일부 브랜드나 쇼핑몰들이 일반인 모델들에게 아무런 대가 없이 쓰는 정보성 후기인 양 광고 글을 올리게 하고 있기 때문이다. 공정위가 제정한 '추천·보증에 관한 표시·광고 심사 지침'의 2016년 개정지침에 인스타그램 등 SNS에도 동일한 규제를 적용하고 있지만, 효과가 있다고 판단되는 마케팅 활동에는 적정선이 필요한 것은 사실이다.

그렇지만 인스타그램은 여러 소셜 채널 중에서도 지속적인 성장세를 보임과 동시에 다양한 마케팅 방법이 실험되고 있는 플랫폼이므로 2018년의 인스타그램과 인플루언서는 폭발적인 성장세로 이어져 왔다. 더불어 2019~2020년에 이르러서는 별도의 IGTV를 만들어 동영상 플랫폼의 폭발적인 확장을 불러왔다.

5. 플랫폼 마케팅

플랫폼이라는 단어의 사용은 IT 업계에서는 꽤 오래 전부터 사용되어 왔다. 지금은 일반화된 단어이기는 하나, 원래 일반적으로 플랫폼이라고 하면 가장 먼저 '기차역'을 떠올리게 된다. 사전적으로도 '사람들이 기차를 쉽게 타고내릴 수 있도록 평평하게 만든 장소'이다.

즉, 이 단어를 풀어 보면 'flat편평한 + form모습'으로 편평한 장소를 강조하지만, 만들어진 목적은 여러 사람이 이용하기 편리하게 하기 위함이다.

그래서 '플랫폼'이라고 이야기할 때는 '많은 사람이 쉽게 이용하거나 다양한 목적으로 사용된다.'라는 특징을 차용하여 말하고 있다. 따라서 IT 업계에서는 '기반 OS'나 '기술 환경'들을 말하기도 하는데, 많은 어플리케이션을 쉽게 사용할 수 있게 해준다는 특징이라고 할 수 있다.

이렇게 플랫폼이라는 용어가 각 분야에서 사용되는데, 특히 하드웨어 플랫폼의 경우에 위키피디아에서는 Platform Technology를 '제품 개발을 가능하게 하는 기술이나 현재 또는 미래의 개발을 지원하는 프로세스'라고 한다.

또한, 일반적인 기업들은 하드웨어를 '대량으로' 생산 판매함으로써 이익을 추구하므로 동일 품질의 제품을 안정적으로 만들기 위한 '공산품화'에서 '프로세스Process'와 '자동화Automation'는 필수 요소이다. 이런 '프로세스와 자동화'는 생산품질이 사람의 기분에 따라 변하지 않게 함으로써, '일정한 품질의 제품'을 '낮은 원가'로 만들 수 있게 해준다.

바로 하드웨어 플랫폼은 이런 '프로세스'와 '물리적 장치'가 곧 플랫폼인 것이다. '현대 소나타'와 '기아 K5'가 플랫폼을 공유한다는데, 이들이 공유하는 플랫폼에는 엔진이나 조향장치 등도 들어가지만, 품질검수 및 부품의 표준규격도 함께 포함된다.

이처럼 여러 요소들이 함께 있어야 개발비용이 낮아지고 품질수준을 쉽게 높일 수 있기 때문이다. 즉, 하드웨어에서 플랫폼이란 표준 공정을 통해 다양한 제품을 만들어 내는 기반이자 도구를 지칭한 말이다. 'ISO 9001인증' 등의 경우가 생산공정과 절차 등에 관한 인증을 받는 이유가 바로 하드웨어 플랫폼의 우수성을 확인받는 것이다.

이 외에도 소프트웨어가 하드웨어 부품의 역할을 대신하면서 소프트웨어 플랫폼도 있고, 웹 서비스가 등장하면서 서비스 플랫폼이라는 용어도 등장했다.

'트위터'나 '페이스 북'과 같은 플랫폼은 사용자가 원하는 서비스 기능을 쉽게 사용할 수 있게 인터넷 기반의 기술 환경을 조성했으나, 포털의 경우는 자사만의 폐쇄적 콘텐츠 환경을 만드는 데 주력했다는 데서 서비스의 차이가 있다.

또한, 스티브 잡스의 애플은 플랫폼을 애플 생태계를 위한 도구로 사용하면서 PC 성능을 가진 모바일 기기에 PC 운영체제를 탑재한 앱스토어를 올렸다. 아이폰은 콘텐츠어플리케이션 판매자와 구매자가 오고 가는 플랫폼이 되게 한 후 운영정책이나 지원조직 등을 만들어 플랫폼이 스스로 유지될 수 있도록 생태계를 만들었다. 그리하여 IT의 역사가 새롭게 바뀌어 버림과 동시에 단순히 기계적인 하드웨어나 소프트웨어적인 플랫폼의 개념에서 장터, 즉 마켓 플랫폼이 되는 기회가 된 것이다.

이렇듯 애플은 가상의 콘텐츠 시장을 비즈니스 플랫폼으로 구현하고 실현하기 위해 여러 가지 플랫폼들을 사용했으며, 사업의 복잡성이 가속화되면서 플랫폼이 여러 갈래로 얽히게 되자 사람들은 다양한 용도로 플랫폼이라는 용어를 사용하기 시작했는데 이것을 사업, 즉 비즈니스 플랫폼이라고 부르게 된 것이다.[33]

스마트 폰·태블릿·PC·모바일 기기가 넘쳐나고 있는 현재, 사용자와 디바이스 혹은 서비스를 연결해 주는 '플랫폼'이 만약 없다면, 기기의 사용은 당연히 어려웠을 것이다.

특히 움직이는 모바일 기기의 플랫폼은 우선, 서비스 앱이 실현 가능하도록 해주는 운영체제의 OS플랫폼, 그리고 우리가 게임·SNS·인터넷과 같은 서비스를 하게 해주는 서비스 플랫폼으로 나뉘어지는데, 여기서 OS플랫폼은 응용 어플리케이션과 서비스가 개발·작동될 수 있게 해주는 플랫폼으로써 PC에서 한글이나, 파워포인트·인터넷과 같은 프로그램을 하기 위해서 Windows라는 운영체제가 필요한 것처럼 이 역할을 모바일 기기에서 하는 것이라는 것을 누구나 알고 있다.[34]

한편, 특정 서비스를 사용자가 이용할 수 있게 하는 것은 서비스 플랫폼이라고 하는데, 카카오톡·네이버 길찾기·트위터와 같은 어플리케이션이 바로 모바일 서비스 플랫폼SNS, 쇼핑, 네비게이션 등이다. 위의 예시처럼 모바일 기기가 대중화될수록 서비스 플랫폼 업체들은 사용자들을 확보하기 위해서 더 많고 다양한 서비스를 제공하게 될 텐데, 에어컨이나 밥솥 등 가전기기를 밖에서도 스마트폰을 통해 작동시킬 수 있게 하는 모바일 서비스 플랫폼들을 통해 우리 삶의 편리를 느끼면서, 가까운 미래에 얼마나 더 다양한 서비스가 제공될지 기대가 된다.

그림 2-7　OS플랫폼 이미지

삼성경제연구소에서 발표한 '성장의 화두, 플랫폼'에서는 플랫폼을 '**다양한 용도에 공통적으로 활용할 목적으로 설계된 유·무형의 구조물**'이라고 정의하고 있다.

즉, 컴퓨팅뿐만 아니라 비즈니스 등의 모든 영역에 대해 범용으로 적용할 수 있는 폭넓은 개념으로 플랫폼을 설명하고 있는 것이다. 네이버 지식 사전과 삼성경제연구소 발표 자료의 내용들을 참조하면 결국 플랫폼이란 '**자신의 시스템을 개방하여 개인이나 기업 할 것 없이 모두가 참여하여 원하는 일을 자유롭게 할 수 있도록 구축된 환경으로서 플랫폼 참여자들 모두에게 새로운 가치와 혜택을 제공해 줄 수 있는 시스템**'이라고 정의할 수 있을 것이다.

이미 대중화된 플랫폼의 흔적들이 많은데 무슨 얘기인가라고 할 수 있겠지만, 그간의 플랫폼이 대부분 IT를 기반으로 한 플랫폼이었다면 좀 더 고객 친화형에 맞춰진 플랫폼의 레벌루션revolution, 혁명이 일어날 것 같다는 것이다.

즉, 스티브 잡스가 행한 기술적인 플랫폼 베이스가 아닌, 공유하고 참여하는 거래를 기본으로 하는 비즈니스 유형의 앱스토어를 플랫폼으로 만들었듯이, 그러한 일이 일어나지 말란 법이 없기 때문이다. 또한, 지금은 플랫폼이 대세이고 Next Market에 있어서 중요한 가늠자가 되고 있을 정도이기에 더욱 그럴 것이다.

이러한 플랫폼 비즈니스의 흐름은 몇몇 연구나 기업사례에서 이미 나타났으며, 지속화되고 있다. Platform Biz의 개념을 Parker 외2016는 플랫폼 비즈니스를 외부 생산자와 소비자 간의 상호작용을 통해 가치를 창출할 수 있게 하는 비즈니스로 정의한다. 이를 위해 플랫폼은 구성원간 상호작용을 가능케 하는 개방적인 참여 인프라를 제공하며, 관리 조건을 설정한다.

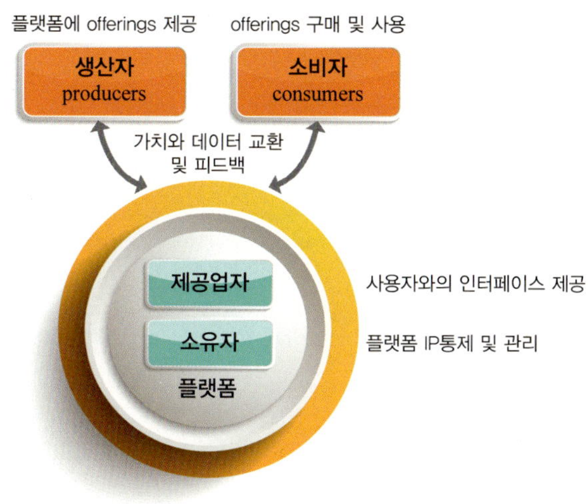

〈출처 : Van Alstyne 외, 2016〉

그림 2-8 플랫폼 생태계 구성요소

플랫폼의 목적은 사용자 간의 최적 조합을 찾아내고 제품과 서비스, 그리고 소셜 화폐 등의 교환을 촉진함으로써 모든 참여자들의 가치를 창조하는 것이다. 이러한 플랫폼은 다양한 형태로 존재하지만, 소유자owner·제공업자providers·생산자producers·소비자consumers로 구성된 생태계를 형성하고 있다는 점에서 동일한 구조를 가진다Van Alstyne 외, 2016.

표 2-1 산업별 플랫폼 비즈니스 적용기업

산업	기업(예시)
농업	John Deere, Intuit Fasal
커뮤니케이션 및 네트워킹	LinkedIn, Facebook, Twitter, Tinder, Instagram, Snapchat, Wechat
소비재	Philips, McCormick Foods FlavorPrint
에너지 및 중공업	Udemy, Skillshare, COursera, edX, Duolingo
파이낸스	Bitcoin, Lending club, Kickstarter
헬스케어	Cohealo, SimplyInsured, Kaiser Permanente
게임	Xbox, Nintendo, Playstation
노동 및 전문가서비스	Upwork, Fiverrr, 99designs, Sitercity, LegalZoom
로컬 서비스	Yelp, foursqure, Groupon, Angie's List
로지스틱스 및 배달	Munchery, Foodpanda, Haier Group
미디어	Medium, viki, Youtube, Wikipedia, Huffington Post, Kindle Publishing
운영시스템(OS)	iOS, Android, MacOS, Microsoft Windows
소매	Amazon, Alibaba, Walgreens, Burberry, Shopkick
운수	Uber, Waze, BlaBlaCar, GrabTaxi, ola Cabs
여행	Aribnb, TripAdvisor

〈출처: Parker, Van Alstyne, and Choudary(2016)〉

기존에도 파커Parker처럼 유사한 플랫폼 구조가 있었으나 최근에는 모바일·IoT·빅 데이터·인공지능과 같이 스마트하고 정교해진 IT기술의 발달로 시간과 공간의 한계를 뛰어넘어 생산자와 소비자를 신속성과 정확성을 갖추고 매칭시키는 것이 수월해졌다.

그리고 밴 알스틴Van Alstyne 외2016는 플랫폼 비즈니스 모델의 가치창출 과정을 전통적인 파이프라인Pipeline 모델과 대비하여 설명한다. 그런데 전통적인 비즈니스가 제품 및 서비스의 제조에서 판매를 거쳐 소비자에 이르는 선형적 단계를 거치면서 가치를 창출하는 선형 가치 사슬linear value chain의 구조를 띤 반면, 플랫폼 모델에서는 생산자와 소비자 및 플랫폼 간의 복잡한 관계를 통해서 가치Complex value chain가 창출된다고 본다.

이러한 플랫폼 모델이 다양한 산업에 적용되면서 기존의 선형 비즈니스 모델을 넘어서는 파괴적 혁신이 진행되고 있으며, 결과적으로 기존 파이프라인 비즈니스에 대해 거의 혁신되었다고 분석한다Van Alstyne 외, 2016. 이를 가능하게 하는 것은 플랫폼이 전통적인 게이트키퍼의 역할을 시장의 피드백으로 대체함으로써 서비스의 신속성과 효율성을 확보하고, 번들링 효과를 제거하여 소비자의 개별적인 선택을 가능하게 하기 때문이다. 또한, 개인 참여자들의 확대를 통한 공급 방식의 변화로 기존 파이프라인 모델에서의 물리적 자산 관리비용 및 거래비용을 감소시키면서 새로운 가치를 창출한다.

이 과정에서 데이터 기반 피드백을 활용함으로써 서비스의 범위를 확대하고 기존 파이프라인 비즈니스 수준의 품질을 유지할 수 있다는 것이다Parker 외, 2016.

산업별로 플랫폼 비즈니스 모델을 적용하고 있는 회사들을 보면, 위의 '산업별 플랫폼 비즈니스를 적용한 기업' 표와 같다. 초기에는 IT기술과 관련된 운영시스템과 커뮤니케이션 및 네트워킹 서비스·게임·미디어 부문을 중심으로 전개된 플랫폼 모델은 이제 교육·운수·여행뿐만 아니라 에너지 및 중공업 부문에서도 광범위하게 적용되고 있다.

이러한 플랫폼 비즈니스 모델의 확산은 궁극적으로 자원의 통제control 관점에서 다양한 자원의 조율orchestration 관점으로의 전환, 내부 자원의 최적화internal optimization에서 외부와의 상호작용을 통한 네트워크 효과 제고, 고객 가치 중심에서 생태계 가치ecosystem value 중심으로의 전환 필요성 등을 부각시키고 있다.

또한, 기업들은 이러한 변화에 적절히 대응하기 위해서 기업 전략에서부터 운영·마케팅·생산·R&D·인적자원 관리 전반의 변화를 모색할 필요가 있고, 그리고 이미 준비에 들어갔다.

밴 알스틴Van Alstyne 외2016는 플랫폼 비즈니스의 성공적인 안착을 위해 고려해야 할 체크리스트로, 생산자와 소비자 간의 상호작용이 원활히 작동하여 네트워크 효과를 견실하게 유지하고 있는지interaction failure, 정보 공유 및 재구매 등과 같은 네트워크 효과를 고양시키는 활동에 구성원들이 적극적으로 참여하고 있는지engagement, 생산자와 소비자 간에 적합한 연결이 이루어지고 있는지match quality, 부정적인 피드백 루프를 발생시키는 문제들이 무엇인지negative network effectts 등을 지속적으로 모니터링할 필요가 있으며, 플랫폼의 재무적 가치에 대해 이해할 필요가 있다고 지적한다.[35]

즉, 이러한 연구나 기업들의 사례는 이미 우리들로 하여금 플랫폼을 위한 도전을 하지 않으면 도태될 수밖에 없다는 것을 예시하고 있다.

모든 비즈니스에 플랫폼이 적용되어 이른바 플랫폼 비즈니스라는 파이프라인을 거쳐 가는 결과물들은 생산자와 소비자를 연결해 주기도 하지만 보다 더 소비자들이 있는 사회 속으로 들어가게 되면 사회 내의 큰 기반이 되는 소셜 플랫폼으로 발전되기도 할 것이다. 일종의 커뮤니티 플랫폼과 같은 역할을 하는 그러한 소셜 플랫폼을 말한다. 그래서 '소셜 플랫폼'은 사람이 중심이 되는 플랫폼이다.

우리가 살아가는 일상에서 사회 전반에 이르기까지 인간의 삶을 이루는 모든 것들이 사람, 즉 소셜을 중심으로 재구축되고 있다. 소셜 플랫폼이 사회·경제·문화 등 인간행위 전 분야의 소셜화를 가능하도록 하는 기반이 되고 있기에 2018년 이후부터 더욱 각각의 플랫폼들이 가속화될 듯이 보인다. 다만 일부 소셜 플랫폼의 경우에 정화기능만 보완된다면 더욱 효율이 높아질 텐데, 사회적 관계·경험·평판·추천 등의 소셜 상호작용이 접목되면서 소셜화를 이끄는 큰 사회적 플랫폼으로서의 역할은 했지만, '냄비 근성'의 부정적인 결과에 대해서는 아쉬움이 있다.

그러나 2018년처럼 동영상 미디어와 같은 형태의 소셜 플랫폼도 만들어질 수 있는 기대감이 있는 이유는 MCN 산업의 플랫폼화 때문이다. 물론, 이러한 기반에는 페이스 북, 트위터와 같은 SNS가 있고, 한국의 경우는 카카오 같은 메신저가 그 역할을 하고 있다.

특히 페이스 북, 트위터, 카카오와 같은 SNS가 플랫폼으로 진화하면서 마치 스티브 잡스가 앱스토어를 플랫폼화한 것처럼 새로운 생태계를 만들어 나가고 있다. 또한, 사람들이 SNS로 몰리게 되자, 그 이용자 층을 기반으로 한 활동 전체가 연결될 수 있도록 플랫폼을 만들어 개방하였고 이로 인해 서비스 공급자들이 몰리면서 소셜 플랫폼은 더욱 막강해지게 되었다. IT 분야뿐만 아니라 정치·경제·사회적으로 다양한 형태로 활용되면서 그 영향력이 나날이 커지고 있기에 가끔은 부정적 내용들로 인해 폭주기관차와 같은 모습도 보이고 있어 두렵기도 하다.

SNS가 소셜 플랫폼으로 진화하면서 SNS 이용자들은 소셜 네트워크 서비스뿐만 아니라 게임·문서작성·쇼핑 등 거의 모든 서비스를 SNS와 함께 즐길 수 있게 되었다. 이는 페이스 북이나 트위터 등의 SNS에서 응용 프로그램 개발에 필요한 인터페이스API를 공개했기 때문인데, 누구나 페이스 북과 트위터와 같은 SNS의 핵심 자산을 활용해 자신의 서비스를 만들어 제공할 수 있다는 장점도 있다. 그렇지만 이러한 소셜 플랫폼은 사회 내의 많은 유관기관과의 교류와 협력관계 및 참여하는 시민들의 긍정적 참여 없이는 오히려 부정적으로 작용할 수도 있다.

이미 우리는 그러한 경험들을 하고 있기에 소셜 플랫폼을 누군가가 의도적으로 페이크 뉴스와 같은 유형으로 활용할 시에 자칫 사회 내 큰 파장이 일어날 수도 있다는 것을 알고 있다.

플랫폼이 악의적인 고발을 하거나 비방 또는 누군가를 저격하는 내용을 연결해주는 수단이 아니기 때문이다.

이처럼 '모바일 퍼스트Movile first'를 넘어 '모바일 온리Mobile only' 시대가 다가옴을 기반으로 한 플랫폼 시대의 폭발은 많은 비즈니스에 기회가 되기도 하는데, 모바일 플랫폼에서의 기획과 디자인 및 의료분야와 인공지능 외에도 콘텐츠 산업 등 활용의 폭과 수요가 증가하고 있다.

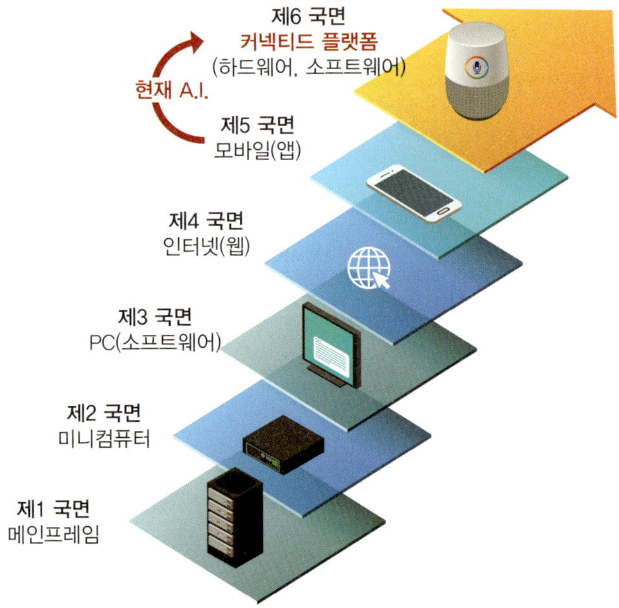

〈출처 : 미래에셋 대우 리서치센터〉

그림 2-9 현재, '모바일 앱'에서 '커넥티드 플랫폼'으로 나아가는 시기

플랫폼이 확대되는 이유는 유무선 인터넷을 기반으로 하는 기업들은 폭넓은 상품과 서비스로 구매자와 판매자를 연결시키는 네트워크를 창출해 수익 규모를 증대하는 플랫폼의 위력을 실질적으로 보여주고 있기에 더욱 자신하는 것이다.

어떤 상품에 대한 수요가 형성되면, 이것이 다른 사람들의 수요에 영향을 끼치게 되는 네트워크 효과 때문이다.

이는 시장을 지배하는 강력한 소수 플랫폼으로의 집중 현상을 만들어 낸다. 소비자들은 높은 가치와 합리적이고 저렴한 가격의 혜택을 받는다.

이처럼 인터넷 산업은 '모바일 앱'의 국면을 지나, 이제 하드웨어와 소프트웨어를 아우르는 '커넥티드 플랫폼'의 국면으로 진입하고 있으며, 유비쿼터스 모바일 인터넷, 더 저렴한 가격에 작고 강력한 센서, 인공지능과 기계학습 등 '4차 산업혁명'의 특성들이 점차 보편화되고 있는 시기라는 것을 주시해야 할 것이다.

인공지능의 적용을 통해 인터넷 기업들은 기존 서비스의 품질을 향상시킬 수 있고, 이를 넘어 신규 서비스 및 제품을 발굴할 수 있을 것이다.

결국 플랫폼은 기존의 자산을 혹은 새로운 인프라를 베이스로 확장할 것인데, 기존의 자산을 비즈니스 플랫폼으로 확장한 경우가 트위터·페이스 북·포스퀘어·구글맵의 사례지만, 기본적으로 비즈니스를 먼저 잘 되게 하는 것이 중요하다. 사업이 잘 되면 다른 업체들도 내 사업을 잘 이용할 수 있게 플랫폼을 만들어 참여자들과 윈-윈 할 수 있도록 생태계의 확장이 가능하다.

그러다 어느 순간 봇물이 터진다. 이러한 상태를 비즈니스 플랫폼이라고 부른다. 그리고 플랫폼부터 개발하고 비즈니스를 만드는 경우가 Open API 유통서비스의 Apigee나 Mashery, 클라우드 인프라를 서비스로 제공하는 Amazon Web Service가 그러한 경우이다.

사실 애플이나 구글도 플랫폼을 만들어 비즈니스가 성공한 것처럼 보이지만 기존에 가지고 있던 자산들을 플랫폼으로 잘 만들었기 때문에 크게 성공할 수 있었다. 물론, 이러한 플랫폼 사례의 배경에는 모든 산업분야에서 IT 없는 미래를 상상하기 힘들다는 걸 우리는 이제 잘 알고 있다.

제3장 콘텐츠와 미디어

Check Point

이 장에서는 미디어 환경을 장악한 유튜브와 넷플릭스로 대표되는 오늘날의 콘텐츠 시장에서 우리는 어떻게 경쟁력을 확보할 것인가에 대한 문제를 제시하고 있다.

1. OTT와 콘텐츠

'콘텐츠란 무엇인가?'라는 질문을 받으면 무엇이라고 설명하겠는가?

의미를 알면서도 선뜻 설명하기가 난감할 수 있다. 손쉬운 방법으로 네이버 지식 백과를 찾아보니, 심상민은 콘텐츠를 '그 장르가 영화든 문학이든 학습이든 뉴스든 오락이든 간에 기획이나 창작 혹은 가공이나 개발을 누가 했는지가 분명하게 나타나서 추후에 저작권을 주장할 수 있는 모든 종류의 원작'으로 정의하고 있다.

정창권은 콘텐츠를 '많은 학생들이 즉흥적으로 떠오른 아이디어가 곧 콘텐츠인 줄로 알고 있다. **콘텐츠는 참신하고 독특한 아이디어와 그를 뒷받침해 주는 재미 있고 감동적인 스토리로 이루어져 있다.**'라고 설명했다.

또한, 세계적인 글로벌 IT+콘텐츠 기업들은 온라인을 유통 채널로 활용함에 있어서 지금은 시청자 혹은 구독자와의 소통 통로를 장악한 네트워크 플랫폼의 영향력이 크다고 하는 등 다양한 정의들이 콘텐츠에 대한 의미를 표현하고 있다. 이처럼 다양한 의미의 콘텐츠를 기반으로 성장 중인 글로벌 IT콘텐츠 회사인 넷플릭스는 유럽 콘텐츠 시장에서 80%에 달하는 시장 점유율을 기록하며 유럽을 잠식하고 있다.

한국시장 역시도 유튜브와 넷플릭스 등 해외 거대 OTT온라인 동영상 서비스가 빠르게 침투하면서 국내 콘텐츠 시장은 위기감을 지나 포기한 것처럼 보이기도 한다. 특히 유튜브의 경우는 이미 한국시장 70~80% 이상의 고객층을 확보함과 동시에 유튜브를 시청하는 시간은 늘어나는 반면, TV를 통한 지상파와 종편 및 케이블의 시청 횟수와 시간은 줄어들었다고 한다.

물론, 이러한 상황은 이미 오래전부터 예견되어 온 일이기는 하지만 최근 한국에서의 유튜브 파워는 지상파와 종편의 뉴스는 물론이고 정치시사 등 다양한 분야를 점령한 듯 보인다. 이에 지상파 뉴스 시청률은 한 자리에 머무는 정도가 되었고 유튜브 실시간 방송은 다양한 계층 또는 세대별 독자들과 소통을 즐기면서 점점 전문화된 방송으로 변하고 있다.

앞에서 언급했듯이 유럽은 넷플릭스의 파워가 한국보다 세다. 보스턴컨설팅그룹BCG 보고서에 따르면 캐나다와 영국을 비롯한 영어권 국가에서 넷플릭스의 OTT 시장 점유율은 83%에 달하고 있으며 스웨덴과 핀란드 등 영어권은 아니지만 높은 영어 수준을 갖춘 국가에선 76%, 이탈리아나 프랑스 등 비영어권 국가에선 68%의 시장 점유율을 기록하고 있다.

이렇듯 넷플릭스가 전세계 OTT 시장을 장악하면서 프랑스 미디어 그룹 비방디Vivendi는 독일에서의 SVOD구독형 주문형 비디오사업을 철수했고, 독일 프로지벤자트아인스 미디어ProSiebenSat.1 Media는 2017년 9월 광고 기반 동영상 플랫폼 '마이비디오MyVideo' 서비스를 중단했다. 이는 유튜브와 넷플릭스가 콘텐츠 시장을 점령한 미디어 환경에서 수익을 내기 어렵다는 판단에서이다.[36]

이렇게 미국, 유럽 등의 OTT 선두인 넷플릭스처럼 국내 미디어 업계가 심각하게 생각하는 OTTOver the Top는 인터넷을 통해 방송 프로그램이나 영화 등 미디어 콘텐츠를 제공하는 서비스를 말한다. 유튜브, 넷플릭스, 아마존 프라임 비디오, 훌루, 페이스 북 등이 모두 대표적인 글로벌 OTT 사업자이다.

세계의 인터넷 보급에 있어 상위권에 랭크되어 있는 한국으로선 다소 안타까운 두려움일 수밖에 없다. 국내의 왓챠나 최근 통신사와 방송사들이 만든 웨이브라는 이름의 OTT로 대응을 한다지만, 오리지널 콘텐츠를 무기로 전 세계를 점령하기 시작한 넷플릭스 그리고 유튜브, 디즈니, 아마존 등 콘텐츠 공룡들의 공격에 계속 두려워하며 멈춰만 있어야 할까? 아니면 과감한 투자와 시청자의 의도를 읽는 기획력이 필요할까?

2. 넷플릭스와 OTT기업

넷플릭스의 경우에 190개국 1억5000명이 넘는 유료 가입자를 기반으로 양질의 오리지널자체 제작 콘텐츠를 제작하고 이는 다시 유료 가입자를 확장하는 선순환 구조로 이어진다. 2018년 80억 달러8조6000억 원에 달하는 금액을 콘텐츠 제작에 투입했다고 넷플릭스는 밝힌 바 있다.

이렇듯 글로벌 콘텐츠 시장이 넷플릭스 등과 같은 글로벌 IT 공룡기업의 등장으로 급격한 변화를 겪고 있는 가운데, 최민하 한국투자증권 연구원은 '미디어 생태계의 헤게모니가 플랫폼에서 콘텐츠로 이동 중'이라고 진단한다.

이렇듯 무섭게 덤비는 넷플릭스에 대항하기 위해 해외 시장에선 인수 합병전이 치열하게 전개되면서, 2018년 6월엔 미국 거대 통신업체인 AT&T와 미디어 기업인 타임워너가 합병에 성공했고, 11월엔 디즈니가 21세기 폭스에 대한 인수를 승인받았다.[37]

이에 국내 유료 방송업계도 넷플릭스나 유튜브 등과 제휴를 통해 다양한 콘텐츠를 제공하는 한편, 자체 콘텐츠를 강화해 나가겠다는 전략을 세우고 있다지만, 다소 의문이 들기도 한다. 이미 국내 유튜브 사용자 비율이 80%에 육박한데다 넷플릭스가 한국을 포함한 아시아태평양 지역 서비스를 강화하면서 국내 콘텐츠 시장이 위축될 수 있다는 우려가 높아지고 있기 때문이다.

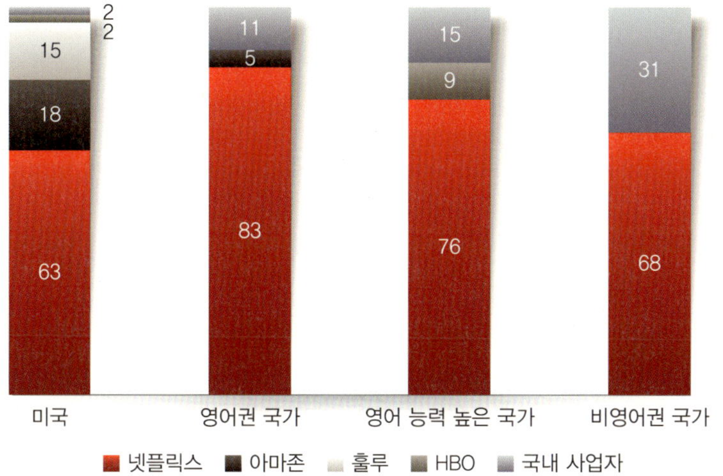

〈출처 : OVUM, Roy Morgan Research. BCG / 단위 : %〉

그림 3-1 권역별 OTT(온라인 동영상 서비스) 사업자 점유율/OVUM, BCG….

물론, 아직까지 한국을 비롯한 아시아태평양 지역의 넷플릭스 점유율은 9%2018말 기준에 불과하기에 다소의 낙관론이 있을지는 모르겠지만, 넷플릭스의 국내 시장 확대는 꾸준히 이어지고 있다.

얼마 전 넷플릭스가 투자하고 개봉한 영화 '옥자'를 시작으로 tvn과 넷플릭스에서 총 430억 원의 제작비를 투입한 드라마 '미스터션샤인'을 방영하여 엄청난 신드롬을 일으킨 바 있으며, 200억 원의 제작비를 투입한 '킹덤1'에 이어 '킹덤2'를 추가로 투자 제작하여 세계적인 호응을 일으켰다.

이는 넷플릭스가 단순히 물량 공세적 투자가 아닌 질적인 콘텐츠에서 거침없이 투자한다는 공식을 만들고 있기에, 국내 콘텐츠 업계는 다수의 영상 콘텐츠를 거대 해외 자본에게 뺏길 수 있다는 우려를 나타내고 있다.

이 외에도 국내 미디어들 스스로 공정성이나 편향성 등의 시시비비로 인해 시청자들의 신뢰를 잃고 있는 부분도 있어 스크린쿼터제나 방송 쿼터제 등으로 콘텐츠 산업을 지키려는 시도를 하고 있지만 급변하는 미디어 환경에서 역부족인 것은 분명해 보인다.

'국내 콘텐츠 사업은 넷플릭스와 유튜브 공습에 무방비 상태로 놓여 있어 유럽처럼 콘텐츠 시장의 몰락이 올 수 있다'는38 비관론이 팽배하다. 국내 최대 게임 업체인 넥슨이 게임시장의 위기로 매각을 발표하였고, 후에 다시 매각을 철회하는 일도 있었다. 국내방송사와 통신사들은 제휴 및 자체 콘텐츠 제작을 서두르고 있으나 두고 볼 일이다.

이러한 국내상황과는 다르게 비즈니스 인사이더는 RBC의 조사 결과를 인용하여 미국인들의 55%가 넷플릭스를 시청하고 유튜브는 46%, 그리고 아마존은 31%가 시청하는 것으로 나타났다고 전했다.

이러한 넷플릭스의 미국인 시청률은 2011년 25%에서 2배 이상 상승한 것이다. RBC는 지난 몇 개월 동안 다양한 비디오 서비스를 사용한 1,000명 이상의 미국인을 대상으로 조사해 본 바, 고객들 중 넷플릭스에 대한 만족도가 사상 최고치를 기록했다고 발표했다.

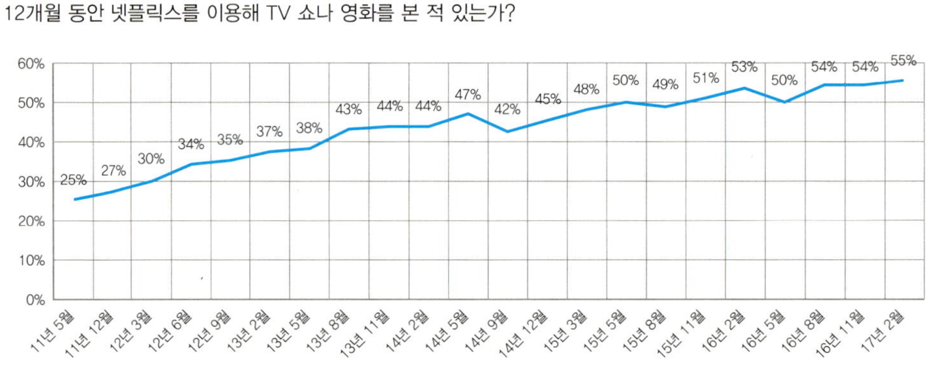

그림 3-2 비즈니스 인사이더가 인용한 RBC 조사 결과

이는 넷플릭스가 자사 서비스의 성장을 제고하기 위해 TV 쇼와 영화 라이센싱에 2017년에 60억 달러 투자와 1000시간 이상의 오리지널 콘텐츠를 제작하면서, HBO의 20억 달러 투자2016년 대비 3배 이상이 되는 결과와 함께 55% 시청률을 확보했다는 것이다.

여기에 넷플릭스의 경쟁회사인 아마존의 미국인 시청률은 31%로, 2017년 콘텐츠 제작에 45억 달러를 투자했다는 결과에서 넷플릭스와 차이를 좁힐 것으로 예상되는[39] 반면, 이러한 결과들이 2017~2018년 자료라는 것을 감안하더라도 우리의 미디어, 콘텐츠 환경은 이러한 투자와 정책 그리고 제작 능력을 위한 시스템 등에서 단순한 흉내 내기 어려운 현실을 감안할 때 새삼 역부족임을 느끼게 된다.

2019년에도 변화는 보이지 않은 상태에서 2020년을 맞고 있는 바, 포기한 듯한 느낌이랄까? 이러한 조짐은 단순히 넷플릭스의 파워일까 아니면 또 다른 강력한 콘텐츠 기업들의 발걸음 때문일까?

아마도 그것은 우리의 환경이 감당하지 못할 콘텐츠 공룡들의 출현 때문인 것은 분명하다. 바로 유튜브, 아마존과 디즈니, 애플, AT&T 등 2019년부터 새로 시장에 뛰어드는 업체들이 이미 확보한 다수의 인기 콘텐츠를 무기로 글로벌 OTT 서비스를 시작하려고 하기 때문이다.

새롭게 OTT를 시작하는 기업에는 우선, 인터넷 정보의 소비 행태를 바꿔 놓은 유튜브가 있다. '2020년까지 '유튜브 프리미엄' 서비스를 단계적으로 무료화하겠다.'라고 발표한 가운데 구글코리아 측은 '오리지널 콘텐츠 전략으로 크리에이터들이 보다 많은 사람들과 만나는 접점을 확대하고 광고주들이 유튜브 세대와 소통하는 콘텐츠를 활용할 수 있게 만들 것'이라고 밝혔다.

여기에 디즈니는 2019년에 온라인 스트리밍 서비스의 이름을 '디즈니+디즈니플러스'로 확정하면서 밥 아이거 최고 경영자CEO는 투자자들과의 자리에서 '2019년 넷플릭스에서 모든 디즈니 콘텐츠를 철수할 것'이라고 밝히며 경쟁을 예고했다.

넷플릭스는 다소의 타격이 예상되나 2020년에 어떤 대응을 할지는 두고 볼 일이다. 그것은 전세계 1억5천만 명의 가입자가 계속 새로운 콘텐츠와 요금에 있어 긍정적 신호를 보내기 때문이다.

다만, 마블 히어로 영화 시리즈 등 디즈니의 영상 콘텐츠와 픽사·마블 코믹스·루카스 필름·21세기 폭스 등을 인수했고, 전 세계 인기 상품인 '어벤져스'·'스타워즈'·'아바타'·'에이리언' 시리즈 등의 판권과 함께 북미 최대 스포츠 채널 ESPN과 미국 내 3위 OTT인 Hulu 지분 60%를 확보한 디즈니와 어떤 한 판을 벌릴지는 아무도 모르는 일이며, 전 세계 넷플릭스 가입자가 온갖 흥미로운 콘텐츠를 볼 수 있도록 한 달 이용료가 인상되기도 했으나 아직은 특별한 이변이 없다.

〈출처 : 블룸버그〉

그림 3-3 넷플릭스 독주 OTT시장에 월트디즈니 출사표

OTT 업계 진출을 위해 공격적인 마케팅을 하는 애플도 2019년 아이폰과 아이패드 이용자들을 대상으로 독자적인 스트리밍 서비스를 선보였고, 하드웨어 기기의 팬덤이 강고한 애플은 동영상 서비스 외에도 음악이나 읽을거리 등에서 다수의 콘텐츠를 확보하면서 애플은 한 달에 9.9달러약 11,000원짜리 내셔널지오그래픽, 빌보드, 뉴스위크 등 약 200개의 유명잡지를 볼 수 있는 서비스 '텍스처'를 인수했다.

텍스처는 '잡지계의 넷플릭스'로 불리며, 애플 뮤직 또한 다양한 나라의 음악을 다수 보유해 현재도 충성도 높은 독자를 확보하고 있다.

그리고 미국의 2위 통신회사인 AT&T 역시 2019년 말까지 타임워너미디어의 영화와 TV 프로그램 자체 플랫폼을 통한 스트리밍 서비스를 준비하면서 HBO, CNN, 카툰 네트워크 등의 미디어 사업자를 보유하였다. 또한 지난 2018년 6월 타임워너를 인수하면서 '해리포터' 시리즈를 비롯해 '원더우먼', '왕좌의 게임', '프렌즈' 등을 서비스 목록에 올렸다.[40]

한국 토종 OTT사업자들도 힘을 합쳐 넷플릭스나 유튜브 등 글로벌 동영상 스트리밍 서비스에 대항할 것을 웨이브 등 여러 번 계획을 발표했지만, 안타깝게도 역부족임은 부인할 수 없는 것 같다.

3. 지상파와 웨이브

2019년 1월 초 SK텔레콤과 지상파 3사KBS·MBC·SBS는 업무 협약을 맺고 SK브로드밴드의 '옥수수oksusu'와 지상파 3사의 공동 출자 콘텐츠연합 플랫폼 '푹POOQ'을 통합한다고 발표했다.

이는, 한국 시장을 노리고 있는 글로벌 미디어 사업자들에 맞서 새로운 OTT 플랫폼 법인을 만들겠다는 전략이지만, 그간 지상파가 IPTV를 운용하는 통신회사와 케이블TV와 지역 유선방송사 및 여타 콘텐츠 회사에 보여 온 여러 행태를 미루어 보면 그러한 기대가 과연 이루어질지는 미지수이다.

왜냐하면 오랜 관행으로 이어져 온 지상파들의 습관적 '갑'의 노릇과 공영 혹은 공공재 같은 법적 테두리를 통해 국민의 세금으로 적자를 메우는 행태가 반복됐기 때문이다. 이로 말미암아 자구노력은 하지 않고 안전판으로서의 지위를 누리고 있음을 과연 스스로 반성하고 있는지는 알 수 없고, 대세의 글로벌 콘텐츠 공룡들이 우리의 미디어와 콘텐츠 환경을 위협하고 있다는 사실은 이제 피해 갈 수 없는 현실이다.

사실 미디어 회사나 통신회사 등을 보유 또는 단일기업들이 OTT 업계로 뛰어드는 이유는 '코드커팅' 때문이다.

코드커팅은 기존 시청자들이 케이블 TV와 같은 '유선방송을 해지'하고 온라인 기반 서비스로 이동하는 시청 행태를 말하는 것인데, 이 같은 현상이 심한 미국의 경우는 대부분의 방송+통신 사업자가 OTT 기반 서비스로 이동할 수밖에 없는 구조이므로 이에 넷플릭스 측은 다수의 인기 콘텐츠를 확보한 경쟁자들의 등장이 껄끄러울 수 밖에 없다. 이에 질 높은 콘텐츠에 아낌없는 투자를 통해 추격하는 경쟁사를 물리치겠다는 전략은 당연하다.

그래서 지난 2018년 6월 한때 미국 나스닥에서 넷플릭스의 주가는 경쟁사들의 공세 때문에 400달러에서 주춤하기도 했었지만, '인터넷 기업들은 선진국 시장에서 어느 정도 성장권에 올라서면 그 외 국가에서 이용자 수가 늘어야 한다. 페이스 북의 성장도 이런 순서로 진행되었다.

올해 특히 2020년 초에 코로나19로 미국이나 유럽 등 주요지역의 경제성장이 부진함에 따라 이 지역에서 넷플릭스 가입자들이 많이 늘어나지 않았다는 진단도 있지만, 넷플릭스는 성장하지 않는 게 아니라 속도가 느려 졌을 뿐, 여전히 OTT 업계의 리더라고 볼 수 있다.[41]

이 업계의 리더는 새로운 콘텐츠를 원하는 1억5천만 명의 고객들에게 그동안 질 좋은 콘텐츠로 화답했고, 또한 2019년에는 넷플릭스 외에도 다수의 경쟁회사에서 OTT 서비스가 있었어도 잘 대처했지만, 문제는 우리다. 우리의 미디어나 콘텐츠 환경을 제대로 진단하고 그에 따른 대응이나 정책은 어떤지 들여다보지 않을 수 없는 상황이다.

그것은 구독자의 행방을 알 수 없는 때가 온 것이기도 하지만, 그래서 그동안 넷플릭스는 트렌드에 민감하다는 평가를 들을 정도로 기존 방송 프로그램에서 볼 수 없던 여성 관련 콘텐츠라거나 남미 및 아시아계의 이야기를 다수 끌어왔고, 이런 시도는 신선한 충격을 줬으며 이미 경험적 노하우가 쌓여 있는 상태이다.

결국, 다른 곳에서는 볼 수 없지만, 모두가 좋아하는 이야기를 가진 OTT가 업계의 왕좌에 오를 것은 자명한 일이다. 그리고 앞서의 내용을 바탕으로 디즈니+를 비롯한 신규 경쟁자들은 어떤 선택을 해야만 할까? 그저 가만히 있으면, 시청자·구독자·유료회원들이 모일리가 만무하다. 그렇다고 시청료를 더 받는다고 해서 질 좋은 콘텐츠가 만들어지는 것도 아니다.

그럼 콘텐츠의 중간에 광고를 하면 수익이 좋아질까?
공익이나 공공재라는 걸 앞세워 세금에만 의존할 것인가?
수많은 의문이 있을 수 있겠지만, 결국 답은 정해져 있다.

시청자와 구독자들을 불러들이는 핵심은 양질의 '오리지널 콘텐츠'이며 진실성이다.

이제 더 이상 국내의 미디어와 IPTV 그리고 종편과 케이블을 비롯하여 여타의 콘텐츠 제작회사들은 이러한 진실을 알면서도 애써 변명하거나 거부하지 말고, 질 좋은 콘텐츠 개발을 위한 투자를 아끼지 말아야 할 것이다.

또한, 넷플릭스의 OTT서비스와 유튜브 등 글로벌 '공룡 플랫폼'들의 등장으로 국내 미디어 시장이 위기에 몰린 가운데 SK텔레콤과 지상파 3사가 손잡고 연합 전략을 펴게 될 실시간 동영상 서비스OTT 통합법인의 정식 명칭이 '웨이브wavve'로 정해졌다는 소식이 전해지면서 국내의 대표적인 OTT가 공룡 플랫폼과의 경쟁이 가능할지는 두고 봐야 할 일이다.

4. 콘텐츠의 미래

미국 앤드류 설리번이란 인물이 몇 년 전에 관심의 대상으로 떠오른 적이 있었다. 그는 The New Republic과 뉴욕타임스 매거진 등에 몸담은 경력이 있는 언론인 출신으로 디시Dish란 블로그를 통해 미국 정치와 문화에 대한 깊이 있는 기사를 써 왔다.

또한, 타임, 애플랜틱에 이어 지난 2011년부터 데일리 비스트의 지원을 받으면서 글을 써 오고 있다. 정확하게 표현하면, 데일리 비스트로 트래픽을 몰아주는 대신에 일정 대가를 받아 왔다고 할 수 있다. 그런 그가 이젠 완전히 독립하겠다고 선언하면서 그의 성공 여부에 관심이 쏠렸다.

'데일리 비스트'는 IAC세계적인 인터넷미디어 회사가 운영하는 곳으로 미국 유수의 시사잡지 뉴스위크를 매입했으며, 각종 뉴스 및 다양한 콘텐츠 업체로 탄탄한 기반을 가지고 있는 곳이다. 이런 곳에 글을 써 왔던 스타 블로거 앤드류 설리번이 1인 미디어 창업을 선언하면서 관심의 대상이 되었던 것이다.

설리번은 이 독립 선언과 함께 연 20달러를 내는 구독자를 모으기 시작했고 그 결과로 독자들로부터 벌써 약 50만 달러를 모금했다고 공개했다. 우리 돈으로 환산하면 약 6억 원 정도이니 1인 미디어로 무난하게 활동할 수 있는 자금이 되었을 것이다. 이처럼 설리번의 1인 미디어 전략이 반향을 불러일으키면서 또 다른 인물에 관심이 집중되었는데 바로 네이트 실버다.

그는 오바마 미국 대통령 선거 결과를 귀신 같이 예측하면서 큰 인기를 모았다. 그 바람을 타고 'The Signal and The Noise'란 책을 출간했고 꽤 많이 팔렸다. 네이트 실버는 뉴욕타임스 전체 트래픽의 20% 가량을 몰아 주고 있다고 한다. 이는 뉴욕타임스가 콘텐츠 유료화 이후에도 어느 정도 트래픽을 유지하는데 있어서 네이트 실버가 절대적인 힘이 컸다는 얘기가 된다.[42]

앞서 말한 설리번의 1인 미디어 독립이 던지는 의미는 무엇일까?

이는 미디어 지형도가 급속하게 바뀌고 있다는 흔적들이다. 전통 매체에 대한 브랜드 인지도가 갈수록 낮아지고 있는 반면, 개인 브랜드에 대한 관심들은 점점 더 커지고 있는 추세를 보여주는 것이다. 이제 능력과 재능이 있는 사람이라면 충분히 '프리 선언'을 할 수도 있는 상황이 되어 가고 있다.

다만, 이 '프리 선언' 속에는 전문적인 자기만의 콘텐츠를 바탕으로 한 전문적인 식견이 있어야 함은 물론이려니와, 단순히 전문적인 식견 외에 다양한 콘텐츠와 소통되는 컨버전스형 콘텐츠 전문가라야 한다는 전제가 수반된다.

이제 전문성을 바탕으로 한 콘텐츠가 미디어를 지배하는 세상이 된 것이다.

몇 년 전과는 달리, 한국의 경우에도 1인 미디어로 활동하면서 제대로 수익을 내는 사람들이 늘어나고 있다. 초창기부터 간혹 일부 인기 있는 전문 블로거들에게 기업의 광고를 노출하면서 사회문제가 된 사건이 있기도 하지만, 이는 전문 블로거들이 자신의 위치에 대한 인식부족이 가져온 결과가 아닐까 한다. 말할 것도 없이 이제는 이런 전문 블로거들도 저널리즘이라고 말하는 정신을 가지고 있어야 한다고 본다.

그래서 최근의 디지털 저널리즘이란 권력·금력·폭력을 포함한 부당한 힘에 굴복하지 않고 약자의 편에 서며, 진실을 추구해야 한다는 것이다. 다분히 이상적인 히포크라테스 선서와도 비슷하지만 그들이 독자들에게 미치는 영향을 생각해 본다면, 과한 요구는 아니라 여겨진다.

그러나 현재 한국의 유튜버와 특히 디지털 블로거들 스스로가 자신들을 저널리스트 범주에 넣는 것에 동의할지는 의문이다. 유튜버의 경우에 그들 중에는 1인 미디어를 표방하거나, 칼럼니스트나 저널리스트를 표방하는 경우도 있다. 실제 그 중에는 현직 기자나 언론인도 있기도 하고 과거에 종사했던 이들도 있다.

그 반면에 블로그로만 볼 때 진정으로 저널리즘을 내세우며 글을 쓰고 올리는 사람들은 그리 많지 않다. 그들 중 대부분은 아직 얽매이기 싫어하고 가볍고 재미있는 글과 내용을 추구하는 경우가 많다. 그러나 한국의 여러 상황과 정서가 미국과 다르기 때문에 문화·역사·경제적인 차이가 있고 독자들의 지적 수준 등 다양한 기준들이 존재하겠지만, 우리 역시도 갈수록 조직보다는 개인 미디어 시대가 중심이 됨과 동시에 미디어 내의 집단 지성 또한 무시할 수 없을 정도가 되었다.

몇 년 전 1평 남짓의 점포에서 2년 만에 대박 성공을 이룬 호떡집 사장의 사연을 TV에서 시청했다. 그는 호떡으로 2년 만에 1평의 점포가 있던 그 건물을 통째로 사들여 사업을 번창시키고 있었다. 그 동안 우리나라에 호떡이 없어 그 집의 호떡이 히트 친 것은 아니다. 오래 전부터 우리의 먹을거리였던 호떡을 아주 조금 차별화한 것이 주효했던 것이다. 바로 이것이다. 즉, 호떡이 콘텐츠였던 것이다. 대박 친 호떡집의 호떡은 다른 호떡과 달리 사람들의 입맛을 사로잡는 차별화된 맛의 매력을 갖고 있었던 것이다.

1인 미디어는 바로 이러한 힘을 가진 콘텐츠가 필요하다. 그러나 이미 세상에는 수많은 콘텐츠가 쏟아지고 있으며, 전문적이고 신선한 매력 없이는 1인 미디어로서 유지되기 어렵다.

차별화된 그 무엇이 있어야 한다는 것이다. 그러나 넘어야 할 산은 또 있다. 지금은 다양한 디지털 미디어가 쏟아져 나와 있는 미디어의 춘추전국시대라는 것이다. 그만큼 소비자 주변의 콘텐츠가 풍족해짐으로써 각종 미디어가 쏟아내는 콘텐츠들로 정보가 넘쳐나고 콘텐츠 소비의 접점이 확대될 수밖에 없는 미디어 홍수시대에 살고 있다.

과거에는 영화를 보기 위해서 영화관을 찾아야 했고, TV 프로그램은 TV를 통해서만 볼 수 있었다. 1997년 KBS2를 통해서 방영했던 '첫사랑'이라는 드라마는 시청률이 무려 65.8%였다. 이는 당시 모든 사람이 TV로 드라마를 시청했기 때문에 나올 수 있었던 시청률인 것이다.

20% 이상의 시청률만 기록해도 흥행에 성공했다는 평가를 받는 요즘의 시각에서 보면 그저 놀라울 따름이다. 전통적인 미디어 시장은 'Share of time'의 경쟁이었다. 당시 미디어 소비를 위한 소비자들의 시간은 한정되어 있었고, 소비자들은 더 재미있는 방송이나 영화를 찾아서 자신들의 시간을 투자했다.

덕분에 Hit 콘텐츠가 지니는 힘은 대단했고 콘텐츠 자체가 미디어의 위력이었다. 하지만 최근에는 방송이나 영화와 같은 멀티미디어 콘텐츠를 접할 수 있는 N스크린이 점차 늘어나고 있다. 기존 방송 매체인 지상파와 케이블 외에도 위성방송, DMB, IPTV 등이 생겨났다.

온라인을 통해서 콘텐츠를 서비스하는 OTTOver The Top 시장도 전 세계적으로 확산되고 있다. 넷플릭스Netflix는 이미 전세계 1억5천만 명 이상의 가입자에게 서비스를 제공하고 있다. 가입자 규모에서는 미국 최대의 유료방송 사업자인 컴캐스트Comcast도 넷플릭스를 따라가지 못한다.

UCCUser Created Contents 중심이었던 유튜브YouTube도 최근 헐리우드 메이저 영화사들과의 제휴를 확대하고 인기 영화를 대여해 주는 서비스를 시작했고, 스마트폰이 본격적으로 보급되면서 모바일에서의 콘텐츠 소비 역시 일상화되어 가고, 제2의 방송 매체로 일컬어지는 태블릿 PC의 사용자는 2015년 미국의 경우에 8,200만 명이었으나, 5년이 지난 지금 이미 1억 명이 넘는다는 것을 자연스레 예상해 볼 수 있다.

또한, 스마트 TV처럼 인터넷에 연결되어 웹 상의 콘텐츠를 소비할 수 있게 해주는 커넥티드 TVConnected TV의 연간 출하량은 2015년에 1억 3,800만 대[43]를 넘어섰다.

2019년, 2020년 미국 라스베가스의 전 세계 전자기기 쇼인 CES에서 LG의 두루마리형 TV가 초대박을 치는 것은 콘텐츠를 서비스하는 미디어가 늘어나면서 시장에 공급되는 콘텐츠 자체의 양과 그에 따른 다양한 콘텐츠를 담는 도구의 질도 좋아지고 있기에, 콘텐츠 사업자가 소비자에게 접근할 수 있는 경로 또한 다양해짐에 따라 소비자 주변에는 질 좋은 콘텐츠가 넘쳐난다.

따라서 1인 미디어가 그 존재의 가치를 발휘하는 이유는 미디어가 늘어남과 동시에 미디어에 담아야 할 도구와 콘텐츠에 대한 필요성 그리고 고객 접점이 다양화되어 가는 측면 또한 무시할 수 없다는 것이다.

마이크로 소프트의 창립자 빌 게이츠는 1996년 'Content is King'이라는 글을 통해 디지털 시대에서 콘텐츠가 지니는 잠재력을 역설했다. 전송 비용이 줄면서 콘텐츠가 자유롭게 유통될 것이고, 그로 인해 지금까지는 없었던 새로운 가치들을 만들어 낼 것이라는 전망을 했다.

특히 N스크린 서비스의 핵심 요소로서 방송이나 영화 등의 멀티미디어 콘텐츠가 부각되면서 콘텐츠를 가진 자와 그렇지 않은 자의 명암은 구분되기 시작했다.

성공적인 OTTOver-The-Top 사업자로 평가 받던 넷플릭스Netflix도 지난 2011년 3분기에 80만 명 이상의 가입자가 이탈하는 위기를 겪었었다. 콘텐츠 수급비용이 지속적으로 증가하면서, 이에 대응하기 위해 요금을 인상하고 DVD 대여 서비스 부문의 분사 계획을 발표한 것이 가입자들의 반발을 산 것이다.

그 이후에 계획을 철회하면서 다시 안정화 단계에 이른 모습을 보였지만, 넷플릭스의 사례는 콘텐츠를 직접 소유하지 않은 서비스 사업자들이 지닌 잠재적인 리스크와 한계를 보여 준 사례다.[44] IPTV, 케이블TV 사업자와 같이 콘텐츠를 소유하지 않은 서비스 사업자들은 콘텐츠 사업자들의 경쟁자이자 파트너이다.

소비자의 분산을 초래하는 반면, 콘텐츠 확보를 위한 비용을 지속적으로 투자해야만 하는 넷플릭스의 경우처럼 콘텐츠 사업자들의 계속되는 플랫폼넷플릭스나 훌루와 같은 미디어 플랫폼 구축 시도는 콘텐츠를 소유하지 않은 서비스 사업자들에게 본질적인 고민을 던져 준다. 지금과 같이 콘텐츠 사업자로부터 판권을 구매해서 고객들에게 서비스하는 방식의 사업 모델은 지속 가능할까?

실제로 이들이 콘텐츠가 아닌 본연의 네트워크 서비스에 더 충실해야 한다는 의견도 제기되고 있기는 하지만, 소비자 입장에서는 콘텐츠를 제공받을 수 있는 플랫폼이 넘쳐나더라도 결국 고화질 콘텐츠 소비를 위한 네트워크에 대한 수요는 존재할 것이라고 여겨진다.

이러한 이유 때문에 앤드류 설리반이 50만 달러를 모금할 수 있었을 것이며, 이는 결국 콘텐츠를 소비하는 소비자의 선택에 달렸다는 말이다. 그러기에 고객 접점 확보와 생태계의 균형 유지 사이에서 콘텐츠 사업자들이 어떤 선택을 할지는 몰라도, 자체 플랫폼의 잠재력을 확인하기 전까지는 공존 관계가 유지될 것이다.

하지만 콘텐츠 사업자들의 전략적 판단1인 미디어를 포함한 모든 콘텐츠 생산자에 따라 생태계 경쟁의 축은 빠르게 재편될 수도 있기에 단순히 미디어에 의존해 온 종속적 개념은 서서히 사라져 가고 있다. 그것은 1인 미디어 확대의 단초가 되기도 한다.

지금은 모바일 시대다.

스마트폰 역시 모바일이라는 영역 내의 디바이스다. 그래서 지금 이 시점에 꼭 필요한 부분이 바로 '모바일 동영상 광고'이다. 미디어가 실어 나르는 내용인 콘텐츠 제작에는 비용이 들어가고 따라서 지속적인 콘텐츠 생산에는 누군가 돈을 내야만 한다.

그런데 그 금액이 소비자가 지불하기에는 너무 많다는 것이다. 누군가 이 비용을 대지 못하면 제대로 된 콘텐츠 생산과 소비가 이루어지지 못하고 결국 콘텐츠를 실어 나르는 미디어 자체의 존립에도 영향을 주게 된다. 이런 이유로 미디어는 광고와 불가분의 관계가 되었다. 특히 스마트폰은 1인 미디어이기에 콘텐츠의 중요성은 말할 것도 없다. 따라서 광고주는 광고를 통해 콘텐츠 제작 비용을 대신 지불하고, 소비자들은 광고를 용인하면서 적은 비용으로 미디어의 콘텐츠를 소비하게 된 것이다.

이제 이러한 공식은 1인 미디어인 모바일 디바이스에도 그 적용이 보편화되어 있다.

앤드류 설리반의 블로그는 유선 플랫폼 내의 웹에 기반한다. 하지만 지금은 무선 플랫폼 내의 스마트폰이나 다양한 무선 디바이스들과 상시 접속이 가능한 시대이기에 1인 미디어의 역할 가능성은 매우 높지만, 현실적으로 아직까지는 모바일 동영상 광고가 소비자와 광고주 모두에게 신뢰를 얻고 있지 못하는 이유는 소비자들이 모바일 동영상 광고에 대해 회피와 짜증을 내고, 광고주들은 아무런 효과가 없다고 여기기 때문이다.

그러나 이렇듯 모바일 동영상 광고에 부정적인 인식을 전환시킬 수 있는 기회가 있다. 즉, 한국을 최고의 모바일 인프라 국가로 만들어 준 좋은 성능의 스마트폰과 빠른 속도의 LTE와 5G통신이 지금 우리에게 '모바일 동영상 광고'가 도약할 수 있는 좋은 환경을 제공하고 있다.

그 동안 단순 노출 수준에 그쳤던 모바일 동영상 광고가 다양한 시도를 하며 새로운 시장을 만들어 가고 있는 모습을 볼 수 있기 때문이다. 만약에 콘텐츠를 무료로 사용할 수만 있다면 광고를 보겠다는 소비자들이 늘어나는 추세이기에 무료가 아닌 콘텐츠는 제대로 대접받지 못하는 경우도 발생하고 있다. 이제 모바일 동영상 광고는 선택의 문제를 떠나서 모바일 콘텐츠 시장의 지속적인 발전을 위한 필수적인 기본 조건이다.

그러나 콘텐츠의 질적인 부분이 기본적으로 보장되지 않는다면 무료든 유료든 소비자들의 선택을 받지 못할 것이라는 점을 간과해서는 안 될 것이다. 독자들도 알다시피, 지금은 훌륭한 글들이 인터넷에 공짜로 넘쳐나는 시대다. 그것을 모바일로 검색하는 시대이기에 1%의 좋은 글만으로도 충분하다.

이러한 것을 모티브로 한 브런치, 퍼블리, 윌라 등 다양한 모바일용 글쓰기나 글읽기 등의 플랫폼들이 있다.

이는 어찌 보면 출판사보다 작가가 더 중요해진 시대가 된 것이다. 신문이나 책 그리고 인쇄물로 모든 정보를 충족시켰던 시대에는 독자가 읽는 글을 선택하고 질을 보장하는 역할을 출판사가 담당했지만, 지금은 페이스 북이나 트위터를 통해 글이 유통된다. 중간에서 작가와 독자를 연결해 주던 출판사는 광고 배너 등으로 오히려 방해만 된다.

여기에 앞서도 말한 미국의 앤드류 설리반Andrew Sullivan이 그의 블로그 검색을 1년에 19.99 달러 구독료를 받기로 결정한 후에 첫 한 달 동안 511,000 달러를 벌어들인 사례는 바로 콘텐츠를 생산하는 작가 중심의 새로운 비지니스 모델 등장을 암시했다. 그것이 바로 구독경제로 이어진 지금의 브런치, 퍼블리, OTT의 넷플릭스 등 심지어 전자제품 그리고 자동차도 구독하는 시대로 바뀐 사례로 볼 수 있다.

결국, 스마트 모바일 시대의 콘텐츠와 1인 미디어는 떼려야 뗄 수 없는 등식과 함께 콘텐츠 제작에 동참하는 모바일 동영상 광고가 바탕이 되어 소비자들에게 모바일 콘텐츠를 단순히 제품을 팔기 위한 정보로 내세우지 않고, 즐겁게 즐길 수 있는 콘텐츠의 형태로 만들어 내야 하는 것이 우리가 해야 할 일이다. 아울러 SNS와 같은 소셜 미디어와 다양한 스마트 디바이스로 무장한 1인 미디어 시대의 핵심으로 진정성 있는 창의적 도구가 바로 콘텐츠라는 것을 잊지 않았으면 한다.

제4장 Data 미디어

Check Point 이 장에서는 각종 경제, 사회적 혜택의 주요 소스가 되고 있는 재생 가능한 자원으로서 데이터를 활용하기 위한 접근 방법인 미디어 데이터 인포그래픽과 데이터 저널에 대한 내용을 제시하였다.

1. Data Based

우리들에게 이제는 ITInformation Technology를 넘어 DTData Technology 시대가 열렸다. 즉, DTData Technology 시대라고 말할 정도로 데이터가 중요해지고 있기 때문이다.

'구슬이 서 말이라도 꿰어야 보배'라는 옛 말이 있듯이 우리가 알고 있는 수많은 데이터도 이젠 단순한 데이터 저장의 수준이 아니다. 데이터의 중요성을 간파한 IT업계에서는 이미 데이터 산업의 과정으로 진화 중이다. 이른바 Raw Data는 사람들이 온라인이나 모바일 등에 올린 날生 것 그대로의 데이터이며, 이러한 미가공 데이터로는 큰 효용가치를 보기 힘들다.

그러나 이같은 방대한 데이터가 분류에 따라 축적·분석되어 빅 데이터로 활용된다면 해당 시장의 판도를 충분히 바꿀 수 있을 만큼의 높은 가치를 지니게 된다. 알리바바의 마윈 회장은 중국 베이징에서 열린 데이터 산업 설명회에서 '세상은 지금 IT시대에서 DT시대로 가고 있다.'라며 '이제는 각자가 갖고 있는 데이터로 사회에 얼마나 많은 가치를 창출해 내느냐가 중요하다.'라고 언급했다. 마윈 회장의 말이 아니더라도 실제 모든 것들이 데이터를 기반으로 하고 있기에 DT시대의 도래는 그리 어색하지 않다.

이미 IT업계에서도 데이터의 실효성과 파워가 막강해져서 이제는 ITInformation Technology가 아니라 DTData Technology 시대로 불리고 있다. 과거 우리가 익히 알고 있던 데이터는 비즈니스 용어로 널리 쓰였으나 성과 없이 단순히 트렌디trendy한 IT용어로 보는 시각도 있었다.

그러나 이제 데이터는 Mobile, SNS, IoT 활성화 등으로 우리 주위에서 지속적으로 생산되고 있으며 우리가 알게 모르게 삶의 일부가 되어 가고 있다. 이러한 판도를 읽은 마윈 회장이 미래의 유일한 IT 비즈니스 모델은 데이터를 기반으로 이루어지며 기업의 핵심가치와 원천 경쟁력이 될 것이라고 내다본 것이다.

또한, MS사의 사티아 나델라는 '우리에게 데이터가 미래의 전기電氣'라고 언급하면서 전기가 2차 산업혁명을 촉발했듯이 방대하게 축적되고 있는 데이터는 미래의 세상을 완전히 변화시킬 것으로 예측하고 데이터 분석과 기계 학습을 중심으로 한 인공지능 전략을 공개했다.45 몇 년 전, 구글 '알파고'와 프로 바둑 기사 이세돌과 세기의 대국으로 촉발된 인공지능의 등장은 데이터의 진화된 모습이라고 할 수 있다.

스위스 다보스포럼에서 4차 산업혁명을 촉발한 미래기술로서 데이터가 기본물질이라고 보고, 미래에 자동차가 사람을 대체하여 주행하고 구글의 룬Loon 프로젝트에 힘입어 지구 전체가 IoTInternet of Things를 넘어IoPInternet of People 개념의 지구촌 초연결 사회를 만들 것이라고 했다.

즉, 운전자사람가 아닌 운전하는 기계로 바뀌기 위한 데이터의 축적과 그 축적된 데이터는 사람처럼 생각하고 판단하는 인공지능으로 바뀔 것으로 이해하고 있다.

그렇다면, 이렇게 중요한 데이터란 무엇일까?

그리고 IT와 DT의 차이는 무엇일까? 또한 이 데이터는 우리 생활에 도움이 될까?

데이터의 장점을 어떻게 활용해야 할까? 등 적지 않은 의문이 생길 것이다. 이에 대해 데이터는 부족했던 자원에서 방대하고 가치가 높은 재생 가능한 자원이 되었고, 경제와 사회적 혜택을 더 많이 제공해 주는 주요 소스가 되고 있기 때문에 이러한 의문은 데이터 활용의 새로운 접근방법과 그 효용 가치, 사례들에서 해답을 찾을 수 있을 것 같다.

'IT는 자기제어와 자기관리를 위주로 하고, DT는 대중 서비스와 생산력 촉발을 한다.'라며 'IT와 DT 사이에 특정한 기술적 차이가 있는 것처럼 보이지만 사실은 사고 관념 측면의 차이'라고 마윈이 말하는 것처럼, 데이터Data는 가공되지 않은 1차원적인 원시기록 상태를 뜻하며 이러한 데이터가 가공을 거쳐 특정한 맥락 속에서 이해되는 것이 정보Information이다. 이와 같이 IT시대에서는 **정보의 단계에서 가치를 창출**했다면, DT시대에서는 가장 기본이 되는 **데이터에서부터 효용가치를 드러내는** 것으로 양자의 정보와 데이터의 가장 큰 차이가 될 것이다.

불과 몇 년 전만 하더라도 인터넷에 연결되는 디바이스는 컴퓨터뿐이었다.

하지만, 이제는 스마트폰, 태블릿, 웨어러블 등 디지털 기기가 급속히 보급되어 한 사람이 소지하고 있는 디바이스는 2~3개에 달하고 있다. 지난 2008년을 기점으로 인터넷에 연결된 디바이스의 수는 전 세계 인구 약 70억 명을 넘어서기 시작했고, 2020년에는 500억 개의 디바이스가 인터넷에 연결될 것이라고 한다.[46]

물론, 연결된 디바이스를 통해 창출될 데이터의 양은 막대할 것이지만, 미국의 경제전문지 포브스는 '전 세계에 퍼져 있는 데이터들 중 실제로 사용되거나 분석되는 정도는 0.5%도 안 된다.'라고 말한다. 아직 데이터의 활용도가 미미하기 때문에 이 거대한 데이터들을 정교하게 분석하고 활용해 고객들에게 적합한 서비스를 제공하는 사업방식이 시장의 성패를 좌지우지할 것으로 예측된다.

바로 이런 이유로 인해 현 시점에서 데이터가 중요한 핵심가치로 떠오르고 있다고 볼 수 있다. 추가 설명을 하자면, 인터넷으로 연결된 수많은 작은 시장이 '차세대 거대 시장'을 형성하여 세상에 대한 더 나은 데이터를 생성함으로써 더욱 데이터 중심적인 솔루션을 찾을 수 있고, 우리가 하는 모든 일에서 데이터가 생성되고 완전히 새로운 데이터의 흐름이 매일 생기고 있다는 점이다.

사실 전 세계 데이터의 90%는 지난 몇 년 동안 생성된 것이며, 그 생성 속도가 정기적으로 2배 이상 증가하고 있다. 물론, 생성되는 데이터의 대부분은 공공의 목적으로 만든 것들이다. 개인의 데이터는 프라이버시 보호가 필수지만 우리의 생활을 개선해 주는 데이터는 대부분 기계에 부착된 센서가 생성한 것이다. 우리의 과제는 데이터를 활용하고, 독창성을 발휘하여 데이터에 내재하는 중요한 가치를 찾아내는 것이다.

이처럼 대부분의 기계 데이터는 조만간 우리 생활에 도움이 될 것이라고 기대되지만, 우리 생활에서 데이터를 어떻게 활용할 수 있을까? 데이터가 우리 경제를 성장시키고 생활수준을 높여 IT 중심의 생산성 향상을 불러왔지만 일부에 국한된다. 그러나 앞으로 더 많은 분야에서 더 많은 형태의 데이터를 생성하면서 데이터는 이제 농업에서 운송, 교육, 에너지, 금융에 이르기까지 수익성이 약했던 분야에서 수익을 창출하는 역할을 하고 있다고 BSA.org 보고서는 말하고 있다. 또한, 의료 서비스의 데이터 혁신은 보다 나은 통찰력을 제공하여 수명을 연장하고 더 건강하게 생활하는 데 기여할 것이다.

의료 서비스는 오늘날 데이터가 가장 많은 환경 중의 하나로서 매일 각 병원에서 수백 테라바이트의 데이터를 생성하고 있다. 이 데이터의 사용을 극대화한다면 치료법을 개선하고 완치 기간을 단축할 수 있을 것이다.

오늘날 데이터는 의사가 환자의 건강을 파악하고 더 나은 의사결정을 할 수 있는 능력을 제공하고 있으며, 소프트웨어 분석 덕분에 의사들은 미래의 모든 환자들이 이용할 수 있는 치료 옵션을 확보하기 위해 이전 환자의 모든 치료 결과를 활용할 수 있게 되었다. 운송의 경우에는 시간과 비용 및 연료를 절약하고, 생명을 구하는 데이터 혁신이 일어날 것으로 보인다.

왜냐하면, 데이터는 더 지능적인 운송의 미래를 열어 주기 때문이다. 즉, 항공과 철도 및 도로에서 실시간으로 데이터를 분석함으로써 재화와 사람들을 안전하고 효율적으로 운송하는 능력을 개선하는 더 지능적인 운송 시스템을 만들고 있다. 새 자동차는 1시간에 25 기가바이트까지 데이터를 생성할 수 있으며 이 데이터를 처리하기 위해 수천 만 이상의 소프트웨어 코드를 포함하고 있다.

이 데이터는 안전벨트만큼 안전성을 높일 수 있는 새로운 안전 및 충돌방지 시스템을 만드는 데 사용함으로써 부상자 및 사망자 수를 50%나 줄일 수 있고, 도로에 차량이 넘쳐나는 상황에서 교통체증을 줄이며 더 효율적으로 교통량을 배치하기 위해 데이터를 혁신적인 방법으로 활용함으로써 시간·연료·배기가스를 모두 줄이는 데 기여할 수 있다.

그리고 항공업계의 데이터에는 항공기 기체 곳곳에 부착된 센서에서 1회 운항할 때마다 0.5 테라바이트의 데이터를 생성할 수 있다. 이 데이터는 운항 성능 개선과 난기류를 차단하며, 안전을 개선하고, 이전보다 2,000배나 빠른 시간에 엔진 결함을 파악하고, 연료 절약에도 도움이 될 것이다.

에너지 역시 에너지 소비량을 줄이고 환경을 개선하는 데 도움이 될 것이다. 또한, 건물에 데이터 설계 도구를 사용하여 에너지를 덜 사용하도록 설계할 수 있으며, 다량의 센서 데이터를 분석기 및 액츄에이터actuator ; 전기, 유압, 압축공기 등을 이용하는 구동장치의 총칭와 결합시킨 지능적 시스템으로 통합하여 더 효율적으로 운영할 수 있다.

이렇듯 세계적인 소프트웨어 협회인 BSA.org 보고서에서 추산하고 있는 부분들은 앞서 우리가 가졌던 데이터에 대한 다소간의 의구심, 즉 우리 생활에 도움이 될지, 데이터의 장점을 활용하는 방법에서 어떤 아이디어를 얻을 수 있을지 등에 대한 해결의 실마리를 제공한다.

표 4-1 해외 Telco데이터 비즈니스 동향

구분		분야
데이터 자산화	Customer	• 모바일 광고, 디지털 쿠폰, 로열티 관리 • 모바일 Payment, M-Commerce • 소비자 인사이트 서비스 : 위치, 컨텍스트, 이벤트
	Device	• M2M 분석 : 의료, 자동차 , 홈 • 클라우드 서비스 분석 : 앱사용, 서비스 보증
고객관리 최적화	Customer Relation	• 데이터 요금제 분석(수익성 관리) • 오퍼 관리 : 개인화, 상황기반, 실시간 베스트 액션 • 고객경험 관리 : Pre-Issue & Post-Issue Analytics • 진화된 고객분석 : Mobility, 세대, 웹
	Operation Process	• 예측 : 매출, 이탈, 트래픽 • 네트워크 분석 : 네트워크 용량 계획, 서비스 보증 • 운영 및 리스트 분석 : 불량채무, 신용리스트, 사기방지

〈출처: SAS KoreaTelco Business analytics, 2014〉

위의 표는 해외 주요 Telco통신회사사들의 데이터 활용 비즈니스들이다.

통신회사 가입자들의 데이터를 중심으로 다양한 유형의 데이터 가공의 결과로 신규 사업의 형태를 이끌어 낸 것이다. 물론, 2019년에 이르러서는 더욱 진화되었지만, 특히 일본의 NTT 도코모는 자회사인 도코모 인사이트 마케팅을 통해 휴대전화 네트워크를 이용하여 거주지역별·시간별·연령별·성별 인구분포를 추정할 수 있는 '모바일 공간 통계'를 실용화하고 관련 데이터를 판매하고 있다.

그리고 KDDI는 일본 통신시장의 포화로 번호이동 및 전환가입/이탈이 가장 크게 이슈화되면서 현재 시장의 한계를 극복하기 위해 기존의 '데이터 베이스마케팅 플랫폼'을 '빅 데이터 분석 플랫폼'으로 확장하고 분석 인사이트를 자산화하여 데이터 서비스 사업자로서 수익성 향상을 꾀하고 있다.

유럽의 Telefonica는 디지털 이노베이션을 통해 다양한 업무 및 분석 주제에 따라 데이터 분석·마이닝·예측·최적화를 통해 고객 결정 경로 분석과 실시간

의사결정으로 고객의 가치를 높이고, 이탈 가능성을 낮추는 등 마케팅 의사결정의 진화를 이룩하고 있다. 또한, T-Mobile은 3,300만 가입자와 6백만 고객 커뮤니티를 기반으로 고객링크분석Customer Link Analysis을 통해 고객들에 대한 소셜 네트워크적 관점을 개발하고 고객 간의 상호작용 방식을 분석하고 있다. 이 고객 링크분석은 고객 간의 인터랙션이나 소셜 네트워크 정도를 측정하여 영향력을 가진 사람influencer과 그를 따르는 팔로워follower를 파악하고 이들의 차이를 마케팅 캠페인에 이용하고 있는 것은 당연하며 2019년 애드테크와 같은 광고 자동화 프로그램으로 이어지기도 한다.

〈출처: https://www.youtube.com/watch?v=x60rO9KmgmQ〉

그림 4-1 T-Mobile의 고객 링크 분석

그밖에도 Vodafone은 영국·이탈리아·독일에서 전환가입/이탈분석, 고객세분화, SNA, Next Best Action, 캠페인 최적화를 주요 주제로 데이터를 활용하고 있다.

특히 Vodafone Italia는 MVNO 사업자 및 인터넷 사업자와 경쟁을 극복하기 위해 비음성 상품 중심으로 새로운 CRMCustomer Relationship Management에 맞추어 세분화와 컨택 및 채널 전략을 구현해서 운용 중이다.

미국의 Verizon은 'Precision Market Insight' 회사를 통해 지난 몇 년 간 실시간으로 축적된 이용자 위치정보나 선호하는 콘텐츠 정보 등의 데이터를 수집하여 익명화된 집합적 데이터로 변환·분석하고 도출된 시사점을 각종 쇼핑몰·스포츠팀·광고주 등 수요자에게 공급하고 있다. 미국 유명 농구팀 Pheonix Suns가 서비스에 가입했고, 광고대행사 클리어채널 아웃도어 홀딩스는 이 서비스의 시험판을 이용 중이다.

그리고 AT&T는 지난 몇 년 동안 네트워크 데이터량이 50,000% 성장하였는데 비용절감과 고객 경험을 개선하고자 시간당 300억 데이터 포인트를 수집하고 네트워크 품질을 측정하여 자체 개발한 '기지국정전분석기Tower-outage analyzer'를 통해 59%의 고객경험통화품질 등을 개선하였다고 데이터 부서에서 밝히기도 했다.[47]

위의 해외 사례 외에도 국내의 경우에도 국내 포털 검색의 맹주인 네이버는 이용자들이 민간기업과 공공기관이 보유한 데이터를 활용할 수 있도록 데이터 포털 'DATA LAB'을 최근 오픈하였다. 이는 데이터는 단순히 '**데이터의 크기가 아닌, 가치의 크기**'이므로 서로 다른 데이터의 융합을 통해 새로운 가치를 제공하기 위해 만들어진 공간이라는 방향성을 제시하였다.

또한, KT는 서울시와 협업하여 심야 버스 노선도를 설계하는 데 기지국 데이터를 활용하여 심야시간에 사람들이 몰리는 곳을 분석한 뒤에 이를 반영한 버스 노선을 설계하였다.

그리고, 삼성카드는 가입자 결제기록 등의 데이터로 대형 마트 등 특정 점포에 방문할 가능성이 높은 고객을 찾아내고 이들을 대상으로 타깃 마케팅을 벌여 매장 방문 가능성을 높이는 효과를 거두고 있다. 2015년 6월 특허를 출원한 데이터 기반 '스마트 알고리즘'은 삼성카드가 가진 데이터를 십분 활용해 가맹점 매출을 단기간에 끌어올리는 시스템으로 소비 패턴을 비롯한 수백 개의 변수를 분석해 특정인의 소비 트렌드를 미리 읽어 낼 수도 있다는 사례[48]를 보면, 데이터 산업은 이미 우리의 생활 속에 들어와 여러 유형으로 활용되고 있음을 알 수 있다.

정주용의 모바일 트렌드에서 '데이터는 이 시대의 석유가 맞다.'라고 했다. 즉, 데이터는 석유를 정제하는 화학산업에 비유된다. 정제되지 않은 상태인 석유의 효용은 제한적이나 고도의 기술로 정제된 후의 석유는 거의 모든 제품에 원료로 공급되어 왔다는 것을 상기시키는 말이다. 데이터 기술의 핵심도 바로 '분석Analytics'과 '가공'이다.

〈출처: http://www.shodoc.co.kr, http://datalab.naver.com , 매경'15.6〉

그림 4-2 KT 쇼닥/네이버 데이터랩/삼성카드 데이터 마케팅

오늘날 기술 속에서 가치를 뽑아내려는 대부분의 기업들은 무수히 많은 무원칙의 데이터 속에서 '인사이트'를 얻어내려고 안간힘을 썼었지만, 석유를 정제하듯이 정제의 기술이 바로 데이터 기술이고, 그것이 부가가치를 창조한다는 점을 이해하지 못하면 아무런 의미가 없는 것이다. 현재 모든 기업의 사업 영역에 데이터는 이미 핵심 역량이 되었고 테라데이타Teradata, IBM, 델Dell과 같은 기업들은 모두 과거의 사업모델을 완전히 전환해서 데이터 분석·처리·관리 기업으로 탈바꿈하고 있다. 이들은 시대의 흐름을 한 발짝 앞장서서 예측하고 베팅한 기업들이다.[49]

이제 이러한 기업들이 왜 데이터 분석기업으로 전환을 하는지는 미래의 어떤 스토리가 아니다. 참고로 테라데이타는 데이터에만 집중한 사업 모델로 2014년 기준 7,000억 원이 넘는 수익을 올렸다고 한다. 그리고 데이터에 집중하는 사업 모델로 전환하고 있는 IBM도 향후 데이터 '정제'에 대한 수요가 급증하면 실적의 급격한 향상이 가능하다. 세계적인 투자자인 워렌버핏 역시도 이러한 가능성을 보고 투자한 바 있다.

과거 산업혁명이나 제조업 전성기에 석유가 정제없이 가치사슬의 꼭대기에 앉아 있었다면, 앞으로는 데이터를 지배하는 거대 플랫폼으로 데이터를 분석하고 가공하는 데이터 기업이 가치사슬의 꼭대기에 위치할 것이라는 점을 확실히 인지해야 한다.

그러므로 독자 여러분들은 데이터를 단순히 저장만 하는 우를 범하지 않기를 기대하면서, 외장하드나 USB는 저장장치에 불과하지만 혹여 분석이나 가공의 기술이 적용된 파생상품이 될 수도 있다는 점을 이해한다면, 증권사의 흔한 애널리스트들보다 업그레이드 된 데이터 애널리스트로의 직업 전환도 가능할 것이다.

2. 미디어 데이터 인포그래픽

과거에는 존재하지 않았던 신조어이지만, 단어의 형태를 보면 확연히 드러나듯이 정보Information와 그래픽Graphic의 합성어이다. 따로 뜯어놓고 보면 일반적이고 이미 존재하는 개념의 단어들이어서 이 합성어가 무엇을 의미하는지 쉽게 예상할 수 있다. 인포그래픽은 바로 앞서 언급한 일반적인 고객과 사업적 파트너들이 좀 더 이해하기 쉽고 판단하기 용이한 특정한 형태로 정보를 시각화하여 보여주기 위해 탄생했다.

인포그래픽Infographic이라는 단어의 의미를 위키백과에서 살펴보면 '인포메이션 그래픽Information graphics, 인포그래픽Infographics, 뉴스 그래픽News graphics으로 달리 부르기도 하며 정보나 자료 또는 지식의 시각적 표현으로 정의할 수 있다. 정보를 구체적·표면적·실용적으로 전달한다는 점에서 일반적인 그림이나 사진 등과는 구별된다. 복잡한 정보를 빠르고 명확하게 설명해야 하는 기호, 지도, 기술 문서 등에서 사용된다. 차트, 지도, 다이어그램, 흐름도, 로고, 달력, 일러스트레이션, 텔레비전 프로그램 편성표 등이 인포그래픽에 포함된다.'라고 설명한다.

그러나 기본적인 정의는 간단하지만, '정보'와 '시각화'라는 폭넓은 의미의 단어들 때문에 '인포그래픽이 무엇이다.'라고 구체적으로 설명하기보다는 이 이름을 달고 있는 결과물들을 직접 살펴보면서 느끼고 이해하는 것이 인포그래픽을 이해하기 가장 좋은 방법이 될 것이다.

즉, 인포그래픽은 흔히 디자인 업계에서 말하는 그림이나 도형 등 다양한 시각적인 형상이나 작품 성격의 그래픽 개념과는 조금 차이가 있다. 고객이나 일반인들의 이해력을 높이기 위해 쉽게 판단하기 어려운 정보들을 시각적인 형상으로 도식화하여 커뮤니케이션의 극대화를 높이기 위한 작업이라는 것에서 이 단어 본래의 뜻을 찾을 수 있으나 단순한 형태의 미적이고 도형적인 표현보다는 가공되고 편집되어 정보의 정확한 의미를 전달한다는 뜻을 담고 있다.

즉, 시각적 도형의 미적인 감각도 중요하지만 정보를 충분히 이해시키는 소통적 의미로의 시각화인 비쥬얼라이제이션Visualization으로 고객이 납득할 만한 커뮤니케이션 바탕이 되어야만 진정한 인포그래픽이라고 할 수 있다.

Google에서 'infographic' 키워드로 검색하여 이미지 검색 결과를 보면 약 2억5천 9백만 개의 검색 결과가 있다고 표시된다. 꽤 넓은 공간에 각종 숫자와 텍스트와 일러스트 및 그래프 등을 집어넣은 이미지들이다.

그러나 이들은 각종 회의에서 흔히 볼 수 있는 파워포인트 장표와는 느낌이 다르다. 그런 장표들은 대개 Excel 등의 스프레드시트에서 따온 그래프와 표·숫자·설명 문구들이 페이지 가득하게 나열되어 있어 나름대로 꼼꼼히 읽고 들여다보면서 해석을 해야 하는 과정이 필요한 경우가 많다.

하지만 인포그래픽은 전체를 구성하는 조각조각의 정보를 하나하나 해석한다는 느낌보다는 쭉 훑어내려 가면서 전반적인 메시지를 느끼고 체험하는 쪽에 가깝다. 즉, 같은 시각화 도구라도 단순한 그래프가 아니라, 보기에 깔끔하고 예쁘면서도 이미지에서 손쉽게 메시지를 전달받을 수 있는 것을 인포그래픽이라고 부른다.[50]

〈출처 : 유튜브, 윤디자인연구소 와이커뮤니케이션즈〉

그림 4-3 오바마 선거캠페인 / 현대인의 미디어생활 패턴 스토리텔링 인포그래픽

사실 인포그래픽은 이미 예전부터 존재하고 이용되어 오던 개념이었다. 특히 신문이나 TV와 같은 언론 매체에서는 오래 전부터 뉴스의 이해도를 높이고 텍스트나 음성으로 콘텐츠를 구성할 때의 주의력 와해 문제를 해결하기 위해 적절한 그래픽 요소를 사용해 왔다.

이처럼 오래 전부터 활용되어 오던 신문과 TV 뉴스에서의 그래픽 요소인 인포그래픽은 왜 다시 부각되었을까?

인포그래픽이 주목받은 이유는 여러 가지가 있겠지만, 서두에 말한 Big Data, 즉 데이터의 폭증 때문이다. 굳이 infographic을 거론하지 않더라도, 정보information라는 것은 기본적으로 의미를 담고 있는 것처럼 느껴진다. 어떤 의미도 끄집어 낼 수 없는 데이터들은 양이 방대하더라도 단순히 Raw Data일 뿐이지 정보가 될 수 없다. 정보, 특히 가치 있는 정보가 되려면 수많은 데이터들 안에 들어 있는 의미와 관계를 찾아내고 이것을 정리하여 보다 명확한 메시지로 표현해 내야 한다.

물론, 이 과정에서 해석자의 주관이 개입되는 주관적인 정보가 될 수도 있고, 이것을 철저하게 배제한 객관적인 정보가 될 수도 있지만, 중요한 것은 단순한 Raw Data로는 정보가 될 수 없다는 것이다.

그런데 이러한 데이터가 많으면 많을수록 그 안에서 관계와 의미를 발견하기 매우 어려워지는 문제가 나타난다. 모수모집단의 특성을 나타내는 수치. 이에 비해 표본의 성격을 나타낸 수치는 통계량statistic이라고 한다와 자유도주어진 조건 하에서 자유롭게 변화할 수 있는 점수, 변인의 수 또는 한 변인의 범주의 수가 충분히 늘어나기 때문에 데이터 분석의 신뢰도와 해석의 다양성이 가능해지는 장점을 지니게 되지만, 이것은 어디까지나 가능성이지 정보에 대한 가치를 보장하는 요소는 아니다. 오히려 정보를 추출하는 과정 자체는 훨씬 어렵고 복잡해지게 된다는 것이 데이터 폭증 시대의 문제다.

이 말은 긍정적 의미의 빅 데이터가 자칫 미흡한 해석으로 인해 부작용이 생길 수 있다는 면에서 시사하는 바가 크지만, 아마도 온갖 정보와 데이터들이 넘쳐나면서 사람들이 혼란스러워질 수밖에 없는 것은 당연하다.

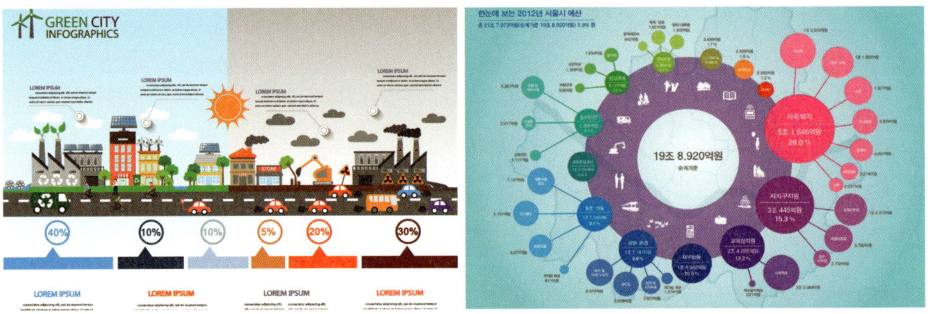

〈출처–한눈에 보는 2012년 서울시 예산〉

그림 4-4 그린시티 / 2012년 서울시 예산

수많은 정보들 중에서 대체 무엇을 섭취해야 할지도 헷갈리고, 괜찮은 정보를 발견했다고 하더라도 해석하는 데에 어려움이 있으면 좌절하고 중간에 포기하게 된다. 결국은 깔끔하게 잘 정리된 정보에 매력을 느끼게 되며, 이런 상황에서 인포그래픽은 충분한 관심을 끌 수 있는 대상이 된다.

이처럼 데이터 폭증시대의 배경에는 과거 음성·문자에 길들여진 세대가 대부분이었다면, 이제는 TV, 컴퓨터, 스마트폰, 태블릿 등의 시각적인 자극을 제공하는 기기들에 익숙해진 세대가 점점 주류로 등장하고 있기 때문이기도 하다.

이들은 이미 어렸을 때부터 온갖 종류의 시각적 자극을 받아 왔고, 웬만한 자극에 대해서는 쉽게 눈길을 주지도 않는 경우가 많다. 생물학에서 이야기하는 역치생물이 외부환경의 변화, 즉 자극에 대해 어떤 반응을 일으키는 데 필요한 최소한의 자극의 세기가 이미 꽤 높은 수준까지 도달했기 때문에 그 선을 넘는 자극이 아니면 일단 관심을 기울이는 것 자체가 쉽지 않다.

독자 여러분들도 유튜브나 여타의 동영상 사이트에서 내보이는 자극적인 영상에서 우리의 뇌 신경에 과도하게 충격으로 와 닿지 않는 이상 웃지도 울지도 않을 정도로 무디어져 있는 현상을 느낄 것이다. 이런 상황에서, 같은 정보라고 해도 텍스트나 눈에 잘 들어오지 않는 조악한 그래프와 테이블로 표현한 정보보다 시각적으로 예쁘고 눈에 잘 들어오게 재구성한 정보가 눈길을 끄는 것은 당연한 일이다.

그림 4-5 구글이미지; 연합뉴스 / 조선닷컴 / 칼텍스

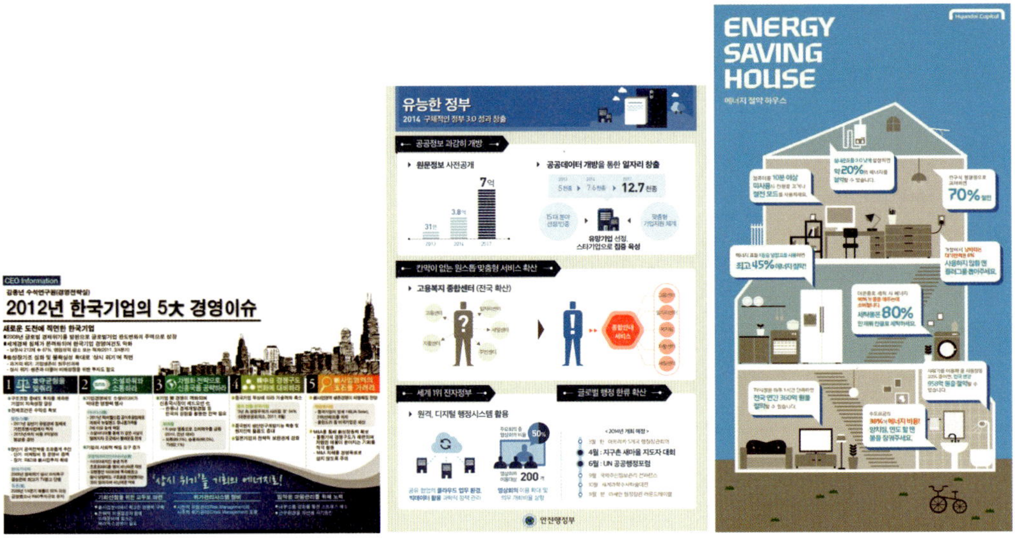

그림 4-6　구글이미지; 삼성경제연구소 / 행정안전부 / 현대카드

정보의 전달이라는 것은 학술적이거나 딱딱한 이야기가 아니라 사회 전체에 걸쳐 있는 다양한 트랜잭션transaction들과 밀접한 관계를 맺고 있다. 예를 들면 사람들에게 상품을 구매하고 싶은 욕구를 느끼게 만드는 것도 인포그래픽 광고이다.

그 상품에 대한 정보를 효과·효율적으로 전달함과 동시에 잠재 소비자의 관심을 끌고, 그 관심을 구매라는 행동으로 이끌어 내기 위한 심리유발 장치들이 다양한 형태로 녹아 있기 때문이다. 결국에 정보의 전달은 이처럼 사회 전체를 동작시키는 여러 가지 부분에 맞닿아 있기에, 다양한 분야에서 이 전달의 효과를 높이기 위한 수요가 존재하며, 이런 상황에서 데이터의 폭증과 자극에 대한 필요성은 자연스럽게 인포그래픽을 점점 부각시키고 있는 셈이다.

이처럼 복잡하고 다양한 정보의 분석과 또한 데이터 속의 가치를 외부로 표현하여 고객들의 이해력을 높이는 작업으로서의 인포그래픽, 즉 정보의 시각화는 어떤 사람들이 잘할 수 있을까? 우선 데이터로부터 정보를 추출하여 인사이트를 담을 수 있는 데이터 전문가가 필요하다.

그리고 데이터를 분석하고 조직화하기 위한 소프트웨어 엔지니어와 그 정보를 시각적으로 아름답게 표현할 수 있는 그래픽 디자이너도 필요하다. 소프트웨어 엔지니어와 그래픽 디자이너는 동일한 인력이 지속적으로 정보의 시각화에 대한 경험을 축적할 수 있지만, 데이터 전문가는 분야마다 전문영역이 다르게 된다.

예를 들면, 경제 분야에서는 회계·증권·세무 등 금융전문가의 데이터 분석능력이 필요하고, 인터넷 서비스 분야에서는 사용자 접속로그를 분석하는 능력이 필요하다. 로그 분석 솔루션은 이미 많이 존재하지만 자신들의 서비스와 로그의 상관관계를 도출할 수 있는 사람은 많지 않다. 기존의 엔지니어가 단순히 기계적으로 로그를 그래프로 옮기고 있는 행위로는 데이터의 의미를 파악하긴 어렵다.

따라서 데이터 전문가는 통계학에 충분한 지식을 보유한 서비스 기획자가 그 역할을 해야 한다. 특히 의료 분야의 경우, 기존의 진료기록들을 구조화할 수 있어야 한다. 의사마다 진료기록의 표현방식이 일치하지 않으며, 심지어는 진료기록이 디지털화되어 있지 않고 단순 스캔 본으로 저장되어 있는 경우도 허다하다.

의료 분야에서 정보시각화를 위해서는 최소한 진료기록을 이해하고 분석할 수 있는 전문가가 필요한 셈이다. 이렇게 데이터의 분석은 각 분야에서 전문적인 지식과 통계에 대한 이해가 수반된다. 현실적으로 정보의 시각화 분야에서 가장 부족한 자원이 데이터 전문가다. 그래서 정부에서도 데이터 분석가를 양성해야 한다는 말을 하고 있지만, 단기간에 충분한 경험을 가진 인력을 양성하는 것은 쉽지 않은 일이다. 데이터 전문가가 갖추어야 될 또 다른 역량은 소통능력이다.

데이터의 의미를 읽을 수 있는 사람은 분야마다 다르지만, 엔지니어와 디자이너와의 소통은 필수적이다.[51]

이처럼 정보의 가치를 잘 표현하기 위해서는 다양한 표현기법에 대한 이해와 디자이너의 도움을 필요로 하는데, 디자이너 역시 정보를 시각화하기 위해서는 프로세스를 익히는 것이 좋으며, 데이터를 어떻게 분석할 것인가에 대한 고민과 데이터의 활용목적이나 수집된 데이터를 조직화하여 의미 있는 정보로 바뀌게 되는 과정을 이해해야 한다. 그래프를 통해서 표현하고자 한다면, 해당 정보를 가장 잘 표현할 수 있는 그래프의 선정이 완료된 이후 스토리에 의한 디자인 작업이 진행되어야 한다. 어찌 보면 가장 위험하고도 초조한 접근을 디자인부터 시작하는 방식이지만, 사실 그래프라는 것은 최종 정보의 러프한 스케치에 불과하므로 굳이 사용치 않아도 되며, 해당 정보의 얼마나 이해력을 갖고 있는가는 디자이너 스스로의 직관력과 분석력으로 나타난다.

소비자에게 어떤 정보를 어떤 목적으로 전달할지에 대한 이해 없이, 단순히 예쁜 시각화 작업만 하겠다는 기존의 방식은 매우 위험하다. 초기에는 스타일보다는 구조에 대한 이해가 우선되어야 한다. 대부분의 디자이너들은 차트의 목적과 정보의 종류에 대해서는 고민하지 않는다. 얼마나 차트가 예쁘게 표현될 수 있는가만 생각한다. 그러다 보니 차트를 이해시키는 것이 정보를 구조화하는 것보다 더 어려운 일이 되기도 한다.

스티브 잡스가 자주 얘기했던 '디자인은 어떻게 보이고 느끼는지가 아니라, 어떻게 기능하느냐의 문제'라는 말을 잘 기억해야 될 필요가 있다. 그러기에 모든 그래프 등은 사용자의 사용 목적에 맞추어서 디자인해야 한다. 사용자에 대한 이해는 컨설턴트나 기획자만의 역할은 아니다. 데이터의 의미를 이해하는 디자이너와 그렇지 않은 디자이너 중에 누가 더 좋은 결과를 만들 수 있을지는 자명한 일이다.

그 동안 인포그래픽을 통해서 시각화에 대한 인식이 높아졌다면, 이제는 실시간으로 변하는 데이터들을 기반으로 의미 있는 정보를 추출하고 인사이트가 반영된 그래프 또는 시각화의 결과물들에 대한 가치를 전달할 수 있어야 한다.

통계 및 데이터 분석전문가의 도움 없이 디자이너와 UX 컨설턴트만으로 효과적인 정보시각화를 구현할 수는 없다. 최근 빅 데이터에서 가장 많이 사용하고 있는 SNS 데이터의 경우, 많은 데이터를 수집하고 정보를 추출하고 있지만 정보들 간의 상관관계에 대한 분석능력은 상대적으로 떨어진다. 키워드 분석수준에서 정보를 추출하고 있을 뿐, Social Graph 또는 Interest Graph에 기반한 분석은 충분히 활용되고 있지 않다. 이렇듯 기술 주도로 정보의 시각화가 이루어졌다면, 이제는 데이터 전문가 주도로 정보시각화가 이루어져야 한다. 그래서 UX분야에서 데이터 전문가를 보유하고 있어야만 효과적인 정보시각화에 대한 사업이 성장할 수 있다.

빅 데이터 처리기술을 기반으로 분석된 결과물들이 어떻게 가치 있는 정보와 지식으로 활용될 수 있을지에 대한 마지막 관문이 빅 데이터 시각화라고 해도 과언이 아니다. 데이터와 정보에 대한 이해뿐만 아니라 정보의 표현방식도 이제는 UX의 새로운 미션이 되었다고 볼 수 있다.

때로는 한 장의 그림이 책 한 권의 설명보다 더 설득력이 있기에 프리드만Friedman은 '데이터 시각화가 지나치게 기능적인 측면을 강조하거나 아름답게 표현하는 데만 매달려서는 안 되며, 의미를 효과적으로 전달하기 위해서는 심미적인 형태와 기능적인 요소가 조화를 이루어야 한다.'라고 했다. 그러기에 이상적인 시각화란 단지 명확하게 의사를 전달하는 데 머물러서는 안 되고 보는 사람으로 하여금 집중·참여하게 만들어야 하므로 소통적 의미로의 시각화인 비쥬얼라이제이션Visualization이 필요하다. 우리 속담에도 '백 번 듣는 것보다 한 번 보는 게 낫다.'라고 한 것은 한번 눈으로 보고서 이해가 된다면 훨씬 소통은 원활해질 것이다.

그러나 봤어도 이해되지 않은 그래픽은 편향된 정보의 시각적 해석일 뿐이기에 분야별 적절한 융합 노력이 필요할 것이다.

그림 4-7 구글이미지; 애플/구글/아마존/페이스 북/구글

3. 데이터 저널

2010년 이후부터 데이터 저널리즘에 관한 정의를 내리려는 움직임이 있었지만, 아직까지 명확하게 정의되지 못하고 있다. 또한, 용어를 통일하지 못하고 여러 비슷한 이름으로 부르는데, 오픈 데이터 저널리즘open data journalism, 빅 데이터 저널리즘big data journalism, 혹은 데이터 중심 저널리즘data-driven journalism 등과 혼용되고 있다. 과거부터 저널리스트들은 한 사건에 대한 사실을 증명하기 위해서 데이터와 여러 기술들을 이용해 왔다. 사실성은 저널리스트가 작성한 이야기의 가장 근간이 되는 특징이라고 할 수 있다. 과거에 그들은 통계학이나 과학적 연구물에 이르기까지 전문가들에 의해 분석된 자료들을 인용해 보도하는 경우가 많았다.

물론, 컴퓨터 활용 취재CAR, Computer-Assisted Reporting를 한 저널리스트들은 그들 스스로 자료를 모아 분석할 수 있는 기술을 충분히 지니고 있었다. 하지만 컴퓨터 활용 취재는 전반적인 저널리즘을 움직이는 공정 가운데 필요한 하나의 기술일 뿐이지, 과정 그 자체가 되지는 못하였다. 컴퓨터 활용 취재와 다르게 **데이터 저널리즘은 다양한 데이터를 분석하는 것부터 시작해 그것을 인터랙티브한 결과물로서 사람들이 이용할 수 있게 만드는 저널리즘의 전반적인 과정에 주목한다는 점**에서 그 차이점이 존재한다.

즉, 데이터 저널리즘은 하나의 결과물 혹은 그 결과물을 만들어 내기 위한 기술보다는 그 **결과물을 생산해 내는 과정**이라고 할 수 있다. 이런 과정적 측면에서 데이터 저널리즘은 **데이터의 수집, 정리, 분석, 시각화, 스토리화 등의 과정을 통해 저널리즘을 실천하는 제반 행위라고 정의**할 수 있다. 이 정의는 데이터 저널리즘의 '과정process'에 초점을 둔 것으로 기존의 저널리즘에 관한 정의를 원용하되, 변화된 부분에 초점을 맞춘 정의라고 하겠다.52

데이터 저널리즘은 궁극적으로 이러한 공개 데이터를 저널리즘의 제반 활동에 적극적으로 활용하는 것을 말한다. 이제는 오픈 데이터의 시대이자 오픈 데이터 저널리즘의 시대다. 미디어는 더 이상 일방적인 정보 전달 과정이 아니라 인터넷을 통해 누구든 참여와 의견 표명이 가능하다.

단지 대중이 온라인으로 자신의 의견과 자료를 올리는 것에 그치지 않고 디자이너나 개발자와 함께 협력해 양방향성의 결과물을 만들어 내고 그 결과물을 산업에도 활용할 수 있어야 한다. 그러한 콘텐츠의 생산 과정의 선순환 구조가 데이터 저널리즘의 핵심이다. 저널리즘은 바로 이런 오픈 플랫폼을 제공하는 것이고 그 개방형 플랫폼이 데이터 저널리즘이다.[53]

알다시피 데이터 저널리즘의 주목적은 데이터를 바탕으로 한 스토리텔링을 통해 독자와 소통하는 것이다. 그러나 데이터 저널리즘을 통해 이야기를 전달하기 위해서 데이터를 특정 형태로만 전달할 필요는 없다. 독자들을 쉽게 이해시키기 위해 다양한 형식으로 자료를 요약해 전달할 필요가 있기 때문이다. 이러한 목적을 위해 데이터 저널리즘에서는 데이터 저널리스트라는 특정 직업군의 한정된 사람보다는 다양한 영역의 사람들 간의 융합이 중요해지고 있다.

이야기를 전달한다는 데이터 저널리즘의 주목적은 무엇보다 데이터를 둘러싼 문맥을 파악하고 이야기를 전달할 수 있는 저널리스트의 역할을 강조하고 있다. 하지만 저널리스트들이 많은 양의 자료를 요약해 오직 글로만 이야기를 전달하기에는 독자들이 그 정보를 쉽게 이해하지 못할 수 있다는 한계점이 존재한다.

이런 문제점을 해소하기 위해 데이터의 시각적 표현이 중요하게 인식되었다. 복잡한 자료들을 사람들이 쉽게 이해할 수 있도록 정보를 시각적으로 표현하는 방법은 원래 인포그래픽의 영역이었다.

데이터 저널리즘에서 많은 데이터를 설명하기 위해선 글보다 시각적 표현을 이용하는 것이 제한된 공간 속에서 더 많은 정보를 표현할 수 있기에, 자료의 시각화는 데이터 저널리즘의 중요한 요소로 인식되면서 점차 인포그래픽은 데이터 저널리즘의 한 범위로 자리 잡게 되었다.

그뿐만 아니라, 시각적 표현을 통한 스토리텔링이 이루어지고 이러한 관점에서 데이터 저널리즘에서는 저널리스트의 역할과 함께 다른 영역과 융합을 중요하게 다루고 있다.

가디언의 데이터 저널리즘 전략을 진두지휘하고 있는 폴 브래드쇼는 탐사 보도와 리서치, 통계, 디자인, 프로그래밍을 결합하는 작업을 베이스로 해서 데이터 저널리즘의 4가지 요소를 정리하고 있다.

첫째. 데이터를 찾아라.

꾸준히 트위터를 읽고 RSS 피드를 검색하라. MySQL이나 파이썬 같은 프로그램을 활용해 광범위한 데이터를 수집하라.

둘째. 데이터를 분석하라.

넘쳐나는 숫자들의 조합에서 의미를 짚고 콘텍스트를 읽어내라. 스프레드시트에 익숙해지면 훨씬 많은 시간을 절약할 수 있을 것이다.

셋째. 데이터를 시각화visualise하라.

시각화는 디자이너와 프로그래머의 영역이었으나 이제는 편집 경험을 갖춘 전문가들이 늘어나고 있다. 데이터 저널리즘의 무한한 가능성이 부각되고 있기 때문이기도 하지만 업종 간 장벽이 낮아지고 있기 때문이기도 하다.

넷째. 데이터를 결합mash하라.

매니아이즈 같은 시각화 도구와 야후 파이프 같은 매시업 도구를 활용하면 훨씬 손쉽게 데이터에서 의미를 뽑아 낼 수 있다.

데이터의 오류를 잡아내는 것도 훨씬 쉽다.[54]

결국 핵심은 어떻게 유의미한 팩트를 끌어내느냐에 있는 것이다. 하지만 특정한 이슈를 더욱 상세히 드러낼 수 있는 정확한 데이터의 수집과 분석을 위해선 아무래도 데이터 마이닝data mining에 대한 전문 지식을 가지고 있는 데이터 전문가 혹은 프로그래머들의 역할이 중요하다. 그러나 데이터 저널리즘의 본질은 데이터를 통한 스토리텔링이라고 할 수 있다.

제5장

버츄얼 미디어

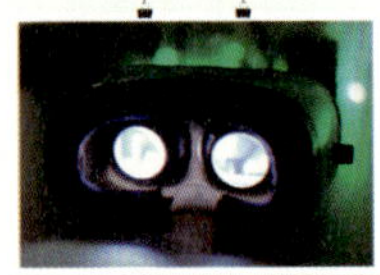

Check Point

이 장에서는 이미 상당히 현실생활에 접목되어 유용하게 사용되고 있는 미디어와 AR과 VR, 챗봇, IOT, AI, 드론 등 디지털기술의 발달과 관련된 다양한 마케팅의 방향 등을 논하였다.

1. 디지털 OOH / 미디어 아트

디지털 전환Digital transformation 시대, 바야흐로 OOH 미디어 시장에서는 4차 산업혁명이라는 새로운 패러다임과 함께 각광받는 여러 가지 신기술과 상용화된 5G 서비스 등의 최첨단 통신 서비스를 활용하여 디지털 사이니지를 넘어 스마트사이니지Smart Signage의 시대로 향하고 있다.

저성장과 미래에 대한 불안을 이유로 광고 미디어 시장이 매우 보수적 시기를 보내고 있지만 늘 새로운 것을 갈망하는 현업 마케터들의 기획 노트에는 발전된 다양한 ICT 기술과 타깃 오디언스의 변화된 라이프스타일lifestyle, 그리고 그들이 모여 있는 주요 공간과 미디어에 대한 복잡한 숙제들이 가득한 시점이다.

우리들 대부분 한 장소에서 다른 장소로 이동하면서 많은 시간을 집 밖의 공간에서 보내고 있다. 그리고 우리가 머무는 모든 공간에 DOOHDigital Out of Home 미디어가 있다. 차를 타고 다닐 때, 버스나 지하철을 기다릴 때, 공항에서 비행기 정보를 접할 때, 디지털 메뉴 보드로 주문할 때, 영화나 스포츠 관람을 즐기기 위해 찾는 공간이나 쇼핑몰을 돌아다니는 방법을 찾을 때 등에도 DOOH 미디어는 공공장소나 상업공간에 설치되어 중앙 통제관리가 가능한 네트워크를 통해 정보·엔터테인먼트·광고 등의 미디어 서비스를 제공한다.

이러한 서비스들은 단순히 정보나 광고를 표출해 주는 디스플레이가 아니라 하드웨어, 소프트웨어, 콘텐츠, 네트워크 등 다양한 ICT 기술과 융합되어 양방향 커뮤니케이션이 가능하고 최근에는 방식의 고도화와 함께 더 다양한 브랜드 마케팅과 가치 제고 전략들이 도출되고 있다.

(1) DOOH Digital Out of Home 미디어

미디어는 콘텐츠를 담는 그릇이다. 콘텐츠에 따라 미디어의 가치와 효과가 달라진다고 할 수 있다. 방송 미디어의 경우에 프로그램 콘텐츠는 해당 미디어의 가치와 효과의 잣대가 되기 때문에 방송사는 소비자의 눈과 귀를 사로잡을 수 있는 프로그램 제작과 질적 제고에 인적·물적으로 많은 투자를 시도한다. 그렇다면, DOOH 미디어의 경우는 어떠한가?[55]

DOOH 미디어에 있어서 콘텐츠는 공간 그 자체이다. 그리고 공간에 방문하는 사람들이 타깃 오디언스이자 미디어의 가치이고 효과이다. 그 때문에 소위 랜드마크라고 하는 공간을 만들고 가치 있는 마케팅 플랫폼이 되기 위해 투자를 아끼지 않는다. DOOH 공간 콘텐츠는 주변과 조화를 이룬 미디어의 구축·운영·디자인 자체가 되기도 하고 무엇보다도 공간 내에서 방문자의 인게이지먼트를 높여 공감·공유·확산시킬 수 있는 오디언스가 많아질 수 있는 문화적 경험 콘텐츠를 생산해 주어야 한다.

DOOH 미디어로 만들어진 랜드마크 공간이라고 하면 흔히 뉴욕 타임스퀘어를 떠올린다. 수많은 디지털 사이니지에서 제공되는 광고 콘텐츠 자체가 볼거리가 되어버린 DOOH 미디어의 성지이다. 물론, 오랜 세월 동안 소비자들이 경험할 수 있는 다양한 방식의 콘텐츠 시도가 만들어 준 공간이다. 일단 랜드마크가 되면 여러 가지 새로운 콘텐츠의 1번가가 되어 더욱 양질의 공간으로 발전하는 선순환 구조가 된다.

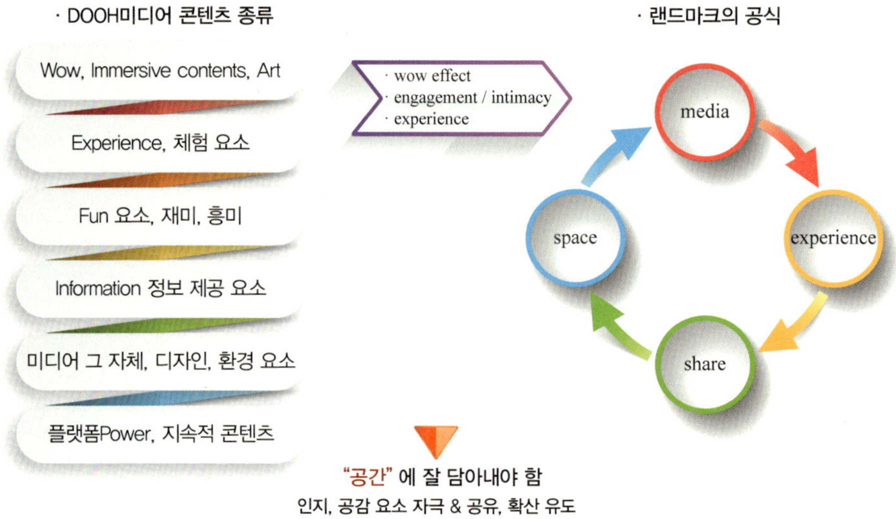

〈출처 : cj파워캐스트 광고사업본부〉

그림 5-1 DOOH 미디어 콘텐츠 종류와 랜드마크의 공식

국내에서도 '옥외광고물 자유표시구역'이라는 명칭으로 삼성동 코엑스 일대에 대형 DOOH 미디어 설치와 운영이 시작됐고 광고뿐만 아니라 해당 공간을 활용한 각종 행사, 스포츠, 영화제, 공연, 페스티벌, 미디어 아트, 프로모션과 이벤트 등 소비자 경험에 기반한 다양한 공간 콘텐츠가 진행되고 있다. 이러한 DOOH 미디어가 함께하는 공간 콘텐츠의 경험은 같은 공간 내에서 공감을 이끌고 타 공간으로 경험의 공유 확산이 이루어지면서 더욱 파워풀하게 된다.

최근 온라인과 모바일 광고 시장이 폭발적으로 성장하면서 이들의 성장이 곧 오프라인 광고 미디어의 죽음이라고 여기던 시절이 있었다. 그러나 디지털 시대에 DOOH 미디어 공간 콘텐츠 경험을 제대로 설계하고 기획하려면 반드시 온라인과 모바일의 세계를 이해해야 한다. 실시간 네트워크에 기반하여 경험이 이뤄지는 공간 이외의 공유 확산이라는 추가 확장성 측면에서도 그렇지만 공간 콘텐츠의 다양성과 인게이지먼트 제고나 파급력과 활용도 제고 측면에서도 온라인과 모바일과의 연계는 긍정적 효과를 가져온다.[56]

그림 5-2 코엑스 일대(위)와 뉴욕 타임스퀘어(아래)의 DOOH 미디어 공간

1) 상황인식 기술

DOOH 미디어와 환경·사물·위치기반 기술을 결합한 이벤트, 지나가는 차량과의 상황인식 기술에 의한 인터랙티브 라이브 체험, 모바일과 주변 환경을 연계하여 디자인과 편의를 제공하는 스트리트 퍼니처 등 DOOH 미디어가 있는 공간에서는 소비자의 콘텐츠 인지도를 높이고 인게이지먼트와 도달률을 제고할 수 있는 다양한 경험 자극 캠페인이 가능하다.

마케팅 핵심 타깃이 모여드는 중요한 장소에서 점점 더 타깃 관련성이 높은 경험과 메시지를 제공하고 소비자 수용성을 높이며 시각적 경험을 극대화하여 콘텐츠 공간과 미디어의 가치를 더욱 향상시킬 수 있을 것으로 보인다.

인터랙티브 서비스를 통해 이용자의 직접적인 참여를 유도하고 이러한 참여를 통해 새로운 경험을 창출할 수 있다. 마케팅 담당자는 소비자의 경험을 개인화하고 맞춤 형태의 즉각적인 소통을 할 수 있다. 온라인 미디어의 기능을 오프라인으로 확대하여 소비자들과의 접점을 확장하고 오프라인 접점의 반응을 통해 온오프라인 교차반응 분석이나 위치기반 전략을 개발할 수 있다. 수량화된 데이터 축적을 통해 데이터 중심으로 마케팅 전략을 수립할 수 있는 시장으로 변화하고 크로스 미디어를 구매하는 프로그래매틱 솔루션 개발까지 진화하여 기존 DOOH 미디어 시장이 가지고 있는 단점을 보완해야 할 것이다.

상황인식 기술을 이용한 개인 맞춤형 서비스 제공이 좀 더 구체화되어 가고 있다. 상황인식은 현재 위치와 시점에 주변의 상황과 이용자의 조건을 인식하여 그에 적합한 정보를 제공하는 방식으로 맥락의 특성을 파악하여 알맞은 정보를 제공함으로써 정보 전달력을 높이고 구매 등의 특정 행위까지 유도할 수 있는 기술이다. 최근 상황인식 신기술의 발전은 놀라운 수준이나 국내의 경우에 비즈니스 분야까지 연결되어 실제 마케팅에서 활용되거나 괄목할 만한 온오프라인 연계 사례가 많이 부족한 상황이다.

단순히 소비자가 디지털 미디어 광고를 감상하고 신기술의 놀라움에 감탄하는 수준을 넘어서 소비자가 직접적인 체험과 경험을 유도하여 개인에게 맞춤 서비스를 제공하고 소비까지 촉진시키는 효과를 가져올 수 있는 DOOH 미디어 공간 전략이 필요하다.

디지털 전환 시대에는 새로운 시각으로 공간을 바라보아야 한다. 공간에 사람을 모으고, 모인 사람을 연결해 새로운 경험을 창출하며, 이들이 연결되는 공간을 만들어 시너지 효과를 내기 위해서는 경험을 통해 브랜드 콘셉트와 핵심가치를 잘 전달할 수 있는 아이디어를 고민해야 한다. 온라인은 오프라인의 단점을 보완하고 오프라인은 온라인을 통해 보다 가치 있는 공간으로 변화할 수 있으므로 이들을 효과적으로 연결하기 위한 전략이 필요하다.

디지털 전환 시대의 공간은 온오프라인의 경계를 허물고 소비자에게 경험을 주는 장소로 재정의가 된다. DOOH 미디어를 포함한 다양한 디바이스 네트워크를 활용한 공간에서 소비자의 직접 경험을 통해 명확한 콘셉트 메시지를 전달할 수 있는 전략을 만들어 가야 하는 시대이다.

디지털 사이니지는 디지털 기술을 활용해 디스플레이 스크린이나 프로젝터에 영상과 정보를 표시하고 네트워크로 원격 관리하는 융합 플랫폼이다. 소비자에게 사용자 경험을 제공하는 디지털 사이니지 광고는 옥외광고의 블루 오션으로 떠올랐다. 멀티 스크린 플랫폼을 이용한 맞춤형, 센서를 이용한 상황인지형, 스마트폰과 디지털 사이니지를 연동한 모바일 광고 등으로 소프트웨어 기술이 발달하고 있는 상황에서 창의적인 콘텐츠 개발이 무엇보다 중요해졌다.

2) OOH/디지털 사이니지

그렇다면 디지털 사이니지란 무엇인가? 디지털 사이니지란 디지털 기술을 활용해 디스플레이 스크린이나 프로젝터에 영상이나 정보를 표시하는 광고 매체로, 네트워크를 통해 원격 관리할 수 있다천용석, 2014. 따라서 디지털 사이니지는 공공장소나 상업 공간에서 각종 정보와 광고를 디지털 정보 디스플레이DID, Digital Information Display를 통해 제공하는 양방향의 개인 맞춤형 서비스인 동시에 방송, 통신, 광고, 인터넷, 공공 서비스 같은 다양한 분야와 유기적인 관계를 맺는 광고의 융합 플랫폼이기도 하다.

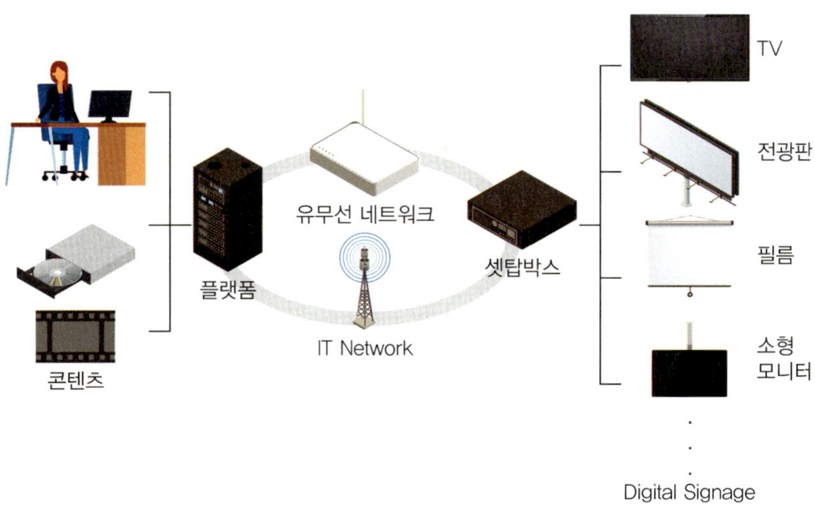

그림 5-3 디지털 사이니지의 구성도

디지털 사이니지는 옥외광고의 주요 영역이다. 옥외광고는 집 밖의Out of Home 미디어를 활용한 광고로 'OOH 광고'라고도 한다. 그동안 디지털 사이니지는 기술 발달을 통해 옥외광고 매체로서 기능을 확대하며 발전해 왔다. 디지털 사이니지의 발전 과정은 세대별 분류로 설명할 수 있다.57

첫째, 단순 노출형 디지털 사이니지one way digital signage로 1세대에 해당한다. 기존 아날로그 광고판을 디지털 디스플레이 장치로 바꿔서 단순히 영상 정보를 송출하는 단방향 영상 기기로서, LCD 모니터로 변환된 전광판 형태로 광고·정보 제공·뮤직비디오·뉴스·안내 영상을 주요 콘텐츠로 사용한다.

둘째, 참여형 디지털 사이니지interactive digital signage로 2세대에 해당한다.

네트워크 기반의 중앙 관리 및 터치스크린을 바탕으로 매체와 소비자 간 양방향 소통이 가능한 방식으로, 키오스크kiosk: 정부기관·지방자치단체·백화점·전시장·공항·철도역 같은 공공장소에 설치되어 각종 행정 절차나 상품 정보, 시설물의 이용 방법, 인근 지역에 대한 관광 정보 등을 제공하는 무인정보단말기를 활용해 인터넷으로 실시간 정보를 제공한다.

셋째, 상황인지형 디지털 사이니지context-aware digital signage로 3세대 격의 좀 더 발전된 형태다. 미래형 하드웨어 기술·통신 서비스·모바일·클라우드 같은 다양한 핵심 기술이 융합되어 적극적인 소통과 공유가 이루어지는 컨버전스형 디지털 사이니지다. 상황 인지 및 고실감 인터랙티브 인터페이스 기술은 불특정 소비자에게 그룹 맞춤형 광고 콘텐츠를 추출하여 제공할 수 있다. 디지털 사이니지로 대표되는 DOOHDigital Out of Home 미디어와 기존의 아날로그 옥외 미디어를 구분하는 주요 근거는 네트워크를 통한 콘텐츠의 송출 기능이다.

기존의 옥외 미디어는 광고 외에는 특별한 콘텐츠가 없었다. 빌보드 광고, 옥상 광고, 버스 래핑 광고, 지하철 역사 내 광고 같은 대부분의 아날로그 옥외 미디어는 광고만을 위한 미디어에 지나지 않았다. 그렇지만 디지털 사이니지가 접목된 DOOH 미디어의 경우에는 네트워크 송출 기능을 통해서 다양한 콘텐츠를 지속적으로 노출할 수 있다.58

3) 디지털 기술과 콘텐츠

디지털 사이니지를 이용한 쇼핑몰이나 지하철 역내 광고는 양방향 서비스를 통해 소비자에게 새로운 사용자 경험UX, user experience을 제공하고, 소비자들은 쇼핑몰에 설치된 디지털 사이니지를 통해 할인 쿠폰을 받거나 사진 찍기 및 퀴즈 이벤트 같은 상호작용 기능을 활용하는 동시에 모바일 기기와 결합해 모바일 커머스를 이용할 수도 있다. 디지털 옥외광고는 소프트웨어 기술 개발과 옥외 광고물에 관한 법률적 규제 완화에 그 미래가 달려 있다. 디지털 사이니지에 관한 소프트웨어 기술 개발은 다음과 같은 세 가지 방향이 가능하다.[59]

첫째, 멀티 스크린 플랫폼을 이용한 맞춤형 디지털 사이니지다. 임대형 서비스SaaS, Software as a Service 방식으로 전달되는 소프트웨어를 통해 멀티 플랫폼 스크린 장치에 맞춤형 디지털 사이니지 서비스를 제공하는 것이다. 이는 기존의 디지털 사이니지 시스템에 비해 확장성과 이식성이 뛰어나며 독립적으로 다양한 환경에서 시스템을 구축할 수 있고 유지 관리 비용이 저렴하다.

둘째, 센서를 이용한 상황인지형 디지털 사이니지다. 키넥트Kinect: 컨트롤러 없이 이용자의 신체를 이용해 게임과 오락을 경험할 수 있는 '엑스박스 360'과 연결해서 사용하는 주변 기기 같은 기존 센서 기반의 상황인지 기술이다. 이 기술은 비접촉 인터페이스를 제공하는 동시에 사용자의 수, 제스처, 음성, 소리 방향 등 상황에 맞는 콘텐츠를 능동적으로 제공한다.

셋째, 스마트폰과 디지털 사이니지를 연동한 모바일 광고다. 광고 제공 업체가 제공하는 광고에 메타 데이터를 추가로 전송하면 디지털 사이니지 주변에 있는 스마트폰 앱에 개인 맞춤형 전자잡지 등을 생성함으로써 상호 간에 정보를 수정하고 공유한다. 이는 디지털 사이니지에서 제공되는 광고 도달 범위를 모바일 기기로 확장하는 동시에 개인 맞춤형 광고를 제공한다는 의미가 있다.[60]

이처럼 디지털 사이니지에 관한 기술 개발과 동시에 디지털 옥외광고의 창의적 콘텐츠를 개발하고 관리하는 방안이 절실하다. 정부에서는 그동안 옥외광고물의 종류·크기·색깔·모양을 규제 위주로 관리해 왔고 설치할 수 있는 지역이나 장소도 엄격히 제한해 왔으나, "옥외광고물의 관리 및 산업진흥에 관한 법률 2015"에서는 디지털 광고물에 대한 규제를 획기적으로 개선하는 내용이 담겨 있는 것을 계기로 다양한 디지털 기술에 의한 디지털 사이니지옥외광고물, DOOH 등에 맞는 콘텐츠의 개발과 보급을 통해 기업의 경제활동에 도움이 되어야 할 것이다.

(2) 미디어 ART

미디어 아트media art는 사진, 전화, 영화 등의 발명 이후 이런 신기술들을 활용하는 예술들을 가리킨다. '뉴미디어 아트'라고도 불리며 매체 예술로 번역된다. 새로운 화학이나 기계 등의 기술을 사용한 새로운 매체 기술을 사용하는 예술로 정의되고 있다.

미디어 아트는 1960년대 텔레비전과 방송의 등장으로 대중매체가 도래한 이후에는 위성방송, 인터넷, 웹사이트, 컴퓨터를 이용한 멀티미디어, CD-ROM, DVD, 가상을 활용하는 방향으로 확장되었다.

이 중에서 컴퓨터나 인터넷 등의 디지털 기술을 활용하고 탐구하는 예술을 '뉴미디어 아트'라는 용어로 지칭하기도 한다. 뉴미디어 아트라는 용어는 새로운 매체를 사용한다는 점을 강조하기 위한 의미에서 사용되고 있을 뿐, 미디어 아트라는 용어와 뚜렷이 구분되어 사용되지 않고 있다. 더군다나 '뉴미디어'라는 용어 자체가 시대에 따라 가변적이기 때문에 부적합하다는 지적도 있다. 가령 과거에는 비디오가 새로운 매체였지만, 오늘날에는 CD나 USB 조차 기성매체가 되었다. 사실 뉴미디어 아트라는 용어뿐만 아니라 미디어 아트라는 용어 자체도 매우 광의적이고 모호한 용어이다.[61]

1) 미디어 아트의 특성

미디어 아트의 다양한 종류에서 공통적으로 나타나는 가장 대표적인 특성은 상호 작용성interactivity이라고 하겠다. 이는 컴퓨터 기술의 발전에 따른 다양하게 표현되고 있는데, 상호 작용성의 사전적인 의미를 살펴보면, 'inter'는 복수 개체 간의 사이 혹은 관계를 의미하고, 'activity'는 행동·행위·작용·효과 등을 의미한다.62

즉, 상호 작용성은 디지털 매체와 사용자 간에, 또는 매체와 매체 간에 여러 가지 형태와 차원의 상호교류가 가능함을 뜻한다. 미디어 아트에서 관람자는 작품의 일부로서 차지하는 비중이 높아졌다. 관람자의 시각적 반응과 그의 이동이 필수적으로 있어야 작품이 성립되는 조건은 관람자가 예술가들이 전달하고자 하는 바를 일방적으로 수용했던 존재에서 상호적 참여자로의 역할을 확대시켰다.

그 다음은 복제 가능성simulation이라고 하겠다. 복제 가능성은 말 그대로 디지털 정보가 복제될 수 있음을 의미한다. 아날로그 매체에 담긴 정보도 복제할 수 있지만, 복제를 계속하다 보면 결국은 궁극적으로 그 정보량은 점차 줄어들게 된다. 디지털 복제란 시간과 공간의 제약을 벗어나서 완전 복제를 가능하게 한다는 것으로 이전의 아날로그 매체와는 다른 차원에 있음을 말한다.

복제는 원본 여러 개가 존재할 수 있다는 것으로, 똑같은 것이 동시에 여러 개 존재할 수도 있고, 하나의 원본을 한참 시간이 흐른 뒤에도 복제를 반복한다. 즉, 낡지 않고 영원히 존재할 수 있다는 것을 뜻한다.

그리고 변형 가능성editing으로, 이는 디지털 정보의 복제 가능성과 실시간 접근 가능성의 결과로 생기는 편집 가능성을 의미한다. 물리적 사물의 고정적 형태에 의존하는 아날로그 정보는 조작과 변환에 제약이 따르게 되지만, 디지털 정보는 형태에 구애받지 않고 얼마든지 조작할 수 있다.

디지털 사진의 경우에 '언제든지, 얼마든지' 변환이나 편집이 가능하므로 기존의 사진이 갖고 있던 특정한 사건에 대한 증거로의 성격은 더 이상 존재하지 않음을 의미한다.

마지막으로 미디어 아트의 네트워크성network은 디지털 매체가 유무선의 연결망을 통해 연결될 수 있음을 의미한다. 연결망의 범위는 한 개인에서 가정, 회사, 공동체, 국가에서 나아가 전 세계가 될 수 있다. 전 세계적 네트워크는 인터넷과 위성망을 통해 이미 실현되었으며, 현재는 개인이 지니고 다니는 웨어러블 컴퓨터를 연결하는 퍼스널 네트워크에 대한 연구도 진행 중이다.[63]

〈출처 : https://froma.co.kr/75〉

그림 5-4 미디어 아트 까리에르 드 뤼미에르, KT 광화문 빌딩, 호주 비비드 시드니 축제

미디어 아트는 신문·잡지·만화·포스터·사진과 같은 매체가 양산하는 대중적 기호와 정서를 떠올리고, 인쇄·영화·텔레비전·비디오·컴퓨터 등의 테크놀로지 기기가 만들어 내는 예술을 연상하게 된다.

그래서 우리는 최신 첨단 미디어와 기술에 의한 작품에 주목하게 된다. 그러나 우리가 미디어 아트에서 전자 테크놀로지의 화려한 기술에만 집중하는 것은 예술의 전체 모습과 본질을 놓치게 한다.

미디어 아트 테크놀로지 경향은 오늘날 미디어 아트 작품 특징의 일부일 뿐이다. 정보화 사회를 이끈 우편·전보·신문·잡지와 같은 매스 미디어와 라디오 텔레비전과 같은 20세기 기술 지배적인 전자매체가 탄생하는 과정에서 미디어가 기술로 인식되었고 그 예술을 테크놀로지의 예술로 보게 된 것이다.

마셜 맥루한은 궁극적으로 메시지 전달의 수단과 방법을 가지고 있는 모든 매체를 미디어로 보았다. 그러므로 그림이나 조각과 같은 예술도 미디어다. 곧 예술작품은 독특한 예술적 재료의 형식으로 양식화한 미디어라고 할 수 있다. 따라서 전통적인 예술 형식뿐만 아니라 우리가 여기서 말하고자 하는 미디어 아트도 미디어의 한 형태인 것을 알 수 있다.

2) 현대의 미디어 아트

그러면 오늘날 우리가 말하고자 하는 미디어 아트는 무엇일까? 예술이 전통예술과 미디어 아트로 구분되기 위해서는 예술 작품의 소통에 개입하는 매체 형성 과정의 독특한 메커니즘에 주목할 필요가 있다. 미디어media라는 말은 미디엄medium의 복수형인데, 미디엄medium은 예술 작품에서 '재료'를 뜻한다. 그림이나 조각과 같은 전통적인 예술의 재료를 생각해 보자.

그림은 작품의 미디엄인 물감이나 붓 및 캔버스를 통해 형상이나 도형을 표현한다. 돌이나 나무, 철과 같은 오브제를 이용하여 입체적 형상을 구성하게 되면 조각 작품이 된다. 그런데 그림이나 조각을 보면 그 시대에 쓰일 수 있는 미디엄에 의존하여 동시대 형식으로 표현한 것을 알 수 있다.

미디엄의 측면에서 전통적으로 예술가들은 초상화 등을 그리며 습관적으로 재료를 다루며 손재주를 부리는, 미디엄의 기계적 노동자였다.

그러나 모던아티스트들은 반성적이고 창조적으로 미디엄을 다루기 시작한다. 근대 이후 과학기술의 발전은 영화, 텔레비전, 컴퓨터와 같은 사회적 영향력이 큰 새로운 미디어를 등장시켰다.64

속속 등장하는 새로운 미디엄 시대를 통해 인상파 이후 예술은 이 영향으로 급격히 확장되었고, 흙·돌·나무·철·사진과 인쇄·공장의 기계, 그리고 영화·비디오·텔레비전을 활용해 왔을 뿐만 아니라, 빛과 전파와 시간과 공간까지 인지하여 예술적 대상으로 다루어 왔다.

생활공간의 일상 물품과 우리 인간의 사유와 행위도 그 대상으로 삼았다. 오늘날 예술가들은 이 흐름을 이어가며 영상과 컴퓨터 등 미개척의 최신 과학과 기술·생물·물리학 등에 가까운 영역까지 새로운 시도를 통해 표현을 확장하고 있다. 이러한 맥락은 곧 미디어 아트의 본질적 기원이다.

2. AR / VR

2016년 3월 이세돌 프로바둑 기사와 다섯 번의 바둑대국을 승리로 이끈 알파고AI 이후, 우리들은 AI인공지능·AR증강현실·VR가상현실에 대한 관심이 증폭되었다. 그 이후 얼마 지나지 않아 느닷없이 나타난 '포켓몬GO'는 실로 많은 사람들로 하여금 AR증강현실·VR가상현실 시대가 우리 생활 바로 곁에 와 있음을 느끼게 해준 신선하고 충격적인 체험이었다.

미국을 비롯한 여러 나라에서 사회적 현상으로 번질 만큼 화제가 된 이 게임은 한국에서도 관심이 높았다. 뜨거운 반응을 반영하듯 게임 관련 소식이 9시 메인 뉴스에서 다루어질 정도였고 덕분에 게임이 가능한 속초지역은 덕분에 때 아닌 관광 특수를 누리는 뜨거운 장이 되기도 했다.

이 게임은 나이언틱Niantic Labs이라는 회사에서 만들었다. 원래 포켓몬스터Pocket Monster라는 이름으로 우리나라에서도 꽤 인기 있었던 콘텐츠로 1996년 일본의 닌텐도에서 아이들을 겨냥해 만든 게임이었다.

그런데 정작 아이들보다 어른이 더 좋아하는 게임이 되어 남녀노소 가리지 않고 인기를 끌었고, 이러한 인기를 바탕으로 애니메이션·만화·캐릭터 상품 등 다양한 파생 상품들이 태어났다. 여기에 미국의 나이언틱이 일본의 닌텐도와 포켓몬 라이선스 계약을 체결하면서 개발한 게임이 바로 포켓몬GO인 것이다.

나이언틱은 구글의 자회사로 있다가 독립한 회사로, '인그레스Ingress'라는 위치기반 증강현실 게임을 출시한 바 있었는데, 포켓몬GO에 사용된 위치기반 증강현실 기술이 바로 '인그레스'에서 만들어진 것이다.

이렇듯 포켓몬GO가 위치기반으로 기획된 게임이기에 세계 도처에서 이를 확인한 게임을 즐기는 네티즌들은 열광했고 반면, 세계 IT강국이라는 대한민국의 네티즌들은 왜 우리나라에서는 이 게임을 할 수 없는지 무척 답답해 했다.

우리나라에서 이 게임이 되지 않는 이유는 구글 지도에서 한국의 군사적 보안 측면의 특수성으로 전국 서비스가 막혀 있었기 때문이었다. 그러나 곧 속초지역 일부가 구글 지도와 연결되어 있는 것이 알려지자 게임 매니아들이 속초지역으로 대거 몰려감으로써 속초 일대가 때아닌 관광특수를 누리는 이상현상이 나타난 것이다.

이 포켓몬GO 게임은 바로 증강현실 서비스에 가상현실이라는 기술이 탑재되어 가상의 포켓몬GO가 나타나는 것으로서 게임을 모르는 사람들에게도 관심을 증폭시켰다.

그 이후에 포켓몬GO에서 활용된 증강현실이나 가상현실에 대한 관심은 기업 현장에서는 마케팅 전략에 활용 여부를 타진하게 되었고 대학 등 교육 현장에서는 SW융복합 교과목의 개발을 서두르는 계기가 되기도 하였다.

마케터들 입장에서는 증강현실과 가상현실이란 무엇이며 이를 마케팅 전략의 도구로서 활용이 가능한지? 그리고 이 기술들은 인간들에게 어떤 편리성을 줄 것인지? 또는 불안요소는 없는 것인지? 등과 같은 의문을 가지고 연구한다.

이는 새로운 기술, 즉 문명의 이기利器가 출연할 때마다 마케터들이 갖는 끊임없는 작업이기 때문이다.

Augmented Reality, 곧 증강현실은 현실세계에 부가적인 정보를 보여주는 것을 말한다. 엄밀히 말하면 포켓몬GO는 AR증강현실이 아닌 VR가상현실이다.

현실세계의 평행세계에 가까운 세계관을 가지고 있다. 속초를 닮은 가상세계가 존재할 뿐, 속초에 대한 부가정보는 아무것도 없다. 하지만, 기술로 보았을 때는 AR가상현실의 후손 격인 MRMixed Reality에 해당된다. 그런데 우리가 AR증강현실 이나 VR가상현실에 대한 관심인 이유는 바로 마케팅 & 커머스 때문이다.

인류의 역사에서 화폐라는 개념이 생기기 이전, 사람들은 남는 물건을 가지고 다른 사람들의 물건과 일정한 장소에서 물물교환을 하게 되었는데 이것이 바로 시장마켓이고 커머스다. 물론, 원시 채집경제에서 커머스는 지금과 같은 복잡한 유통구조가 아니었지만 자신이 가진 물건과 동등한 가치를 지닌 물건을 교환하기 위해 재화의 가치를 평가했으며, 이러한 가치는 시기에 따라 가치의 등락을 반영했다.

시장이 생기고 손쉬운 교환을 위해 모두에게 가치를 지니는 물건이 현재의 화폐와 같은 역할을 조개나 소금 및 청동검이나 가죽이 하다가 금과 은이 그 자리를 이어받았다. 결국 동전이 발명됨으로써 한국의 경우는 대한제국이 될 때까지 엽전이 주 화폐였고 아직도 동전이 사용되고 있음을 감안한다면 시장의 역사 역시 화폐의 역사와 함께해 왔다. 아마존이 온라인 쇼핑을 시작했던 1995년까지 인류는 몇 천 년 동안 변함없이 같은 형태의 커머스를 이어왔다.

아마존 이후 20여 년 간 수많은 온라인 쇼핑몰들이 명멸해 갔으며 몇 년 전부터는 모바일로 전환되기 시작했고, 이제 리얼리티 기술인 AR과 VR을 기반으로 하는 쇼핑몰들이 나타나기 시작했다.

그렇다면, 이 AR증강현실이나 VR가상현실이 마케팅 활동에 적절한 도움이 된다는 말인데, 우선 증강현실AR ; Augmented Reailty의 경우는 현실과 가상현실을 융합하는 복합형 가상현실을 의미한다.

이와 같은 증강현실은 현실세계에 3차원의 가상물체를 겹쳐서 보여주는 형식으로 활용되고 있는데, 가까운 예로 앞서 언급했던 '포켓몬GO' 게임을 들 수 있다. 포켓몬GO가 선풍적인 인기를 끌었던 이유는 단순한 평면 게임이 아니라 실제 상황 속에서 포켓몬GO를 잡을 수 있다는 현장감이 색다른 재미를 제공했기 때문이다. 물론, 그 이유에는 캐릭터의 친숙함도 있었지만, 증강현실은 게임에만 국한되지 않고 이제 새로운 마케팅 요소로도 작용하고 있다.

소비자들에게 새로운 제품의 편리를 제공하기 위한 신선한 마케팅 활동 Tool로써 증강현실을 다양하게 활용한 몇몇 기업들 사례에서 이해를 할 수 있을 것이다.

(1) AR/VR 크리에이티브

시세이도에서는 증강현실 기술을 활용해 '메이크업 미러'라는 브랜드 마케팅을 실시했던 적이 있다. 카메라에 비친 자신의 얼굴에 본인이 원하는 색조 메이크업을 실현하여, 실제로 화장을 했을 때 어떤 모습인지를 미리 알 수 있는 서비스를 제공한 바 있는데, 이 마케팅 활동은 성공적인 증강현실 마케팅으로 입소문을 탄 경우이다.

이케아의 사례는 아주 독특한 증강현실 마케팅을 실시해 구매력을 높였는데, 3D 어플을 이용해 가상으로 원하는 가구를 집에 배치해 볼 수 있게 한 것이었다. 가구의 사이즈와 분위기가 집에 잘 맞는지 미리 알아볼 수 있는 이케아의 증강현실 활용 방안은 소비자들의 니즈를 제대로 반영한 성공적인 마케팅으로 평가되었다.

그리고 유명 신발 회사인 컨버스는 자신에게 어울리는 신발을 미리 알아보고 구매할 수 있는 증강현실 마케팅을 펼쳤는데, 어플리케이션을 통해 신발을 미리 신어 볼 수 있도록 구현하고 이것이 구매로 이어지도록 체계적인 시스템을 구축한 바 있다.

스마트폰을 이용한 이 마케팅은 2,3차 바이럴로 이어져서 큰 성과를 얻었다.

이처럼 증강현실은 다양한 소비자들에게 현실성 있고 신뢰감 높은 경험을 하게 함으로써 실질적인 구매력을 높이는 등 효과적인 마케팅 수단으로 활용되고 있는 것을 알 수 있음과 동시에 마케터들은 어떻게 하면 증강현실을 마케팅 전략에 녹여 내 고객의 마음을 사로잡을 수 있을 지 고민해야 할 것으로 보인다.

〈출처 : https://bit.ly/2RalZoR, https://youtu.be/vDNzTasuYEw, https://youtu.be/4NzB5Cb6HNk〉

그림 5-5 메이크업 미러 / 증강현실 가구 배치 / 증강현실 제품 착용

또한, 가상현실VR : Virtual Reality이란 컴퓨터를 통해 사용자가 마치 실제로 그 상황과 환경에 처한 것 같은 인공적 환경을 조성해 주는 것을 의미한다.

가상현실의 큰 장점은 실제로 경험하기 어려운 상황을 체험해 볼 수 있는 점인데, 예를 들면 모의 훈련과 같은 위험요소가 큰 경험이 필요할 때, 가상의 공간에 준비된 시뮬레이션을 통해 실제와 같은 경험을 위험부담 없이 할 수 있다.

최근 VR기술이 잘 접목된 카메라와 환경의 보급으로 대중화에 성공한 가상현실 기술은 보다 효과적인 마케팅 전략으로 활용되고 있다.

Topshop은 세계 최초로 실시간 라이브 스트리밍을 통한 360도 VR기술을 선보였는데, 매장에 일반 고객들을 초청해, 360도 카메라를 착용하게 한 후에 다른 장소에서 실시간으로 진행되는 Topshop 패션쇼를 관람하게 한 것이다. 고객들은 마치 실제 패션쇼에 참석한 것 같은 생생한 오디오와 비주얼을 경험할 수 있었으며, 자동차 회사 볼보는 2016년형 SUV 볼보 XC90을 홍보하기 위한 수단으로 최첨단 VR기술을 활용했다.

스마트폰을 넣어 조립이 가능한 구글의 카드보드를 이용해 가상 시승체험을 제공한 것인데, 홍보 효과를 톡톡히 누렸다. 그리고 세계적인 호텔인 매리어트는 아주 특별한 VR행사를 진행했는데, 뉴욕시청 앞에서 혼인신고를 마치고 나오는 커플들에게 가상으로 하와이 신혼여행 체험 기회를 제공한 것이다. VR[65]을 체험한 커플들은 놀라워 하며, 그 장소에 직접 가보고 싶다는 반응을 보였다고 한다. 이 사례는 VR의 매력을 살린 마케팅이라는 평가를 얻기도 했다.

그런데, 어찌 보면 AR과 VR의 두 기술이 엇비슷하기도 하여 헷갈릴 수도 있겠지만, 이렇게 서로 비슷한 두 기술의 차이는 카메라 사용의 유무에 있다. 증강현실은 카메라를 통해 얻은 실제 이미지에 가상의 그래픽을 입혔다고 볼 수 있고, 그 반면에 가상현실은 이미 만들어 놓은 고해상도 3D 이미지를 디스플레이 장치로 생생하게 보여주는 기술들이다.

〈출처 : https://youtu.be/lUal_Lrhec0, https://youtu.be/Wuln2bJkp1k〉

그림 5-6 VR 패션쇼 관람 / VR 시승 체험

실제로 경험하느냐, 아니면 눈으로 보느냐의 차이라고도 할 수 있으나, 두 기술의 장점을 활용한 마케팅을 어떻게 전개할 것인지 아마도 더 큰 관건이 될 것이다.

결국 위의 사례를 유추해 보면, 소비자 개인의 특성에 맞춰 제품을 알릴 수 있고, 별다른 제약 없이 언제 어디서나 제품을 시연해 볼 수 있으며, 제품에 대한 인지도나 정보가 없어도 그 자리에서 즉시 구현이 발휘되며, 바로 바이럴 마케팅이 가능함과 동시에 시간과 비용이 절약되기에 사용자들의 편의성을 높일 수 있는 마케팅 수단이 될 수 있을 것 같다.66

(2) AR/VR의 진화

위에서 언급된 AR과 VR의 마케팅 사례를 뒷받침하듯, 미국 정보기술IT 전문 매체 리코드가 하이테크 분야 10대 전망을 발표한 내용에서, 모바일 애플리케이션이 쇠락하고, 가상현실VR, 증강현실AR 시장과 함께 인공지능AI 기반 로봇이 대세로 떠오를 것으로 예측했다.

그리고 AI 스피커 아마존 에코echo는 스마트홈 통합 시스템이 확산될 것으로 보았다. 그간 기술산업은 개인용 컴퓨터PC·태블릿·스마트폰 등으로 구분해 기기단위당 출고와 매출을 측정했지만, 이와 같은 분류의 경계가 희미해지면서 기술산업을 측정하고 평가하는 방식에 대해 다시 논의해야 할 시점인 가운데, 리코드는 세계 VR과 AR시장을 4~60억 달러 수준으로 예상하고 있다.

특히 스마트워치 같은 웨어러블 시장은 이에 못 미치는 30억 달러 규모로 보고 있는 이유는 웨어러블이 쇠락기에 들어섰다는 판단을 하고 있기 때문이다.

물론, 피트니스 웨어러블 제품 출하량은 여전히 높지만, 기기당 가격이 저렴하기에 수익 창출이 힘들다는 이유다. 그렇지만, VR과 AR 기기에 대한 관심이 커지고 있으며 어린이부터 노인까지 전 세대가 타깃이 될 수 있는 VR과 AR 경험이 늘고 있다는 것에서 시장의 확산은 당연하다고 보고 있다.[67]

시장마켓은 가상현실VR과 증강현실AR의 시장 확대로 전망·추진되고 있는 것이다. 이처럼 마침내 우리에게 머리속에서만 상상의 나래를 펴오던 생각을 VR과 AR이라는 기술로 우리들 모두에게 제공할 수 있는 단계에 이르렀다.

그러므로 오늘날 가상현실이 주로 게임 산업에만 존재한다고 생각한다면 분명 시대에 크게 뒤떨어진 시각이다. VR과 AR의 활용처가 게임을 넘어 거의 모든 생활권으로 확대되고 있기에 우리의 사고 역시도 변화를 요구하고 있다. 기존의 기술로서는 생각지도 못했던 무한한 또 다른 마켓을 오픈할 수 있게 된 것이다.

예를 들면, 의료 분야의 STSurgical Theater는 UCLA, 뉴욕대학교, 마요클리닉Mayo Clinic, 기타 주요 병원 등지에서는 VR이 외과의의 어려운 수술을 돕고 있다. MRI와 CAT 스캔 그리고 또는 초음파로부터 가상 3D 모델을 구성한다. 이런 가상 모델을 통해 외과의는 수술 전 모습을 탐색할 수 있다. 외과의사는 해당 모델을 이용해 종양의 위치를 찾거나 상처를 탐색하거나 다른 문제를 확인하여 실제 환자를 마취하기 전에 수술을 계획하고 있으며, 유럽에서는 뇌졸중 및 뇌병변 환자들이 재활 중 VR 치료를 활용한다.

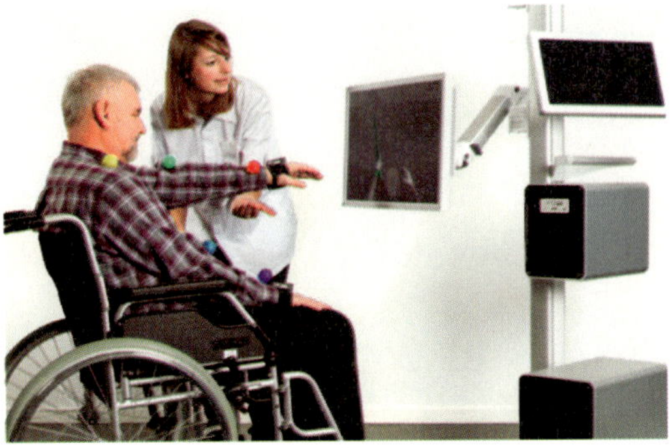

〈출처 : MindMaze〉

그림 5-7 뇌졸중 환자가 VR 치료를 받는 모습

운동 및 인지 기능을 회복하는 용도에서다. 이런 툴을 통해 보상, 실시간 피드백, 기타 기법을 이용하여 더 높은 '운동 처방'을 촉진하는 개인화된 치료 계획을 수립하게 된다. 여기에 사용되는 제품인 MMPMindMotionPro는 최근 EU CE 마크를 받았는데, 이는 MMP가 관련된 의료·안전·환경 보호 법률을 준수하며 EU 내에서 사용될 수 있음을 나타낸다.

의료 분야의 마켓이 새롭게 창출된 것이다. 특히 최근 영국 일간지 가디언은 유럽연합EU 의회가 AI인공지능 로봇의 법적 지위를 '전자 인간electronic personhood'으로 지정하는 결의안을 통과했다고 전할 정도로 유럽은 적극적이다. 또한, 엔터테인먼트·여행·교육 분야에서는 오큘러스 시네마Oculus Cinema를 통해 친구 들이 같은 가상 극장에서 영화를 보고 그 경험을 공유할 수 있게 해주는 기기로써 이를 이용하면 또 영화 속 등장 인물과 상호작용할 수도 있게 된다는 것이다.

앞서 언급되기도 했던 매리어트Marriott의 경우는 잠재적인 고객들에게 여행 전에 다양한 목적지를 가상으로 경험하는 기회를 제공하기 위해 VR앱을 개발 중인데, 유니머시브Unimersiv는 역사적인 현장에 집중하여 콜로세움Colosseum·아크로폴리스Acropolis·파르테논Parthenon·스톤헨지Stonehenge·타이타닉Titanic 등을 위한 일련의 VR투어를 구축하고 있다. 이런 투어를 통해 각 현장을 당시의 생생한 느낌으로 탐험할 수 있다는 것이다.

또한, 새로운 가상 현장 및 관광지도 추가할 것이다. 아울러, 대영박물관The British Museum은 2015년도에 가상현실 주말Virtual Reality Weekend을 선보였었는데, 방문자들은 청동기Bronze Age 유적을 '직접 다루면서' 청동기 움집을 탐험할 수 있었고, 미국자연사박물관The American Museum of Natural History은 학생들이 전 세계 어디에서나 선택한 박물관 전시품을 가상으로 살펴볼 수 있도록 하고 있으며 다른 박물관들도 유사한 전략을 진행 중이다.

또, NBA는 일부 게임을 VR로 중계하고 있다. 팬들은 즉시 리플레이, 플레이 별 코멘트, 다양한 통계 등으로 강화된 게임을 경험할 수 있다.[68]

물론, 앞선 사례들이나 새로운 마켓의 오픈은 현재와 잠재적인 일부 VR 기술의 활용들이다. 기술이 지속적으로 발달하면서 추가적인 활용처, 즉 마켓이나 시장이 지속적으로 확산할 것이다. 그래픽이 개선되고 VR 헤드셋은 테더링Tethering 케이블로부터 자유로워지며 놀라운 수준의 현실성이 실현될 것이다. 그래서 마케팅·R&D·기타 비즈니스 부서가 VR을 도입할 때 IT 부문이 앞장서서 활동할 수 있는 전문지식을 확보해야 할 것이다.

그 시기가 생각보다 빠르게 다가올 것으로 보이는 이유는, 새로운 방식으로 고객을 몰입시키기 위한 차별화 전략으로 가상현실과 인공지능 등 새로운 기술이 고객을 설득시키는 것에 도움이 될 것이기 때문이다.

특히, 니만 마커스Neiman Marcus 혁신 연구소인 아이랩iLab의 엔터프라이즈 아키텍트 스캇 에몬스는 "상점에서 새로운 경험을 전달하는 방법에 초점을 맞추고 있다. '변화 속도'와 '소매업체에 구현되는 속도'가 빨라졌다. 따라서 기술 평가와 구현 방법을 다시 생각해야 하는 실정이다.

계속 빨라지면서 어려워지고 있다. 이를 방관하면, 경쟁자가 먼저 앞서 나가게 된다."라고 말하는 것에서 느낄 수 있다. 즉, 이런 신기술 수요가 소매업계 전체를 뒤흔들고 있다는 말이다.

미래의 소매업체는 온라인 고객이 오프라인 상점의 문을 열고 들어오는 시간을 파악함으로써 판매 직원으로 하여금 전날 웹 사이트에서 고객이 살펴봤던 제품에 대해 이야기를 나눌 수 있도록 사전 준비되어야만 한다는 것이 바로 속에 담긴 뜻이다.

지금까지의 소매산업은 기술이나 R&D 투자를 중시하지 않았던 산업이기 때문이었다. 하지만 앞으로의 소매업체는 앞으로 등장할 기술, 이런 기술로 미래의 변화에 대응하는 방법을 요구하게 된다는 것이다.

독자들도 잘 알고 있는 노스페이스North Face는 온라인 고객들이 자신에게 맞는 옷을 찾을 수 있도록 지원하는 데 인공지능을 이용하고 있다. 이 회사의 전자상거래 부문 책임자 칼 부처드는 "제품의 종류, 가격, 편의성과 관련된 요소 들이 끝없이 많아 경쟁 우위가 사라진 시대다.

이에 소비자들은 진짜 대화를 원하고 있다. 이런 이유로 접촉과 대화를 강화하고, 브랜드와 소매업체가 스토리를 말하는 데 도움 주는 기술을 생각하고 있다. 고객이 특별 대접을 받고 있다는 생각을 하도록 만드는 것이 정말 중요하다."[69]라고 말하는 대목에서 새로운 기술의 활용은 이제 이 시대의 대세이다.

결국 대도시에만 오프라인 매장을 갖고 있는 소매업체는 시골 지역 고객이 자신의 거실에서 오프라인 상점으로 걸어 들어가는 쇼핑 경험을 제공하는 온라인 쇼핑 공간을 구현VR, AR 매장 쇼루밍과 구매할 것이라는 예견이다. 그래서 가상현실·증강현실·혼합현실의 마켓은 새로운 시장질서와 유통의 체계를 만들 것이고, 커머스의 정의와 물물교환의 상징인 화폐의 가치에 새로운 의미를 부여할 가능성을 안고 있기에 지속 가능한 마케팅 툴이 될 것으로 판단되지만, 문명의 이기利器는 양면성을 갖고 있다는 것 또한 간과해서는 안 될 것이다.

3. 챗봇 / AI

(1) 챗봇Chatbot

과거 휴대폰에 '심심이'라는 서비스가 있었다. 혼자 누군가를 기다리며 심심할 때 '심심이'를 불러내 대화를 해본 경험이 있다. 처음에는 신기했지만 점차 정해진 답변만 하는 '심심이'에 금방 싫증을 느꼈고 나 외에도 많은 사용자가 그러했는지 '심심이'는 사라졌다.

최근 인공지능을 활용해 심심이2002년 개발한 인공지능 대화 엔진. SMS 서비스로 웹2.0의 대표적 사례를 업그레이드한 소프트웨어가 개발되었다. 바로 인공지능을 기반으로 사람과 자동으로 대화를 나누는 채팅하는 로봇 챗봇Chatbot이다. 정해진 응답 규칙에 따라 사용자 질문에 답할 수 있도록 만들어졌다는 것은 '심심이'와 큰 차이가 없다고 볼 수 있으나, 챗봇은 시스템상 전자게시판이나 통신망에서 여러 사용자가 다양한 주제를 가지고 실시간 모니터링 화면을 통해 대화를 나누는 것은 물론이고 사용자의 성향을 파악하기까지 하는 소프트웨어이므로 '심심이'와는 확실히 차별화 됐다.

챗봇Chatbot은 채팅과 자동으로 사람이 하던 일을 수행하는 기계인 로봇에서 한 글자씩 따와서 만든 용어로 기본적으로 챗봇 API를 제공하는 서버와 서로 통신을 주고받을 수 있는 '요청과 응답Request-Response' 구조를 따른다. 사용자가 메신저 대화창에 특정한 메시지를 입력하면, 메신저 사업자의 챗봇 API 서버는 해당 메시지에 적합한 응답을 해달라고 해당 서버에 자동응답을 요청하는 형식으로 사용자가 보낸 메시지 규칙에 따라 서버에 규정된 메시지를 챗봇 API 서버에 다시 응답하는 방식이다. 이때 설정한 규칙에 따라 사용자에게 단순 텍스트만 전달하는 방식 외에도 영상, 이미지, 웹주소URL 등을 결합해서 보내 주기도 한다.70

그리고 과거 초기의 챗봇은 단순한 질문을 분석해 문장으로 대답을 내놓는 수준에 그쳤지만 AI의 기반이 되는 기술이 발달하면서 챗봇은 사람과의 대화에서 문장을 쪼개어 분석하여 이해하고 필요한 업무를 수행하는 정도로까지 진화하는 중이다. 바로 '자연어 이해NLU'라고 불리는 기술 덕분이다.

조금 더 설명해 보면 AI 기반 챗봇을 구현하기 위한 핵심기술은 사용자들이 채팅창에 입력하는 문장을 잘 분석하고 이해한 뒤에 필요한 업무를 정확하게 수행하는 일인데, 이를 위해 먼저 문장을 최소 단위의 형태소로 쪼개어, 예를 들면 '오늘 서울 날씨를 알려줘'라는 문장이 있으면 '오늘, 서울, 날씨, 알려, 줘' 등으로 나눈다.

다음으로는 시멘틱 분석컴퓨터가 정보자원의 뜻을 이해하고, 논리적 추론까지 할 수 있는~을 통해 문장에 포함된 형태소들과 같은 말이나 반대말을 파악한다. 엔터티 분석업무에 필요하고 유용한 정보를 저장하고 관리하기 위한 집합적인 것에서는 문장 속 단어들을 파악해 실제 뜻을 파악한다.

최종적으로 자연어 이해 단계에서는 사용자가 요청한 사안을 확인해 필요한 업무를 수행하게 되는 과정을 거치게 된다. 이 유형은 기존의 인공지능 비서라고 불리는 애플 시리나 MS코타나 등과 다를 바 없는 유형이라고 할 수 있다.

이와 조금 다른 것으로 국내 스타트업인 머니브레인의 '얍얍' 서비스는 다른 방식을 채택한다고 한다. 이 서비스는 채팅을 통해 배달음식을 주문할 수 있도록 했는데, '이전에 먹은 거 배달해 줘'를 채팅창에 입력하면 이에 대응해 대신 주문을 해준다. 지역, 나이, 성별, 이전 주문 내역 데이터베이스를 분석해 메뉴를 추천해 주는 기능을 갖췄기 때문에 가능하다고 한다.

따라서 이 시스템의 활용은 '모바일쇼핑, 티켓팅, 여행, 금융 등 분야에서 챗봇을 둘러싼 영역별 경쟁'이 가능할 것으로 여겨진다. 이미 머니브레인의 기술은 카카오톡·라인·페이스 북 메신저 등과 연동한 챗봇 서비스와 NH농협은행에서 서비스 중인 금융 봇에 운영되고 있다.

머니브레인 기술은 우리 일상에 미칠 수 있는 많은 것을 시사한다. 지역·나이·성별·이전 주문 내역 등의 데이터베이스를 분석해 메뉴를 추천해 주는 기능과 '이전에 먹은 거 배달해 줘'를 채팅 창에 입력하면 개인을 대신해 주문한다는 것은 결국 로봇의 기능이다. 그리고 이 기능은 마케팅에 엄청난 도움이 된다. 과거 단순한 채팅만을 하던 것이 이제 마케팅으로 활용되는 시절이 온 것이다. 이미 이러한 기능은 개인에게 적절한 비서 역할도 해주는 역할과 산업 단위별에 맞춘 응용이 일어나고 있다.

더 이상 그저 메신저 역할만 하던 예전의 챗봇이 아니다.

특히, 챗봇은 글로벌 IT 기업들 간 AI를 둘러싼 주도권 싸움의 전초기지나 다름이 없다. 페이스 북·구글·마이크로소프트·애플 등이 이 시장에 뛰어들었으며 국내에서도 네이버가 이러한 추세에 동참하고 있다. 이들 기업의 방향은 모바일 메신저라는 플랫폼을 쥔 상태로 외부 챗봇 개발사들을, API를 통해 끌어와서 자신들만의 생태계를 구축하는 것을 비롯하여, 아예 AI 기술을 챗봇에 직접 녹여 내려는 시도를 하면서 자체 경쟁력을 키워 나가는 것으로 나뉜다.

표 5-1 텍스트기반 챗봇 주요 핵심 기술

관련기술	주요내용
패턴인식(Pattern Recognition)	기계에 의하여 도형, 문자, 음성 등을 식별시키는 것
자연어처리 (Natural Language Processing)	인간이 보통 쓰는 언어를 컴퓨터에 인식시켜 처리하는 일. 정보검색, 질의응답, 시스템 자동번역, 통역 등이 포함
시멘틱 웹 (Symantic Web)	컴퓨터가 정보자원의 뜻을 이해하고, 논리적 추론까지 할 수 있는 차세대 지능형 웹
텍스트 마이닝 (Text Mining)	비정형 텍스트 데이터에서 새롭고 유용한 정보를 찾아내는 과정 또는 기술
상황인식컴퓨팅 (Context Aware Computing)	가상공간에서 현실의 상황을 정보화하고 이를 활용하여 사용자 중심의 지능화된 서비스를 제공하는 기술

〈출처 : 한국정보화진흥원, '모바일시대를 넘어 AI시대로'〉

페이스 북은 봇 엔진인 'wit.ai'를 활용해 외부 개발사들에게 보내기/받기 API를 제공하며, 자연어를 이해하고 처리할 수 있는 기술회사들이 제공받은 API를 활용해 페이스 북 메신저 봇을 만들어 서비스를 제공할 수 있도록 했고, 메시징 API를 공개한 라인이나 자동응답 API를 제공하고 있는 카카오톡도 여기에 속한다.

자사 모바일 메신저를 챗봇을 위한 도구로 활용하려는 외부 개발사들이 늘어날수록 이들의 입지도 커지게 되는 쪽이라고 할 수 있다.

그 반면에, 자체적으로 자연어를 이해하고 처리하는 기술을 확보하려는 기업들이 구글과 마이크로소프트다. 이들은 플랫폼을 제공하는 동시에 자체 개발한 자연어 이해/처리 알고리즘을 일반 기업들이 활용할 수 있도록 하고 있다. 국내에서는 네이버가 2017년 내놓은 아미카가 한국어로 된 자연어를 이해하고 처리하는 데 자사 기술이 도움을 줄 수 있다는 점을 강조한 바 있다.[71]

그 중에서도 페이스 북은 자사 블로그를 통해 80만 개 이상의 모바일 앱과 웹사이트에 대한 분석과 인사이트를 제공해 온 '앱 분석'을 메신저 봇챗봇에서도 사용할 수 있게 했는데, 기업이 고객과 주고받은 메시지와 고객으로부터의 차단된 사례에 대해 인사이트를 얻을 수 있고, 나이나 성별 및 관심사 등 고객의 인구 통계학적 정보를 익명화된 형태로 제공받을 수 있다. 전 세계 10억 명의 사용자를 보유한 페이스 북은 메신저 봇을 활용한 날씨 안내, 예약, 온라인 쇼핑, 결제, 자동 상담 등 다양한 서비스가 가능하다.

한 럭셔리 보석 브랜드는 챗봇을 활용해 사람들이 잘 모르는 리조트 정보를 제공했다고 한다. 이 브랜드는 고객들에게 새로운 여행지 정보를 제공해 주었고 고객들에게는 그 정보가 나름 가치 있는 정보였다고 한다. 챗봇을 통해 브랜드가 고객들과 직접 상호작용을 할 수 있었기 때문에 고객과 더욱 친밀한 관계를 형성할 수 있었다. 이처럼 고객들은 브랜드와 직접 관련된 정보뿐만 아니라 직접 관련된 정보가 아니라고 하더라도 그들에게 유용한 정보를 제공한 브랜드에 대해 호감이 더 커지게 되고 이러한 서비스는 결국에 고객 맞춤형이라고 할 수 있다. 이는 마케팅의 여러 전략 중 최고의 기본인 고객 행태에 맞춘 데이터를 근간으로 한 메신저 봇의 좀 더 적극적인 고객 친화형 접근이기도 하다.

그런데 이 챗봇은 메신저인가? 아니면 AI인가?

사실 챗봇 개념은 새로운 것이 아니다. 1960년대 AIM과 같은 메신저 플랫폼에 스마터 차일드란 봇이 사용됐기 때문이다. 다만, 이 봇은 웃는 표시만 할 수 있는 초기형 봇이었고, 최근에는 한층 똑똑해진 인공지능 기술과 자연어 처리 능력이 더해짐으로써 챗봇은 개인과 회사 업무영역까지 생활의 전반에 걸쳐서 필요한 정보를 제공할 수 있다.

이세돌 9단과 대국을 벌인 알파고 이후, 독자 여러분들도 아시다시피 AI인공지능에 대한 관심이 무척 높아졌다. 그러나 최근엔 또 메신저 챗봇이라는 단어가 지속적으로 거론되면서 AI 기능과 무엇이 다른지가 혼돈이 있는 것도 사실이다. 물론, 기술의 깊이를 필자도 정확히는 알 순 없다. 하지만 기술의 트렌드와 마케터의 직감으로 느끼기엔 분명 진정한 AI로의 진화 과정에 있는 한 축으로 보인다.

여기에 최근 메신저 기반 SNS가 뛰어난 사용성과 편리성을 앞세워서 기존의 웹/앱 기반 SNS사용자를 넘어섬에 따라 챗봇에 대한 관심이 급격하게 증가하였고, 세계적으로는 왓츠앱WhatsApp, 위챗WeChat이나 라인Line 등이 2016년 가입자 5억 명 이상의 Big 3 메신저 기업으로 성장하면서, 메신저 앱 위에서 작동하는 '챗봇ChatBot' 서비스의 관심이 자연스레 증대되었다.

또한, 최근 앱 이용자들은 방대한 앱 마켓플레이스토어, 애플스토어에서 자신에게 유용한 신규 앱 검색과 설치에 상당한 피로감 누적테크노스트레스이 원인이라는 차원으로 AI기반의 챗봇은 스스로 인간을 이해하고 맞춤형 서비스를 제공해 주기 때문에 인간이 기계에 적응하기 위해 받았던 스트레스를 해소해 줄 것으로 기대된다.[72]

특히, BI인텔리전스가 낸 통계에 따르면 올해 메시지 앱, 즉 메신저 이용 시간은 이미 SNS앱 이용시간을 넘어섰으며, AI 기반의 기술이 탑재된 챗봇 시장의 활동 무대는 앞으로 더욱 넓어져서 비즈니스 영역 곳곳에 영향을 미칠 것으로 전망하는 것으로 볼 때 결국에 챗봇과 AI는 크게 다르지 않는 것으로 여겨짐과 동시에 챗봇이 새로운 마케팅 서비스로서 자리매김을 할 것으로 보인다.

그러므로 챗봇은 인공지능 기술이 탑재된 앱이자 플랫폼이라고 할 수 있다.

그렇다면 선진 IT기업들은 챗봇을 어떻게 활용하고 있는지 또한 어떤 서비스를 마케팅에 활용하고 있는지 등이 궁금해진다.

몇몇 IT기업들의 사례 중 2016년 1월 월 스트리트 저널은, 구글이 메시지 교환 기반의 챗봇ChatBot을 개발 중이라고 보도한 내용에서 구글의 서비스는 메시지를 주고받을 수 있는 구글 나우Google Now와 유사한 가상 비서인데, 소비자들은 점차 모바일로 이동하고 있으며 검색 엔진의 대안을 찾는 중인 구글로서는 AI 가상 비서를 메시지 교환 플랫폼으로 구축하고 싶었을 것이다. 이를 통해 자사의 검색 엔진 이탈 문제와 메시지 교환 앱의 인기 부재 문제를 해결할 수 있을 것이기에 챗봇 서비스를 개발 중인 것[73]같다고 보도했지만, 3~4년이 흐른 지금은 특정기업을 인수할 수도 있는 것이라 IT 분야에서의 기술적 발전 속도에 따라 흐름이 다를 수 있어서 확신할 수는 없다.

페이스 북의 서비스는 위에서도 여러 번 언급되었지만, 자사의 메신저 앱에서 'M' 이라는 새로운 서비스를 출시했다. 이것이 바로 코드명 머니페니Moneypenny다. 이 M은 사용자를 위한 챗봇이다. 문제는 AI가 완벽하지 않다는 점이다. 지금까지 그 어떤 챗봇도 튜링Turing 테스트를 통과하지 못했다는 사실은 논란의 여지가 없지만, 그래서 페이스 북 M은 깔끔한 방법을 선택했다.

인간이 AI의 부족한 부분을 채우는 것이다.

M에게 사람들이 관련되어 있냐고 물으면 이렇게 대답한다.

"저는 AI이지만 인간들이 저를 훈련시킵니다."라고 부족한 부분을 떳떳이 밝히는 것인데, 일부 쿼리Query는 인간들이 직접 대답한다. 즉, 여러 기업들은 컴퓨터가 사람과 마찬가지로 설득력 있게 대답할 수 있다는 사실을 입증하기 위해 혈안이 되어 있다.74

결국, 검색 또는 가상 비서나 고객 서비스 등의 대안으로써 채팅 기반의 AI가 사람들과의 관계가 중요한 수단이 될 수 있을 것이라는 믿음에 의한 출발에 기인한다고 보면 맞을 것 같다.

국내의 경우엔, 카카오의 'Kakao Talk'에서 플러스 친구 서비스를 통해서 기업과 사용자를 메신저로 이어주는 비즈 메시지가 있고, 카카오톡의 메신저 서비스와 기업 내 시스템과 연동하는 메시지를 발송하며, 네이버의 'Line'은 누구나 쉽게 서비스를 개발할 수 있도록 Open API를 제공해 확장성을 높였다.

또한, 메신저 기반 챗봇을 기업 비즈니스 플랫폼으로 활용해서 대기업뿐만 아니라 중소상인레스토랑, 배달, 뷰티 등에게도 문호를 적극 개방하여 진화 중이다. LG전자의 'Home Chat' 은 모바일 메신저카카오톡, 라인를 이용해 집안의 가전제품과 채팅하며 이러한 가전제품을 제어할 수 있는 스마트홈 챗봇 서비스를 실시 해본바, 매달 평균 16,000여 가구에 하루 평균 550여 가구가 가입했으며 2016년 1월 누적 가입자 10만 가구를 돌파한 사례도 있다.

물론, 이 외에도 사티아 나델라 MS CEO는 이를 플랫폼으로서의 대화 서비스 또는 대화형 플랫폼으로 부르고 있으며, 우리나라 법무부의 '인공지능 기반 대화형 생활법률 지식 서비스는 쉽고 재미있게 생활 법률 서비스를 제공하기 위한 대중적인 메신저카카오톡, 라인 등를 매개로 인공지능 기반 대화형 법률지식 서비스와 부동산 거래, 상속, 교통사고, 임금, 퇴직금 등 생활 법률 지능정보 서비스'를 실시하고 있다.

표 5-2 국내외 ICT 기업의 챗봇 서비스

업체	플랫폼	주요내용 요약
페이스 북	페이스 북 메신저 (Facebook Messenger)	'F8 2016'에서 FB Messenger에 인공지능을 적용한 챗봇 공개, 40개 내외 업체들이 참여 예정
텐센트	위챗(WeChat)	인공지능 기반의 챗봇 전환을 통한 메시지를 통해 대화하며 호텔, 병원, 영화표 예약 기능 제공
텔레그램	텔레그램(Telegram)	Bot API 공개로 개발자들에게 챗봇 개발 지원 대화창에서 바로 이용이 가능한 Inline Bots를 추가
킥(Kik)	봇샵(Bot Shop)	화장품/의류업체 등이 참여한 '봇샵(Bot Shop)' 오픈을 통해 챗봇 서비스 제공
구글	알로(Allo)	인공지능 챗봇 기술 적용된 메신저 플랫폼 준비 중
네이버	라인(Line)	'라인 컨퍼런스 도쿄 2016'에서 챗봇 도입 발표 및 하반기에 챗봇 기반의 '스마트폰 콜센터' 구축 예정
카카오톡	카카오톡 메신저 (Kakao Talk Messenger)	2016년 하반기 '금융봇' 서비스로 24시간 금융 상담을 지원하는 인공지능 서비스 공개 예정
엘지전자	카카오톡, 라인 메신저	IoT 서비스로 스마트폰에서 집에 있는 LG 가전제품을 메신저로 제어하는 서비스 제공
인터파크	톡집사(Talk 집사)	고객 이용 패턴을 분석하여 상품최저가, 리뷰, 추천 등 상품 추천하는 챗봇 서비스 제공

〈출처 : Digieco, KB경영연구소 등 재인용〉

농정원농림수산식품교육문화정보원은 '스마트 영농교육 및 지능형 상담지원 시스템'을, 경기도의 '스마트 고지와 핀테크 기반의 지능형 세정 서비스' 등 정부 차원에서도 활용하고 있는 사례가 늘어나고 있는 추세다.

앞서의 사례에서 짚어 본 챗봇들은 메신저 봇과 더불어 OS 수준으로 확장된 유니버셜 봇이다. 이 봇은 앱과 OS의 모든 역할을 할 수 있는 챗봇으로 아마존의 알렉사, 애플의 시리, 구글나우, MS의 코타나, 페이스 북의 메신저M 등이 대표적인 유니버셜 봇이다.

유니버셜 봇은 OS와 같이 독자적인 플랫폼으로 하위 봇을 거느리는데, 알렉사는 사용자가 묻는 날씨나 주식시세·스포츠 경기 점수·맛집 등의 정보를 바로 음성으로 알려주며, 또 알렉사나 시리는 우버나 피자헛 등의 봇과 연계해 관련 정보를 바로 제공한다.

사용자가 에코에 택시를 요청하면 알렉사가 우버 봇과 연동해 우버 택시를 불러 주는 유니버셜 봇은 다양한 기기에 장착돼 음성으로 요청하면 '하위 봇'이 이를 실시간으로 처리하는 챗봇 시대가 우리 앞에 다가와 있다. 이제는 동네 중국집에도 챗봇이나 배달 앱의 AI 등이 짜장면을 시켜 주는 시대가 된 지금은 IT를 기반으로 더 새로운 마케팅 서비스가 개발되고 있고, 또 그러한 서비스는 우리의 디지털 라이프를 더욱 진화시킬 것이다.

이처럼 기술은 끊임없이 발전하지만, 거스르지 말아야 할 것들이 있다.

바로 인간 본연의 인성적인 부분일 것이다. 이 인성은 태어나서 가정 내에서 또는 학교에서 그리고 사회 속에서 배우는 인간 도리의 측면이다. 만일 이러한 도리를 다 하지 못한다면 챗봇이든 AI이든 그 의미가 없어진다. 그 이유는 기술 역시 그러한 도리를 플랫폼으로 갖춘 상태에서 개발되기 때문이다. 페이스 북의 M처럼 AI의 부족한 부분을 인간이 채워야 할 정도로 기술은 기술일 뿐이다. 챗봇은 인간의 감성이나 오감 등의 감각이 없으며 말 그대로 기술적인 도구에 불과하다.

그러므로 디지털 라이프가 가져오는 편리는 있지만, 인성적 도리의 느낌이나 인간의 자연스러운 죽음과는 완전히 다른 챗봇의 기능이 떨어지면 자동차 폐기장처럼 기술적인 분해나 폐기의 수순을 밟는 것이다. 또한, 인간들처럼 슬퍼하거나 기뻐하거나 하지 않지만, 일부 애니메이션 등에서 감독들이 눈물을 흘리게 만들거나 환한 미소를 짓는 기법을 사용하여 좀 더 의인화된 모습을 그리려고 한다. 그리고 유명 화가의 그림 화풍을 그대로 흉내를 낸다든지 소설을 쓴다든지 등을 하는 AI들이 이미 활동 중이고 진화 중이다.

그렇지만 그러한 AI는 말 그대로 인간이 입력해 둔 데이터나 관습, 나이, 성별 등 다양한 누적된 결과들을 분석한 결과 값에 의한 행동들이고 결과물이다. 결국엔 인간의 오랜 경험적 삶에 의해 챗봇이 탄생됐고 그러한 가치가 AI라는 기술의 발전을 가져오게 된 것이며, 마케팅의 자원으로 활용하게 된 이유인 것이다.

그것은 인간의 도리와 챗봇이라는 기술적인 결과와는 다른 것이지만 활용적 차원이라는 입장에서 서로에게 상호 의존성이 짙어지고 있다. 이 의존성에 편리함을 추구하지 않았으면 한다. 우리는 그러한 오류에 빠져 로봇에게 공격당하는 영화를 너무도 많이 봐왔기 때문이다.

(2) 미래 블루오션 AI

2013년 스파이크 존즈 감독의 영화 'her'에는 인공지능 '사만다'컴퓨터 이름라는 OS가 등장한다. 주인공인 테어도르는 사만다를 그저 컴퓨터의 운영체제OS, Operating System라고만 생각한다. 그래서 오에스 원OS 1을 컴퓨터에 설치할 때, 여자 목소리를 선택한다. 이로써 이 운영체제의 성별은 여성으로 '선택'되었고 이름도 '사만다'로 결정하게 된다. 영화를 보며 관객은 사만다를 통해 기술이 발전하는 와중에 '인간'을 도대체 어떻게 정의를 내려야 하는지 등의 다양한 문제를 고민하게 된다.

최근 영화와 비슷한 일들이 우리에게도 일어나고 있다. AI기술의 놀라운 발전은 우리에게 대단한 편리성도 주고 있지만, 인간 본래의 정체성이나 스스로에 대한 의사결정에의 기준을 명확히 할 사이도 없이 기술은 끊임없이 미래로 진화하고 있다.

지난 10월 미국 올랜도에서 개최된 '가트너 심포지엄&IT 엑스포'의 2019년 전략 기술 트렌드에서도 알 수 있다. 그 중 몇 가지를 살펴보면, 우선 자율 사물Autonomous Things이다. 자율 사물은 사람이 수행하던 기능들을 자동화한 로봇·드론·자율주행 자동차 등이 AI를 통해 주변 환경 및 사람들과 자연스럽게 상호작용하며 고차원적인 행동을 수행하는 것이다. 가트너 부사장 겸 폴로인 데이비드 설리David Cearley는 '자율 사물이 확산됨에 따라 우리는 독립적인 지능형 사물에서 벗어나 인간의 명령을 따르거나 스스로 여러 디바이스들과 함께 작동할 수 있는 다양한 지능형 사물을 도입하게 될 것'이라고 예측했다.[75]

예를 들면, 드론이 넓은 밭을 조사해 수확할 준비가 됐다는 결론을 내리면 자율 수확 기계가 곡식을 거두는 방식이다. 자율주행 트럭을 이용해 소포를 보낸 다음에 짧은 거리는 로봇과 드론이 맡아서 소비자에게 전달하는 일도 확산될 것이고, 특히 현재 신차의 1%에도 미치지 못하는 자율주행차 비중이 2021년에는 10%까지 높아질 것이라는 전망도 했다.[76]

다음은 증강 분석Augmented Analytics이다. 증강 분석은 머신 러닝을 이용해 더 많은 양의 데이터와 숨겨진 패턴을 찾아냄으로써 앞으로 벌어질 일을 예측 ·분석하고 적절한 대안을 제시하는 기술이다. 디지털 트윈Digital Twins은 현실 세계에 존재하는 대상이나 시스템의 가상 모델을 지칭하는 용어로서, 가상공간에서 다양한 시뮬레이션을 실행함으로써 결과를 미리 예측할 수 있기에 다양한 분야에서 효율성을 높이는 데 도움이 될 것으로 기대된다. 이 외에도 블록체인Block Chain, 드론 Drone, 대화형 플랫폼Conversational Platforms, 실감형 미디어Tangible Media 등도 있다.

이러한 발표를 뒷받침하듯 삼성전자를 비롯해 인텔, 아마존, 구글 등 세계 정보기술IT 기업들이 인공지능AI 반도체 개발에 경쟁적으로 뛰어들었다. 그 중에서도 인공지능 기술의 발전은 자율주행차 및 로봇에 탑재하는 AI 반도체 수요로 확대되면서 시장을 선점해 영향력을 넓히려는 기반구축에 투자하고 있는 양상이다.

AI 반도체는 기존 중앙처리장치CPU가 정보를 입력하는 순서대로 계산하는 것과는 달리, 한꺼번에 많은 연산을 동시에 처리할 수 있다. 즉, 인간의 뇌가 수많은 정보를 동시에 처리하는 것처럼 이미지 처리, 음성 인식 등 복잡한 연산을 동시에 분산 처리할 수 있다. 따라서 앞서 가트너가 예측한 자율사물이나 증강 분석 등의 베이스가 되는 반도체이기에 기업들은 앞을 다투어서 영향력을 확보하려고 하는 것이다.

미국 최대 전자상거래 업체인 아마존이 AI 반도체 개발 조직을 이미 만들었고, 세계 1위 전기차 기업 테슬라는 자율주행차용 AI 반도체 개발에 들어갔으며, 중국의 알리바바는 크네론이나 캠브리콘 등 AI 반도체 기업에 투자하고, 인텔은 알테라와 너바나를 인수하는 등 AI 반도체 기업에 대한 투자·인수를 활발히 하고 있다.

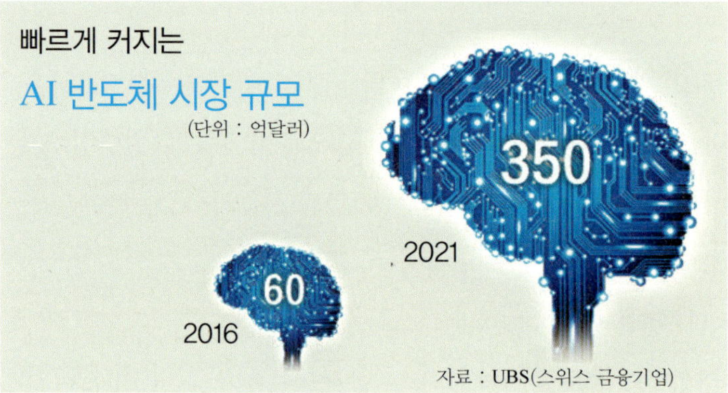

〈출처 : 김주원 기자, zoom@joongang.co.kr〉

그림 5-8 빠르게 커지는 AI 반도체 시장 규모

여기에 주요 국가의 정부들도 AI 반도체 연구개발R&D에 투자를 아끼지 않고 있는데, 중국은 과학원 산하에 인공지능혁신연구원을 설립하고, 일본 경제산업성은 벤처·연구소·대학 등에 자금을 지원하고 있다. 특히 차세대 AI 반도체 기술로는 '뉴로모픽 칩'이라는 기술이 있는데, 이것을 인텔에서는 인간의 뇌 신경망을 모방한 '로이히Loihi'로 개발 중이다.

'동물로 치면 바닷가재 수준의 인공지능을 구현할 수 있다.'라고 밝힌다. 또한, IBM은 꿀벌의 뇌 처리 수준에 근접한 '트루노스'를 개발하고 있으며, 퀄컴, ARM 등 다른 반도체 기업들도 뉴로모픽 칩에 대한 연구가 활발하다고 전해진다.

이러한 AI 반도체 개발은 기존 산업 영역 간 장벽을 무너뜨리는데, 중국의 스마트폰 제조사인 화웨이는 지난해 말 AI 반도체 '기린970'을 탑재한 프리미엄 스마트폰 '메이트10'을 공개했으며, 애플도 아이폰X에 자체 AI 반도체 'A11 바이오닉'을 탑재했고, 구글 역시 'TPU'라는 이름의 뉴로모픽 칩을 인공지능 알파고 제로에 장착했다고 한다.[77]

사실 한국을 '반도체 강국'이라고 부르지만, 정확하게 말하자면 D램·낸드플래시 중심의 '메모리 반도체 강국'이다. AI 반도체는 시스템 반도체로 분류되는데, 앞에서 가트너가 예측한 대로 쓰임새가 넓어질 AI 반도체에서 경쟁력을 확보한다면 상대적으로 기술력이 약한 시스템 반도체 분야에서 새로운 기회를 잡을 수 있다는 말이기도 하다.

한양대 송용호 교수는 'AI 반도체는 경쟁국들도 공격적으로 투자에 나서고 있어서 한국이 앞으로 주도권을 쥘 것이라고 예단하긴 힘들다.'라고 말하면서, '한국이 강한 메모리 반도체와 시너지를 낼 수 있는 방식으로 기술 발전 방향을 설정해야 할 것'이라고 조언한다.

이런 가운데 삼성전자가 차량용 반도체 시장에 본격 대응하기 위해 차량용 반도체 전용 브랜드를 출시했다. 차량용 반도체 시장은 PC와 스마트폰을 잇는 반도체 수요의 보고寶庫로서 반도체 기업들의 새 격전지로 주목받고 있는 분야이다. 삼성전자는 독일 볼프스부르크에서 개막한 '국제 자동차부품 박람회'에서 자동차용 프로세서 브랜드 '엑시노스 오토'와 자동차용 이미지 센서 브랜드 '아이소셀 오토'를 선보이고 차세대 부품 라인업을 공개했다.

차량용 반도체는 2020년쯤 본격 상용화될 자율주행차의 눈과 두뇌 역할을 담당하는 주요 부품으로서, 특히 전방추돌경보나 차선이탈경보 등 핵심 기능을 관장하는 첨단 운전자보조시스템ADAS에서 센서로부터 주행 환경이나 탑승자 정보 등을 감지해 구동장치에 전달하는 역할을 한다.

현재 일반적인 자동차 한 대에 반도체가 약 300개 정도 쓰이는데, 자율주행차는 차량 한 대당 약 2000개 이상의 반도체가 들어갈 것으로 전망되는 분야이기에 삼성전자로서는 향후 자율사물 등 자율주행차 분야에의 역할을 위한 미래 먹거리로의 투자는 당연한 것이라고 할 수 있다.

특히 차량용 반도체는 문제가 발생하면 치명적인 자동차 사고로 이어질 수 있기 때문에 고도의 기술 수준과 완성도를 요구하므로, 15년 이상 쓸 수 있을 만큼 내구성도 높아야 되기에 웬만한 업체들은 쉽게 도전할 수 없는 시장이기도 하다. 삼성전자가 미래 먹거리를 위해 AI를 베이스로 한 자동차 반도체에 투자하는 이유는 비단 메모리 위주 반도체의 한계 때문만은 아니다. 이미 메모리 반도체 시장의 불황을 예고하는 글로벌 투자은행 모건스탠리의 'PC, 모바일, 데이터센터 등 전 세계 반도체의 수요처에서 반도체 수요가 크게 줄고 있다.'라는 발표가 있었다.

삼성전자는 스마트폰 시장에서 여전히 전 세계 1위지만 시장 점유율은 하락하는 추세에 있고, 여기에 화웨이나 샤오미 등 중국 업체들이 삼성전자를 바짝 추격하고 있는 상황이기에 최대의 실적을 내는 삼성전자로서는 새로운 수입원을 고민할 수밖에 없는 당연한 상황이었을 것이다.[78]

그렇다면 마케터들은 지금껏 AI 반도체나 차량용 반도체 등 여러 역할별로 불리는 이 반도체들은 고객들에게 어떠한 효용성을 제공할 것인가에 대해 생각해 보아야 한다. B2B로서의 역할만을 위한 비즈니스나 혹은 개인들의 디바이스, 혹은 라이프에 각각 어떤 영향을 미칠지 등의 생각을 당연히 가져야 한다.

더구나 디지털 시대는 모든 것이 링크되어 있고, 모든 사물이 공유 또는 플랫폼으로 커넥팅되어 있는 상황이므로 그 효용성은 무궁할 것이라고 여겨진다.

1) 인지능력 AI

독자 여러분이 기억하실지 모르지만 영화 '그녀her'에서 남자 주인공 '테오도르'가 친구에게 "사만다는 운영체제야."라고 말한다. 아내와 별거 중이던 테오도르는 자신의 이야기를 들어주고 이해해 주는 인공지능AI 운영체제 '사만다'에게 사랑을 느낀다. 바로 스스로 생각하고 사람과 대화하는 사만다는 테오도르에게 운영체제 그 이상의 존재였고, 사람보다 더 사람다운 존재였던 것이다.

이처럼 AI와 사람 사이 감정의 교류를 다룬 영화 속 이야기는 우리 곁에 현실로 빠르게 다가와 있다. 여기서 '사만다'와 같은 인공지능 프로그램은 세계적 AI 석학 저스틴 카셀 교수가 '사람 감정을 읽고 대화해야 진정한 인공지능AI'이라고 말하는 운영체제를 말한다. 즉, 인간의 감성을 가진 의인화된 지칭이자 이름인 것이다.

저스틴 카셀 교수는 기존 AI는 사용자가 "나는 맨체스터 유나이티드를 좋아한다."라고 말하면 기존의 AI는 '맨체스터 유나이티드는 영국에 있는 세계적인 프로 축구팀'이라는 사실만을 나열하지만, 사회적 인지능력을 갖춘 AI는 "말도 안 돼. 아스널이 훨씬 잘하는 걸."이라고 대답한다는 것이다.

이에 대해 카셀 교수는, '사회적 인지능력을 갖춘 AI는 빅 데이터가 쌓인 단순한 검색 엔진이 아니라, 상대방의 생각을 읽는 알고리즘이 있기 때문이고 로봇과 사람 사이에 신뢰와 친근감, 즉 라포rapport, 사람과 사람 사이에 생기는 상호신뢰 관계를 말하는 심리학용어가 형성된 셈'이라고 설명한다. 이것이 바로 영화 '그녀her'의 '사만다'와 같은 진정한 AI 운영체제 개념이라는 것이다.

사람들은 처음 본 사이일 때와 친한 사이일 때 행동양식이 달라진다. 이 차이는 사용하는 언어뿐만 아니라 얼굴 표정과 몸짓 등 여러 가지 비언어적인 표현에 녹아 나타난다. 카셀 교수는 사람이 누군가와 친밀해져 가는 과정에서 변화하는 모든 언어적·비언어적 부분들을 하나하나 분석해 일반화된 모델을 만들었고, 이를 AI 알고리즘에 적용했다.

남자 주인공이 인공지능 운영체제 사만다를 구매하게 되는 과정을 그리고 있다.

그림 5-9 영화 '그녀(her)'의 한 장면

그의 연구에는 사람의 심리적 상태를 추론할 수 있는 60가지의 포인트 외에도 시간 변수도 AI 연구에 추가해야 하는 요소인데, AI 알고리즘에 시간 변수를 넣게 되면 사용자와의 추억과 경험을 공유할 수 있게 되어 매일 같은 말을 반복하지 않고 어제의 축적된 경험에 따라 새로운 이야기를 던지게 되는 경험도 가능하다.[79]

이처럼 사회적 인지 능력을 로봇에 반영시키려는 노력은 전 세계 AI 연구에서 핵심이 되고 있다. 즉, 이로서 로봇과 인간이 협력할 때 좀 더 나은 성과를 낼 수 있기 때문이다.

2) AI와 크리에이티브

위에서의 사회적 인지능력을 반영시키려는 노력 중에 특히 사람의 개인적 취향이나 감성을 미적인 조화로움으로 승화시키고 있으며 실제 제품개발에도 적용하는 분야는 디자인 분야다.

지금 AI 기술들과 다양한 사회적 스마트 사회로의 지향적 환경이 디자인의 경계를 허물고 있다. 다시 말해서 디자인의 경계가 모호해지는 시대에 이르렀음을 말한다. 어찌 보면, 인간 디자이너로서 설 자리가 없어지는 모양새다. 그만큼 사회는 다재다능한 디자이너를 원하고 있다.

기술의 발달로 인해 미래에 없어질 많은 직업군 중 창의성과 감수성이 요구되는 예술·문화 직업군은 기계화에 따른 타격을 받을 가능성이 적을 것이라는 예측이 있지만, 실제 IT 기술과 트렌드 소식을 접해 보면 디자인과 관련된 많은 소프트웨어들이 이미 개발되었으므로 그 말에 동의하기는 어렵다. 이 소프트웨어들은 이미 기본적인 디자인을 스스로 해낼 수 있는 수준과 지능을 갖춰 가고 있으며 누구나 디자이너가 되는 시대로 인공지능과 디자인의 협업이 진행 중임을 알아야 한다.

실제로 구글·어도비·마이크로소프트·소니 등은 컴퓨터에 창조성을 부여하는 '컴퓨테이셔널 크리에이티비티Computational Creativity' 연구에 적극 투자하고 있으며 어도비Adobe는 이 분야에 수백만 달러를 투입하여 미래를 준비하면서 컴퓨터에 창조성을 플러스하면 더 강력한 시스템을 만들 수 있다고 강조한다.

이미 상용화 되었거나, 개발 중인 인공지능과 디자인을 연결하려는 사례를 보면, 어도비가 연례 기술 콘퍼런스 '맥스 2017'을 열고 딥 러닝 인공지능 기술 '어도비 센세이Adobe Sensei'를 활용한 다양한 이미지 자동 수정 기술을 공개했는데, 사진 내 배경 혹은 피사체의 색상 윤곽 주변과의 조화 등을 인식하고 가장 알맞고 자연스러운 이미지로 대체한다. 기존 어도비 포토숍의 도장 툴Stamp Tool과 유사하지만, 이를 인공지능AI 프로그램이 자동 수행하는 것이다.

그 밖에 어도비는 흑백 사진을 자동으로 컬러로 바꿔 주는 '프로젝트 스크리블러Scribbler', 디자인 이미지나 아이콘을 특정 형태로 자동 배치하는 '피직스 팩Physics Pak', 영상 속 특정 피사체만 지우는 '프로젝트 클록Project Cloak', 가상현실 콘텐츠 내용에 따라 음악 방향과 음량을 배치하는 '소닉 스케이프Sonic Scape' 등의 기술을 선보여 호응을 얻었다. 또한, 구글은 인공지능 프로젝트 클립아트-AutoDraw는 2017년 4월 블로그를 통해 오픈을 알렸다.

이 프로그램은 사과 같지 않은 사과를 그리고, 자전거 같지 않은 자전거를 그려도, 인공지능AI에 의해 정확한 그림을 식별해 추천해 주는 지능이다. 그림을 못 그려도, 누구나 그림을 그릴 수 있는 시대가 지금 우리 앞에 와 있는 것이다.

또한, 회사의 로고를 5분 만에 끝내는, 인공지능 로고 제작 서비스도 있다. 기업들이나 개인이 사업을 시작할 때 꼭 필요한 것이 회사의 얼굴이 되는 로고인데, 이러한 로고를 디자인해 주는 인공지능 서비스도 활성화되고 있는 것이다.

이는, 사람 대 사람이 아니기 때문에 클라이언트와의 커뮤니케이션이 불가능하지만, 이러한 로고 인공지능 서비스들은 약 100만 개 이상의 로고 디자인을 학습하고 스스로 독창성·가독성·색상·대조 등을 점수화하여 로고가 완성되면 어플리케이션에 적용된 시뮬레이션까지 빠른 시간에 합성하여 결과물을 보여준다고 한다. 이렇듯 최근 프로그램을 이용해야 하는 경우가 늘어나다 보니 디자이너 중에는 숫자와 분석에 어려움을 느끼는 이들이 많이 있다.

그러나 그것은 상대적으로 누구나 디자이너가 되는 기회라고 할 수도 있으며 혹은 인공지능AI에게 디자인의 미래를 맡겨야 하는 상황에 직면하게 될 것이라고도 생각해 볼 수 있다.

이러한 소식을 접하며 앞으로 인간 디자이너가 필요하지 않는 순간이 점점 다가오고 있다는 것이 미래 인공지능AI 컴퓨터들이 단순히 인간의 일자리를 넘어서서 인간 본성의 영역까지 침범하지 않을까 하는 두려움이 생긴다. 이미 인공지능의 활용은 패션 디자인 업계에서도 강력한 화두로 떠오르고 있다.

미국을 대표하는 패션 브랜드 TOMMY HILFIGER는 IBM 및 FIT와 함께 인공지능AI 파일럿 프로젝트를 진행 중인데, '리이메진 리테일Reimagine Retail'로 불리는 이 프로젝트는 디자인 창작 과정에 인공지능AI을 활용, 디자인 프로세스와 제품 개발을 향상시키는 것에 목적을 두고 있다.

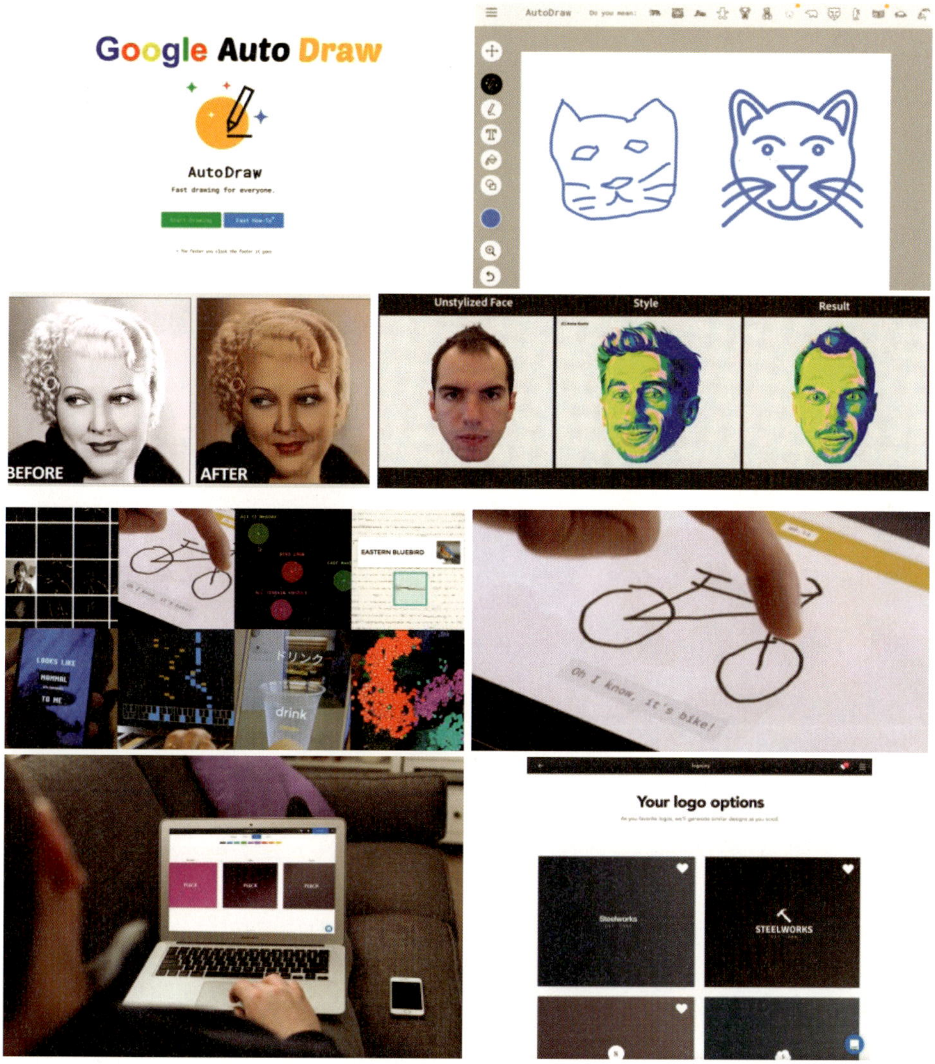

〈출처 : 구글이미지〉

그림 5-10 구글의 AutoDraw와 인공지능 로고 제작 서비스

여기에 아마존은 인공지능이 트렌드를 파악하고 옷에 대한 인간의 창의력과 디자인을 빠르게 자기 복제할 수 있는 알고리즘을 고안했다.

이 알고리즘 기술은 초기 단계이지만, 이미지 분석과 유명한 스타일을 복제해 완전히 새로운 디자인을 만들어 내는 'AI 디자이너'를 개발하고 있다.

〈출처: TOMMY HILFIGER homepage〉

그림 5-11 리이메진 리테일

3) 인간 디자이너 역할

그렇다면 이러한 시점에 인간 디자이너?들은 무엇을 고민해야 할까?

미래 유망 직종과 마찬가지로 '미래에 사라질 직업들'은 연말 연초 언론사들의 단골 뉴스이다. 그 중 옥스퍼드 마틴스쿨 칼 베네딕트 프레이 교수와 마이클 오스본 교수가 발표한 '고용의 미래'라는 보고서를 보면, 자동화와 기술 발전으로 20년 이내 현재 직업의 47%가 사라질 위기에 놓여 있다고 경고한다.[80]

특히 여러 직업 중 창의성과 감수성을 요구하는 직업인 디자인은 기계화를 피할 수 있다고 하지만, 현재 대부분의 북 디자이너가 사용하는 어도비Adobe 인디자인InDesign의 경우를 보면 창의성과 감수성을 요구하는 분야라도 안심할 수는 없다. 왜냐하면 인디자인InDesign은 GREP유닉스를 위해 만들어진 텍스트 검색 기능을 가진 명령어를 적용시킬 수 있기 때문에 작업 효율성이 극대화되어 있다고 한다.

편집 디자이너가 타이포그래피와 편집에 관한 몇 가지 디자인 가이드를 세우고 글을 조판하는 작업은 기계에 맡겨도 될 만큼, 자동화가 될 수 있는 요소가 많아졌다. 이런 상황에서 '책'이라는 아날로그 소재보다 더 자동화되기 쉬운 '웹'의 경우에는 다양한 플랫폼이 등장하면서 훨씬 더 빠르게 디자이너를 대체하고 있는 것이다.

코딩이 이루어지지 않는 책의 경우, 그리드를 잡는 몇 가지 방법론이 있긴 하지만 디자이너가 임의대로 자기만의 감각을 더해 디자인할 여지가 있었다. 그러나 웹이나 모바일의 경우는 달라진다.

이처럼 기술 발전이 점점 빨라지는 이 시점에 감수성과 창의성의 영역으로 여겨지던 디자인 분야가 빠르게 기계화되고 있는 이유는 무엇일까? Design Thinking이나 Design Process에서 감수성과 창의성의 비중은 줄어들고, 디자인이 점차 기계화에 적합한 형태로 변했기 때문은 아닐까?

빠르게 변화하는 환경에 적응하기 위해 디자인 외에도 경영학·공학·마케팅 등 여러 분야를 두루 섭렵하며, 이들의 교집합 주변에 자신을 위치시킨 디자이너라면 자신이 하는 일이 디자인이라고 할 수 있는지 의문을 가져 볼 필요가 있다.

노만 포터의 '디자이너란 무엇인가?'라는 책을 보면 디자이너의 사회 내의 다양한 고민을 담아낸 부분에서 가슴이 답답해진다.[81]

현재 IT업계 혹은 출판업·제조업·서비스업 등 여러 업계에서 Full Stack Designer다기능을 숙지하고 디자인이나 제품개발을 독립적으로 완료할 수 있는 사람가 되고자 하는 사람이라면, 자신이 툴과 방법론과 스킬의 홍수 속에 놓여 있다고 느낄 것이다. 이제 넘쳐나는 stack들 속에서 나를 디자이너로 만들어 주는 것은 무엇인가를 진지하게 고민해 볼 시점이 왔다. 갈수록 치열해지는 경쟁 속에서 이제 기계까지 디자이너를 대체할 수 있다고 말하고 있다.

'디자이너는 앞으로 무엇을 할 수 있을까?'

아마도 기존의 디자인에서 행해졌던 단순 시각화 내지는 상품 구체화 작업은 인공지능의 몫으로 돌아가고 현재 포화에 가까운 디자이너 노동시장은 침체기를 맞을 것이지만, 동시에 이전과는 구별되는 다른 의미로서의 디자인 영역이 등장할 것은 당연하다.

데이터 수집과 그것을 근거로 보기 좋게 상품을 만드는 일은 인공지능이 대체하고, 디자이너 혹은 창작가들은 다층적으로 축적된 데이터들을 얼마나 창의적으로 활용할 줄 아는가에 대한 새로운 직업적 정의에 적절성을 부여하게 될 것이다. 시각, 건축, 패션, 제품 등과 같은 기존의 산업적 카테고리의 논쟁과 몇 년 간의 교육과 실무 습득의 과정은 앞으로는 오히려 불필요하고 번거로운 일이 될 수도 있을 것이다.

즉, 인공지능이 인간을 대신해 기능적인 구체화 작업을 대신 맡음으로써 배움에 소요되는 시간은 극도로 단축될 것이고 곧 세상 누구나가 디자이너가 될 것이다. 인간만이 가지고 있는 창조적 감수성이 사라진다면 아마도 디자이너라는 직업은 알렉사·누구·지니 등 우리에게 편리한 음악과 영화와 날씨를 알려주는 AI 스피커의 시대를 지나 더욱 진화하면서 사람들의 기억 속에서 사라질지도 모르는 일이다.

4. IoT & 드론

(1) IoT가 대세

IoT! 최근엔 IoT라는 단어가 너무 흔해졌다.

지금 전 세계는 IoT, 빅데이터라는 키워드를 너무 보통명사처럼 사용하고 있다. 마치 이러한 단어가 들어가지 않는 비즈니스는 뒤떨어지며 성공 가능성이 매우 적을 것 같은 착각도 할 모양새다.

IoT 혹은 빅데이터 비즈니스는 과연 제대로 하고 있을까?

김지현http://oojoo.tistory.com은 I0T에 대한 비즈니스를 다양성이라는 것으로 전망하고 있다. 그는 IoT의 실체를 이해하기 위해서는 우선 하드웨어의 종류에 대한 이해가 필요하다고 한다.

다양한 용도로 진화되고 있는 IoT 하드웨어들은 IT 기업이 아닌 비 IT 기업에서도 출시를 하고 있을 뿐만 아니라, 아이디어를 가진 스타트업start-up들도 모바일 앱을 만들어 내는 것처럼 IoT 하드웨어를 출시하고 있다. 이와 같은 제품들은 킥스타터kickstarter.com라는 크라우드 펀딩 사이트의 Technology 메뉴에서 알 수 있는데, 윈도용 소프트웨어와 모바일 앱들이 끝없이 쏟아져 나오는 것처럼 IoT 하드웨어들도 다양한 기기들이 출시되고 있다.

여기에 IoT 디바이스는 PC·스마트폰·태블릿·TV 등 기존의 디바이스와는 달리, 그 종류가 다양하고 특정되어 있지 않다. 몸에 부착하는 안경이나 시계와 같은 Wearable Computing device의 형태에서 가구, 장난감, 생활용품, 사무용품에 이르기까지 다양한 종류의 하드웨어로 구성된다. 또한, 완성된 일체형 디바이스가 아닌 다른 기기에 부착하는 형태의 플러그인 방식의 센서에 이르기까지 형태 또한 다양하다고 한다.

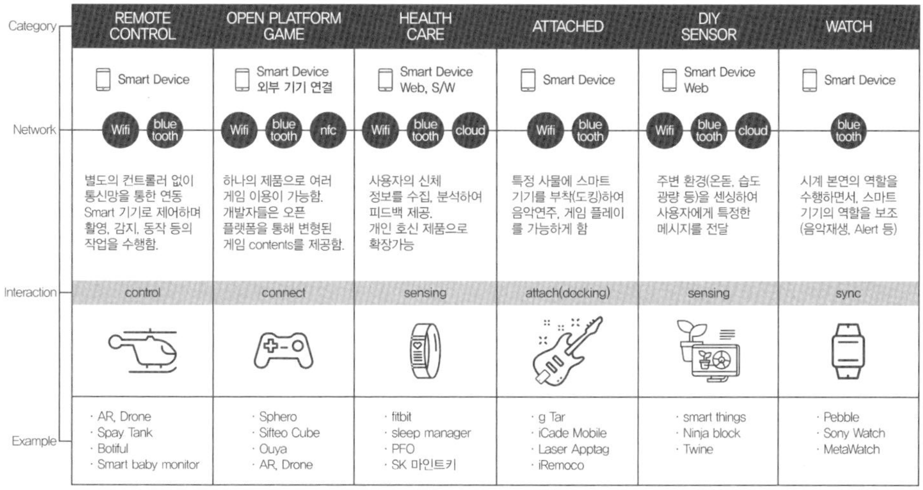

그림 5-12 IoT의 다양한 연관 산업

이처럼 만물이 네트워크로 연결되는 IoT의 시대에는 과연 어떤 기술과 인프라가 주목을 받을까? 새로운 IT 패러다임의 등장은 새로운 기술과 인프라를 요구하고 그로 인해 새로운 비즈니스의 기회가 도출된다. 그리고 그 기반 기술의 표준을 제시하는 기업과 그 기업이 속한 국가는 미래 먹거리를 확보할 수 있게 될 것이다.

RC 조정 장치를 이용해서 자동차나 헬리콥터를 조정하는 완구는 기계 장치에 네트워크 기능이 탑재되고, 스마트폰으로 이를 제어하고 조작하는 놀이형 기기는 WiFi 기능이 탑재되어 아이폰과 연결하여 비행체를 조작하는 엔터테인먼트형 비지니스로 전망이 밝다.

DoorBot, Lockitron, August 뉴런 스마트비디오 도어락 등은 문에 장착하는 보안캠으로 문을 두드리는 사람을 촬영해서 스마트폰으로 보내준다. 또한, 문 앞에 있는 사람과 화상통화도 가능하다. 이들 장치는 WiFi를 이용해 인터넷에 연결되어 사물과 사람이 커뮤니케이션을 할 수 있도록 도와주어 삶의 편리함을 가져다주는 홈케어링 역시 IoT 시스템이다.

이 외에도 Nest는 가정용 온도 조절 장치로 집안 온도를 제어하고 관리할 수 있도록 해준다. 독특한 디자인답게 똑똑한 기능을 갖추고 있다. 이 제품은 인터넷에 연결되어 원격에서 집안 온도를 확인하고 원격 조정할 수 있다. 온도와 습도 및 움직임이나 불빛을 감지하는 여섯 개의 센서가 내장되어 있고 사용자가 이용한 집안 온도 이력을 분석해서 최적의 온도를 자동으로 맞춰 주기도 한다.

미국 매사추세츠주에 있는 스타트업 그로브랩Grove labs은 집 안에서 유기농 채소를 직접 키울 수 있는, 친환경 수경농장 모듈 '그로브 에코시스템Grove Ecosystem'을 만들었다.

grove

그림 5-13 그로브랩 로고

공동 창업자인 제이미 바이런Jamie Byron은 기후 변화와 생태계 파괴 문제를 해결하는 데 관심이 많은 학생이었다. 실험농장 수업에 참여해 기존 농업의 위기와 대체 농업기술의 발전을 직접 배우고 체험하는 중이었다. 실험농장 수업을 계기로 바이런은 농업에 완전히 매료되면서, 그는 곧장 전 세계 농업 시스템을 낱낱이 파악하기 시작했다. 가르쳐 주는 교수는 없었지만, 인터넷이라는 가장 좋은 학습 도구가 있었다. 바이런은 유튜브 영상을 비롯해 찾을 수 있는 모든 자료를 '구글링googling'을 통해 얻어 내어 분석하면서 스스로 최적화된 커리큘럼을 만들며 공부한 것이다. 당장에 대단한 것을 내놓진 못했지만 '농업 시스템을 바꿔 세상에 긍정적인 영향을 끼치자'라는 비전은 점점 확고해 졌다.

바이런은 실내에서 물고기와 유기농 채소를 동시에 키울 수 있는 친환경 '아쿠아포닉Aquaponics'을 생각해 냈다. 아쿠아포닉은 '물고기 양식Aqualculture'과 '수경재배Hydroponics'를 융합한 기술을 말한다. 바이런은 스타트업에서 일하는 동아리 친구 브란쳇을 학교로 불러서 곧장 동아리 방 창틀에 아쿠아포닉 정원을 만들었다. 말이 정원이지 정말 쓸데없어 보이는 일이었고, 심지어 냄새 때문에 매우 회의적이었지만, 몇 주 후에 그들은 창틀에서 케일·상추·콩·허브 등을 수확하면서, 동아리방은 깨끗한 공기와 맑은 물이 흐르는 친환경 생태계로 변했고 친구들의 반응은 열광적이었다.

바이런과 브란쳇은 모든 가정에서도 가능할 것으로 보이는 확신이 들어 2013년 3월, 이들은 창업을 결심하고 아쿠아포닉을 더 세심하게 다듬기 시작했다.

그렇게 만들어낸 것이 '그로브 에코시스템Grove Ecosystem'이다.

약 180센티미터 정도 되는 나무 캐비닛 모양의 그로브 에코시스템은 자연의 빛을 이용하지 않고 식물을 위해 태양의 빛을 모방한 초고효율의 LED조명 박스들로 구성돼 있다.82

MIT 미디어랩에서 차세대 농업기술을 연구하는 케일럽 하퍼Caleb Harper에 따르면 사실 자연은 작물을 재배하기 어려운 환경이란다. 햇빛·온도·습도 등 식물이 성장하는 데 필요한 날씨 환경을 통제할 수가 없기 때문이며, 게다가 기후변화에 따른 가뭄이나 홍수 등 기상이변이 잦아지는 문제도 있다고 한다.

그러나 그로브 에코시스템은 실내에서 식물의 모든 요소를 모니터링하고 제어할 수 있기 때문에 이러한 자연의 제약으로부터 자유로워질 수 있고, 도시의 빌딩안에서 먹거리를 연중 지속적으로 생산할 수 있게 된 것이며, 미래의 식량을 농촌이 아닌 빌딩 숲에서 발견한 것이다.

〈출처 : http://bostinno.streetwise.co/2014/11/18/aquaponics-system-startup-grove-labs-opens-early-adopter-p〉

그림 5-14 그로브 에코시스템

그로브랩은 '우리는 제품과 기술을 개발하여 제공하고, 이를 통해 전 세계 사람들이 집 안에서 스스로 건강한 음식을 기를 수 있게 도와 줄 것이다.'라는 미션을 제시했다. 어찌 보면 매우 단순한 호기심과 출발했지만, 인간은 누구나 건강한 음식에 대한 욕구가 있다는 것에서 출발했다는 점에서 우리는 무엇을 준비하고 있는지를 돌아보게 한다.

또한, 그로브 에코시스템의 모든 것은 자체 운영체제인 '그로브OSGroveOS'로 운영되며, 사용자는 스마트폰을 통해 어느 곳에서든 빛과 팬 및 펌프를 제어할 수 있으며 공기와 물의 온도 및 습도를 모니터링 할 수 있다.

식물의 특성에 따라, 전자 레인지 크기부터 냉장고 크기까지 층층이 쌓아올릴 수 있는 독립적인 박스의 형태로 생산할 계획이며, '우리는 실제 생태계의 철학과 생물학을 가져다가 축소하여 그로브 에코시스템에 넣었다.'라고 말하면서 진정한 IoT를 실현하고 있다.

이처럼 대부분의 IoT는 인간의 편리한 생활에 포커스를 맞추고 있다. 바야흐로 지금 세계의 기업은 IoT에 서서히 중독되어 가고 있다.

그렇다면, 이와 같은 IoT 시대의 비즈니스 모델은 어떤 것일까? 기존의 제품들은 주로 제품을 판매할 때 유통업체에 공급하는 공급가에서 제조원가를 뺀 것을 수익화한다. 하지만, 인터넷에 연결되는 디바이스는 그렇게 최초 판매될 때에만 발생하는 마진만을 수익 모델로 하지 않는다.

애플의 아이폰은 제품 판매 마진 외에 아이폰에 탑재된 아이튠즈·앱스토어·아이북스 등을 통한 콘텐츠 유통 수수료와 팟캐스트 등을 기반으로 한 광고 수익을 부가가치로 만들었다. 이처럼 제조 2.0 시대의 디바이스들은 그 기기를 판매할 때보다 사용자들이 사용할 때 부가가치를 창출하는 비즈니스 모델을 핵심으로 하고 있다. 아마존의 제프 베조스 CEO는 '아마존이 킨들을 팔아서 돈을 버는 것보다 킨들을 사용함으로써 부가가치를 창출하는 비즈니스를 추구한다.'라는 것에서 의미를 찾을 수 있을 것이다.

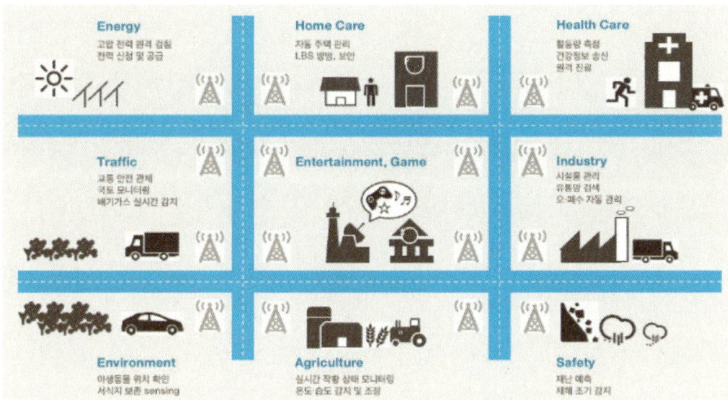

그림 5–15 IoT의 다양한 연관 산업

IoT의 비즈니스는 디바이스를 통해 사용할 수 있는 서비스를 유료화하거나 해당 서비스를 기반으로 한 마케팅 비즈니스이다. 혹은 해당 디바이스를 통해서 쌓여가는 수많은 데이터들 속에서 새로운 비즈니스의 기회를 만들어 낼 것이다.

디바이스 그 자체가 아닌 디바이스를 사용함으로써 발생되는 다양한 부가 서비스와 데이터가 직·간접적으로 새로운 비즈니스를 잉태하는 것이 IoT 시대의 비즈니스 모델이다.[83]

얼마 전, 조선비즈는 벤처 캐피털의 대표들에게 어떤 기술이 돈이 될지 혹은 벤처기업은 IoT나 빅 데이터와 같은 비지니스 변화에 어떻게 대응하면 좋을지에 대해 물어보았다. 벤처기업에 투자하는 전문가들인 벤처 캐피털리스트들은 5~10년 뒤에 유망기술을 예측할 수 있는 능력을 가진 전문가들이다. 그러한 능력의 그들이 판단하는 유망기술은 어떤 것일까?

아래 표처럼 그들은 IoT와 빅 데이터 분야를 꼽고 있다. 일반 기기에 인터넷을 연결하는 'IoT/사물 인터넷'은 빅 데이터 기술과 맞물려서 발전할 전망이고, 가트너에 따르면 오는 2020년에는 전 세계 산업용·개인용 사물 인터넷 기기가 총 260억 대 가량 연결될 것으로 추산되며, 사물 인터넷용 기기의 연결이 기하급수적으로 늘면 데이터를 관리하는 일도 굉장히 중요해진다고 벤처 캐피털리스트들은 말하고 있다.[84]

또한 이들은, 사물 인터넷과 빅 데이터의 이용이 확산되면 벤처기업들은 온도와 압력·고도 등을 감지하는 사물 인터넷 센서기술과 방대한 양의 데이터를 분석하고 실시간으로 활용하는 기술에 주목할 필요가 있다고 한다.

물론, 다음 순으로 5G통신이나 웨어러블디바이스·헬스케어 및 3D 프린팅이나 핀테크 등으로 예상하고 있는 가운데 IoT의 발전 가능성을 높게 판단한다는 점은 고무적인 일이지만 문제는 비즈니스 모델일 것이다.

하지만 이들의 예측은 어디까지나 가능성이지, IoT로 인해 갑자기 기업의 매출이 증가한다든지 수익이 올라서 기업의 복지가 늘어난다는 말은 아니다. 그 말은 IoT라는 기술의 트렌드를 바탕으로 새로운 수익원을 창출해야 한다는 말이다.

즉, IoT와 같은 좋은 조건의 플랫폼이 있으니 마케터들은 이 틈을 놓치지 말고 새로운 비즈니스 모델에 대한 연구가 필요하다. 아무나 IoT를 통해 돈을 번다면 청년실업은 감소해야 맞을 것이다.

〈출처 : 한국벤처캐피털협회〉

그림 5-16　벤처캐피털이 선정한 유망 기술

지금 전 세계는 IoT가 대세이긴 하지만, 기술과 경영에는 거리감이 존재하는 걸 우리가 잘 알듯이, 이 Gap을 좁히는 노력과 수요가 있는 곳에 공급이 따르는 것은 불변이라는 것을 잘 알고 있다. 그러기에 '그로브 에코시스템'의 공동 창업자들의 '전 세계 사람들을 위한' 이라는 대목에서 느껴지는 그들의 순수성 있는 철학적인 비즈니스 미션이 더욱 가슴에 와 닿는다.

미국의 철학자인 헨리 소로는 '모든 세대는 과거의 유행을 비웃지만 새 유행은 종교처럼 추종한다.'라고 말했다. 어느 세대든 지금의 IoT 시대를 함께하는 기술 트렌드를 공유하는 생각의 틀을 벗어나기는 어렵다. 따라서 기술과 마케팅 그리고 니즈에 맞는 비지니스를 개발하는 기업만이 치열한 시장경쟁에서 살아남을 수 있을 것이다.

(2) 드론 마케팅

이제 '드론drone'에 대한 이야기를 매스컴에서 심심찮게 들을 수 있다.

실제 드론은 일상생활에서도 비교적 손쉽게 구입해서 사용하는 사람들이 늘어나고 있다. TV 프로그램에서는 드론을 공중에 띄워서일명 '헬리캠, helicam, helicopter camera' 각을 달리해 탁 트인 영상물을 보여주는가 하면 주말 한강 일대 공원에서도 취미용 드론으로 서울시 경관을 촬영하는 시민을 쉽게 볼 수 있다.

세계 최대 온라인 쇼핑몰 아마존Amazon은 상품을 중개하는 유통 영역에서 상품의 보관과 배송을 담당하는 물류 영역으로 사업을 확장하며 상품 배송 서비스를 위해 드론을 도입하기도 했다. 이렇듯 오늘날 드론은 방송 촬영과 재난 구호 및 단순 취미성인·완구어린이 등 다양한 용도로 활용되고 있다. 이제 국내외 대형 마트와 온라인 마켓에서도 누구나 드론을 구입할 수 있다. 취미용 기기는 비전문가도 손쉽게 조종할 수 있을 정도로 조작법이 단순해졌으며 대당 가격도 몇만 원대까지 떨어지기도 했다.

'드론'은 무인 항공기無人航空機, : unmanned aerial vehicle, UAV의 다른 이름으로 '벌이 윙윙거린다.'라는 것에서 '드론'drone이라고도 부르기도 하지만, 기체에 사람이 타지 않은 것으로 지상에는 원격 조종하는 조종사가 존재하고 있다는 점을 강조한 Uninhabited AerialAir Vehicle의 약어로 지칭하기도 한다. 어쨌든 이 모두가 조종사가 탑승하지 않고 지정된 임무를 수행할 수 있도록 제작한 비행체를 말하는 것이다.

드론은 독립된 체계 또는 우주/지상체계들과 연동시켜 운용한다. 특히 무인 탑승이란 특징을 활용해서 여러 분야에 활용되고 있다. 즉, 다양한 장비광학, 적외선, 레이더 센서 등를 탑재하여 감시·정찰·정밀공격무기의 유도·통신/정보 중계·EA/EP·Decoy 등의 임무를 수행하며, 폭약을 장전시켜 정밀무기 자체로도 개발되어 실용화되고 있어 향후 미래의 주요 군사력 수단으로 주목을 받으며 최근 몇 년간 빠른 성장이 이루어지고 있는 추세이다.85

그리고 일반인들이 알고 있는 드론에는 대부분 모터로 회전하는 소형 프로펠러가 여럿 달려 있다. 그러나 '가장 먼 조상'의 드론을 굳이 꼽자면 아시아 지역의 전통 장난감인 대나무잠자리bamboo-copter라고 할 수 있다.

대나무 막대기를 칼로 깎아 적당한 각도로 파내고 'T' 자형 날개를 만든 후 가운데 막대를 손으로 비벼 날아 올리는 이 장난감은 기원전 4세기 무렵부터 이미 중국에서 애용되고 있었다는 기록이 남아 있을 정도로 그 역사가 오래다.

15세기 이탈리아 화가·건축가·조각가 레오나르도 다 빈치Leonardo da Vinci는 '비행나사aerial screw'라는 장치의 상상도를 그렸다. '비행기 발명의 선구자' 중 한 사람인 19세기 영국 발명가 조지 케일리 경Sir George Cayley은 어릴 때 선물로 받은 중국 대나무잠자리 장난감을 갖고 놀며 '쉬이 날아오르는 비행체'에 대한 꿈을 키웠다. 그는 고무줄 밴드를 감아 프로펠러를 돌려서 날리는 비행기 장난감을 만들었는데, 이 장난감에 열광해 실제 비행기를 만든 이가 바로 그 유명한 라이트 형제Wright brothers다.

하지만 드론의 개발 과정은 라이트 형제에서 비롯된 비행기 개발 과정과 사뭇 다른 노선을 걸어왔다. 일단 비행 방식이 근본적으로 다르다. 비행기는 처음엔 자동차처럼 엔진의 힘으로 바퀴를 굴려서 빠르게 전진한다. 그렇게 힘을 받으면 날개 모양 때문에 날개 위와 아래 공기압 간 차이가 생긴다. 그 차이가 충분히 힘을 발휘하는 순간 기체機體가 날아오르게 된다. 이에 비해 드론은 날개에 연결된 모터를 빠르게 회전시키면 순식간에 날개 위와 아래 공기압 사이에 엄청난 차이가 발생하면서 회전과 거의 동시에 기체가 공중에 뜬다. 헬리콥터가 뜨는 것과 같은 원리다.

드론과 비행기는 에너지의 쓰임도 다르다. 비행기의 경우, 지표면에선 공기 저항이 크지만 일단 공중에 높이 뜨고 나면 공기 저항이 크게 줄어 비행에 그리 많은 연료가 들지 않는다. 그 덕에 한 번 연료 충전으로 꽤 장거리 비행을 할 수도 있고, 수많은 사람과 화물을 나를 수도 있다.

그 반면, 드론은 헬리콥터처럼 뜨고 나는 작동 자체에 많은 에너지가 들어간다. 프로펠러 회전에 쓰이는 에너지가 엄청나기 때문에 사람을 태우거나 무거운 짐을 싣거나 하기엔 무리가 있다.

〈출처 : 구글이미지〉

그림 5-17 드론

'무거운 중량을 감당하기 어렵다.'라는 특성은 드론이 무인無人 비행체로 개발되는 결정적 계기가 됐다. 자칫 한계로 작용할 수 있는 이 점을 역으로 이용, 사람이 직접 할 수 없거나 하기 힘든 일을 수행하도록 개발된 것이다.

군용軍用 드론은 이런 점에서 드론의 가장 전형적 활용 방안이라고 할 수 있다. 적군을 마주하고 있는 상황에선 정찰·유인·공격 등 어떤 활동이든 인명 손상과 직결되므로 드론이 그 임무를 대신할 수 있다면 군사력 낭비를 줄일 수 있다. 최근엔 경찰에서도 드론 활용 빈도가 높아지는 추세다. 특히 무기 소지자와의 접촉 시도나 광범위한 지역 수색 등에서 단단히 한몫을 하고 있다.86 민간 분야에서의 드론은 영상 촬영 분야의 '미션 임파서블'을 가능하게 해준다.

지난 2011년 미국 월스트리트의 '점령하라Occupy' 시위를 생중계한 드론 '오큐콥터Occucopter'는 캘리포니아 남부 지역에서 밀렵꾼을 감시하는 데도 큰 역할을 했다. 한국에서는 경북 경주에서 발생한 마우나 리조트 붕괴 사고 당시 드론이 본격적으로 등장했다.

그뿐만 아니라, 화산 분화구나 바다 소용돌이 등을 위에서 내려찍는 영상도 카메라 탑재 드론을 통해 속속 만들어지고 있다. 최근엔 가볍고 견고한 탄소섬유 복합체를 소재로 한 드론의 등장으로 탑재 가능한 화물 용량이 늘어나게 됨으로써 택배 분야의 '미션'을 수행하는 사례도 늘고 있다. 특히 독일 운송 기업

DHL이 띄운 드론은 악천후로 접근조차 어려웠던 섬 지역에 식량과 약품을 전달하는 택배 임무를 성공적으로 완수하기도 했다.

〈출처 : 구글이미지〉

그림 5-18 드론을 이용한 도미노 피자 배달

드론은 종종 재밌거나 로맨틱한 용도로도 쓰였는데, 2013년 영국 런던의 한 레스토랑에 등장한 '웨이터 드론'은 손님이 애플리케이션으로 주문한 초밥을 정확히 실어 테이블까지 나르는 데 성공했다.

또한, 미국과 유럽 일부 지역에선 '겨우살이 다발 밑에서 키스하면 사랑이 이뤄진다.'라는 속설에 기초해 드론을 활용함으로써 연인 고객 머리 위로 겨우살이 다발을 전달해 주고 실제로 키스한 커플을 촬영해 비디오 클립을 제공하는 이벤트를 진행해 인기를 끌었다.

뭐니 뭐니 해도 드론의 가장 강력한 특성은 '수직상승비행'에 있다.

수직상승비행은 드론의 '부모' 격인 헬리콥터, 그보다 훨씬 더 전신前身에 해당하는 나선spiral 회전 프로펠러 응용 장난감과 실험적 비행체의 계보를 잇는 공통점이기도 하다.

향후 탑재 가능 용량이 크지 않다는 한계만 개선된다면 드론은 자가용과 같은 소규모 비행체로 개발될 수도 있을 것이다. 활주로가 필요 없으니 집 마당에서 띄워 올려 회사 현관 앞에 착지시킬 수도 있다. 교통 체증 때문에 짜증 낼 일도 없고, 창공을 시원하게 가르며 출퇴근할 수 있기 때문에 직장 생활은 한층 즐거

워질 것이다. 공상과학소설에 종종 등장하는 '1인 비행체'가 머지않아 실현될지도 모른다.[87]

위의 다양한 사례에서 보였던 드론이 갖고 있는 기능이 우리에게 보여줄 편리성은 어느 만큼일까? 운반이나 이동 그 외 기업의 마케팅에도 적용이 가능할까? 혹여 이동체라는 특성이 특정회사에만 한정되지는 않을까? 등등 다양한 의문을 가질 수 있다. 단순히 성장률만을 발표하는 조사기관의 데이터로만 믿는 것이 쉽지는 않다.

몇몇 국가의 드론을 제품화한 사례를 보면, 북미대륙에서 소비자 드론의 대표기업인 3D 로보틱스 RoboTics는 고프로Gopro 카메라와 호환되면서 컨트롤이 가능하고 리눅스가 탑재된 Solo라는 제품으로 출시하여 미국 전자제품 유통점인 베스트 바이 400여 점포에 판매를 개시하였고 2015년 5,000만 달러 정도의 매출을 기록한 사례도 있다.

하지만 드론이라는 제품의 판매가 주된 목표가 아닌 드론 기술을 핵심 역량으로 내재화해 서비스 고도화를 추진하는 구글, 페이스 북, 아마존의 움직임도 적극적이다. 구글과 페이스 북은 전 세계를 대상으로 무상 인터넷을 제공하기 위해 드론에 무선 인터넷 중계기를 탑재해 무상 공급하려는 계획을 가지고 있으며 아마존은 물류 혁신의 첨병으로 드론을 이용해 경제성이 우수한 초고속 배송을 제공하려는 목표로 드론 관련 사업을 실현단계의 실험배송까지 마친 상태다.[88] 물론 법적인 절차만 남아 있다.

이처럼 민간에서 드론에 확실한 관심을 가지게 된 계기로는 아마존의 30분 배송 테스트를 꼽을 수 있다.

2013년 12월, 아마존의 제프 베조스는 고객이 구매한 물건을 드론으로 30분 내 배송하는 테스트를 진행했다. 드론 배송 시 발생되는 개인 영역의 침범문제, 고객의 다양한 주거형태, 드론 비행 시의 외부 영향, 비행시간에 대한 우려, 충돌 등의 문제가 산적해 있었다.

그러나 고객이 주문한 물건을 플라스틱 보호 박스에 담아 드론에 싣고 고객의 앞마당에 배송되는 모습은 언론을 통해 알려진 바 있다. 이 아마존의 드론 배송 테스트는 전 세계의 모든 쇼핑몰이나 유통기업들 그리고 상업용으로 드론을 사용하고자 하는 기업들에게 큰 반향을 일으켰으며 상업용 드론 시장이 열리게 된 계기가 된 것이다.

〈출처 : 해당기업 홈페이지-구글, 아마존, DHL, 알리바바〉

그림 5-19 응급물품, 상업용 배송을 위한 드론 시연

마케팅으로 활용하는 방법으로 접근을 시작했지만 중국의 알리바바의 한 시간 내 차tea배달 서비스, DHL의 바다 건너 긴급 의약품을 배송하는 서비스, 구글의 재난·재해 지역에 의료품과 구호물품 배달 서비스 등은 드론 배송의 효용성을 충분히 입증하며 활용 가치를 확인시켜 주기도 했다.

이처럼 몇몇 사례와 상용화되는 드론이 폭넓은 상업적 활용이 이슈가 되었으나, 당장 아마존이나 DHL 같은 유통 기업이 드론의 상용화를 추진하는 것만 해도 드론을 활용하면 운송에 드는 비용과 시간을 획기적으로 절감할 수 있는 것이라면, 드론의 활용도는 무궁무진해 기업가치 역시 빠르게 상승하고 있다.

미국과 일본은 물론이고, 유럽 주요 국가에선 드론이 일상 영역까지 파고들었지만 국내에선 여전히 군사·공공 분야에 집중된 게 사실이다.

하지만 국내에서도 상업용 드론 시장이 크게 성장하리라는 게 전문가들의 한결같은 예측이다.

이미 상당수의 국가가 법적으로, 혹은 기타 행정적·사회적 장치를 통해 드론 활용 기준을 정하려고 노력한다. 하지만 현행 항공법 자체가 유인有人 항공기 위주로 되어 있어 드론에 관한 구체적 규정 자체가 없다시피 한 실정이다. 드론 운행과 촬영이 허용되는 주파수는 10㎽에 불과한데, 이 주파수론 조종 가능거리가 최대 200m에 불과하며, 제도상으로도 '고도 150m, 눈에 보이는 거리 내'에서만 조종할 수 있도록 정해져 있다.

그러나 비행 중인 드론은 행인을 다치게 할 수 있다. 크고 작은 범죄를 저지르기 위한 수단으로 드론을 이용할 가능성도 존재한다. 단순히 악의를 갖고 열린 창으로 드론을 집안에 들여보내 피해 주는 것 역시 아주 쉬운 일이다. 미국 워싱턴 D.C. 백악관 뜰에서 발견된 상업용 드론은 한 드론 애호가의 실수가 빚어낸 해프닝으로 끝났지만, 이때 발생하는 주파수가 인근에서 사용 중인 전자제품의 작동을 방해할 수 있는 점도 우려 사항 중 하나이다.

이와 같은 이유로 미국 텍사스주州 오스틴에서 열리는 뮤직 페스티벌 '사우스 바이 사우스웨스트SXSW' 주최 측은 당시 공연장 내부에서의 드론 촬영을 금지했다. 한 드론업체 관계자는 '드론 산업이 활성화되려면 국내에서도 비행규칙이나 전자제품 관리나 민·형사 처벌 문제 등 다양한 분야에서 새로운 통합적 조정이 필요하다.'라고 했다.

드론 산업과 관련한 '정보통신기술ICT이나 모바일 산업처럼 드론 산업을 국가적으로 양성할 필요가 있다.'라고 목소리를 높이기도 한다.[89]

결국, 새로운 기술을 앞세워서 드론의 마케팅 활용은 가능할 듯 보이지만, 앞서의 다양한 사례의 이면에 도사리고 있는 개인 사생활 보안이나 기기활용의 전문성 및 법적 제도적인 정책적 수단 등 항상 어떤 기술의 도입에 따르는 우리 스스로 준비해야 할 부분은 반드시 짚어봐야 할 부분이다.

또한, 이러한 드론을 마케팅으로 활용할 경우에 반응을 보일 고객의 감성적 이해력을 어떻게 해결할까?

피자를 드론으로 배달할 경우, 지금의 시스템으로는 피자 도착 후 결제하는 현실이므로 드론이라는 기계를 신뢰할지에 대한 부분, 그리고 그 기계를 파손시키거나 다시 되돌아가지 못하게 하는 행위들로 인한 경험치 못한 문제들이 분명 있을 것이다.

그것은 SNS가 이 사회에 적용된 이후에 나타난 엄청난 사회적 문제에서 우리는 이미 경험하고 있기에 더욱 그렇다. 즉, 기계와 인간과의 커뮤니케이션에 대한 정서적 준비가 우리 스스로 되어 있느냐를 말하는 것이다. 따라서 생각해 볼 것들이 너무나 많지만 우선적으로 생각해 봐야 할 부분은 배터리 문제다.

그리고 안전성 문제이다. 특히 개인이 사용할 경우 순간의 실수로 안전사고 발생 위험이 매우 높다. 드론 조작 시 세심한 주의를 기울일 수 있게 반드시 안전교육을 받도록 해야 하고 안전사고 발생 시 책임소재를 확실히 할 수 있는 제도적인 장치를 마련해야 한다. 드론 보험 상품이 있어야 할지도 모를 일이다.

드론 비행 중 조작미숙이나 돌발상황에 의해 인구 밀집지역에 추락할 경우에는 적지 않은 인명사고가 일어날 수 있다. 아울러 드론은 사생활 침해 가능성이 높다. 드론에 탑재되는 고해상도 카메라는 실시간 동영상 및 사진촬영이 가능한데, 드론 조작 중 실수 또는 고의로 드론이 일반 가정집이나 빌딩 및 호텔 등 프라이버시 침해 가능성이 있는 곳으로 날아가 피해를 줄 수도 있다.

최근 스마트폰 등으로 쉽게 조작이 가능한 드론이 출시되고 있어 누구나 마음만 먹으면 타인의 사생활을 녹화할 수 있고 이를 불법적으로 이용할 수도 있다. 이에 대한 대비책이 강구된다면 드론의 대중화를 보다 빨리 가져올 것이다. 개인이나 기업, 그리고 정부·공공기관·군대 등 모두에게 새로운 기회와 가능성을 제공하고 있다.[90]

인간이 할 수 없는 비행기술을 지녔기 때문에 인간의 삶과 행동에 자유를 주고 있지만 인간이 생각할 수 없었던 새로운 문제점도 분명 따라올 것이다. 드론으로 인해 생길 수 있는 새로운 문제점을 해결하고자 하는 의지와 문제해결을 위한 노력이 뒤따른다면 아마도 드론 마케팅 시대는 하늘 높이 날아오를 것이다.

참고 문헌

[제2부] 제1장

01 Saul J. Berman, Bill Battino, Louisa Shipnuck, Andreas Neus 공저, "광고 산업의 종말", 재인용
02 IBM기업가치연구소, 재인용
03 https://www.ballast.co.kr/insights, 재인용
04 http://newspeppermint.com/2015/07/02/30t-vads/, 재인용
05 http:// slownews.kr/69387, 재인용
06 http://www.yonhapnews.co.kr/bulletin/2017/02/21/, 재인용
07 http://blog.cheil.com/magazine/29934, 재인용
08 http://www.bloter.net/archives/96068, 재인용
09 http://www.zdnet.co.kr/news/news_view.asp?artice_id=~, 재인용
10 http://news.khan.co.kr/kh_news/khan_art_view.html?artid=~, 재인용
11 http://news.hankyung.com/article/2019030660377#Redyho, 재인용
12 http://news.hankyung.com/article/2019030660377#Redyho, 재인용
13 http://m.biz.chosun.com/svc/article.html?contid=2019022401064, 재인용
14 http://weekly.chosun.com/client/news/viw.asp?nNewsNumb=002541100002, 재인용
15 네이버 지식백과, 1인 방송과 크리에이터 2016. 배기형, 재인용
16 네이버 지식백과, 1인 방송과 크리에이터 2016. 배기형, 재인용

제2장

17 DMC리포트, 2018.5, 재인용
18 https://news.v.daum.net/v/20180801105839544?f=m&rcmd=rn, 재인용
19 http://m.mk.co.kr/premium/view.php?no=23029&cc=110002, 재인용
20 https://home.kpmg/kr/ko/home/insights/2019/10/insight67.html, 재인용
21 https://m.news.naver.com/read.nhn?mode=LSD&sid1=103&oid=016&aid=0001423297, 재인용
22 http://www.i-boss.co.kr/ab-6141-35812&ibfs=ZWI6ZY0C, 재인용
23 http://m.newstof.com/news/articleView.html?idxno=875, 재인용
24 월간마케팅, 2013.09, 재인용
25 http://www.bizhankook.com/bk/article/13575#home, 재인용
26 http://m.entertain.naver.com/read?oid=005&aid=0001002817, 재인용
27 http://news.hankyung.com/artide/201706208183b, 재인용
28 http://www.hihowwasyourday.com, 재인용
29 http://www.yonhapnews.co.kr/bulletin/2018/08/17/ 0200000000AKR20180817109900030.HTML, 재인용
30 https://goo.gl/bEuiBc
31 http://www.media.fastcampus.co.kr/knowledge/instagram_influencer_marketing, 재인용
32 http://media.fastcampus.co.kr/knowledge/instagram_influencer_marketing/, 재인용
33 http://subokim.wordpress.com/2013/01/31/01/31/platform-story/, 재인용
34 http://koreancontent.kr/1450, 재인용
35 정보통신정책 연구원, 2016, 재인용

제3장

36 http://news.v.daum.net/v/20180924092704087?f=m, 재인용
37 http://www.koreadaily.com/news/read.asp?art_id=6823978, 재인용
38 http://news.v.daum.net/v/201809240927?f=m, 재인용

39 http://www.businessinsider.com/percent-of-americans-who-watch-netfllix-amazon-youtube-2017-4, 재인용
40 http://news.khan.co.kr/kh_news/khan_art_view.html?art_id=201812030600015, 재인용
41 http://news.khan.co.kr/kh_news/khan_art_view.html?art_id=201812030600015, 재인용
42 http://mixsh.com/r/121883439, 재인용
43 엘지경제연구소,2011, 재인용
44 엘지경제연구소,2012.06, 재인용

제4장

45 http://blog.zeroweb.kr/?p=5458, 재인용
46 BSA.org, 재인용
47 digieco.2016.6., 재인용
48 digieco.2016.6., 재인용
49 http://www.mobiinside.com/kr/2015/11/18/dt-data/, 재인용
50 kt경제경영연구소/고영혁/2012.4, 재인용
51 kt경제경영연구소/박민우/2013.12, 재인용
52 데이터저널리즘 개요, 네이버지식백과, 재인용
53 데이터저널리즘 개요, 네이버지식백과, 재인용
54 http://www.mediatoday.co.kr/news/articleView.html?idxno=92203, 재인용

제5장

55 https://www.adic.or.kr/mobile/journal/column/info.mjsp?ukey=534167&oid=@153433|1|6, 재인용
56 https://www.adic.or.kr/mobile/journal/column/info.mjsp?ukey=534167&oid=@153433%7C1%7C6, 재인용
57 한국옥외광고센터, 2014, 재인용
58 천용석, 2014, 재인용
59 한국옥외광고센터, 2014, 재인용
60 스마트 시대의 광고 문화, 2015.11,김병희, 재인용
61 https://ko.wikipedia.org/, 재인용
62 이규옥, 인터랙티브 아트의 특성에 관한 연구, 기초조형학 연구, 2004, 재인용
63 심연숙,미디어 아트로서의 게임의 상호 작용성 연구, 재인용
64 미디어 아트, 2013. 2, 정동암, 재인용
65 매리어트호텔 공식채널 http://youtube/i6yMqX-LnpN4, 재인용
66 http://www.edgerank.co.kr/2016/09/06/ar-vr-marketing, 재인용
67 http://v.media.daum.net/v/20170104135504311, 재인용
68 http://www.ciokorea.com/news/32478#csidx-e3a4d9eb009ac22b014565753443a4c, 재인용
69 http://www.ciokorea.com/news/28435#csidx1a, 재인용
70 http://navercast.naver.com/contents.nhn?rid=122&contents_id=120105, 재인용
71 http://www.zdnet.co.kr/news/news/_view.asp?artice_id=20161213194254, 재인용
72 ICT융합의 Issues & Trends 2016, 재인용
73 http://www.ciokorea.com/news/27957#csidxd-650810faba3e, 재인용
74 http://www.ciokorea.com/news/27957#csidx-63bae6483678eea919497f83188c047, 재인용
75 http://www.samsungsemiconstory.com/1905?-category=680229, 재인용
76 http://biz.chosun.com/site/data/html_dir/2018/11/01/ 2018 110100145.html, 재인용
77 https://news.joins.com/article/22459816, 재인용
78 http://news.joins.com/article/23047146, 재인용
79 http://www.sedaily.com/NewsView/1OM801X-AKX?OutLink=recombest_GD, 재인용
80 조선Biz,직업별 컴퓨터 대체 가능성 조사, 재인용
81 yckim@jungle.co.kr, 재인용
82 http://boogleboogle.net/20150905/start-up-lab982, 재인용
83 http://oojoo.tistory.com, 재인용
84 노자운/2015.06, 재인용
85 https://ko.wikipediaorg, 재인용
86 http://news.samsung.com/kr, 재인용
87 http://news.samsung.com/kr, 재인용
88 2016년 ICT산업 메가트렌드, 재인용
89 http://news.samsung.com/kr, 재인용
90 2015.10, KT경제경영연구소, 재인용

찾아 보기

디지털 미디어 트렌드와 애드테크

2020년 9월 15일 초판 인쇄
2020년 9월 20일 초판 발행

저 자 이경렬 · 박현길
발행인 주병오 · 주민기
발행처 ㈜지구문화
JIGU CULTURE Co.Ltd
경기도 파주시 회동길 209
파주출판문화도시
마케팅부 (031) 955 – 7566 · 7577
편집부 (031) 955 – 7731
FAX(031) 955 – 7730
독자의견 전화 (031) 955 – 7577
홈페이지 www.ji-gu.co.kr
이메일 jigupub@hanmail.net
등록번호 1979년 7월 13일 제 9–57호

ISBN 978–89–7006–879–4 값 24,000원

책은 사람을 만들고
사람은 책을 만든다.

LIVE
450